普通高等院校应用型人才培养"十四五"规划教材

计算机网络技术

王 凯 章 惠◎主 编

王振杰 周 萍 孙 敏 周东仿 陈 昱◎副主编

中国铁道出版社有限公司
CHINA RAILWAY PUBLISHING HOUSE CO., LTD.

内 容 简 介

本书在讲解计算机网络基础理论知识和基本应用服务的基础上，详细介绍了移动互联网、人工智能、云计算、工业互联网、物联网等新技术。

全书共分 8 章，详细介绍了计算机网络技术的基本概念、计算机网络体系结构、网络协议、参考模型、IP 地址规划、无线网络、网络规划与设计、常用网络服务与应用、网络空间安全技术和网络管理技术，并且介绍了 IPv6 地址、移动互联网、智能网络设备、工业网络应用、物联网、云计算、云机器人等一些网络前沿技术和应用。

为了方便读者理解和掌握内容，每章都配有相应的实训和习题。实训环境以仿真为主，习题部分主要参考全国和上海市计算机等级考试（三级网络技术）的一些题目。

本书适合作为普通高等院校计算机网络技术课程的教材，也可作为网络工程技术人员及计算机网络技术爱好者的参考用书。

图书在版编目（CIP）数据

计算机网络技术/王凯，章惠主编. —北京：中国铁道出版社
有限公司，2021.3（2024.1重印）
普通高等院校应用型人才培养"十四五"规划教材
ISBN 978-7-113-27580-8

Ⅰ.①计… Ⅱ.①王… ②章… Ⅲ.①计算机网络-高等学校-
教材 Ⅳ.①TP393

中国版本图书馆CIP数据核字（2020）第273203号

书　　　名：计算机网络技术
作　　　者：王 凯 章 惠

策　　　划：刘丽丽　　　　　　　　　　　　　　编辑部电话：（010）51873202
责 任 编 辑：刘丽丽 包 宁
封 面 设 计：刘 颖
责 任 校 对：焦桂荣
责 任 印 制：樊启鹏

出版发行：中国铁道出版社有限公司（100054，北京市西城区右安门西街 8 号）
网　　　址：http://www.tdpress.com/51eds/
印　　　刷：三河市航远印刷有限公司
版　　　次：2021 年 3 月第 1 版　2024 年 1 月第 3 次印刷
开　　　本：787 mm×1 092 mm 1/16　印张：17　字数：433 千
书　　　号：ISBN 978-7-113-27580-8
定　　　价：46.00 元

前 言

计算机网络技术的不断发展，支撑着移动互联网、人工智能、云计算、大数据、工业互联网、物联网等新技术的更新，计算机网络技术和相关应用已渗透到社会各行各业与各个领域，与人们的生活也越来越贴近。习近平总书记在《高举中国特色社会主义伟大旗帜为全面建设社会主义现代化国家而团结奋斗》的报告中强调要加快建设网络强国。计算机网络技术是普通高等学校的理工科学生非常有必要掌握的基础课之一，本书正是为了满足这种需求而编写的。

本书在详解计算机网络的基础理论知识和基本应用服务以外，还加入了移动互联网、物联网、工业网络、云计算、云机器人等新兴技术的相关内容，从多个维度介绍计算机网络发展的前沿技术，以及与工业机器人行业等领域的融合。

全书共分为 8 章，第 1 章计算机网络概述，介绍了计算机网络的基本概念和相关技术；第 2 章网络体系结构与网络协议，介绍了网络协议的基本概念、计算机网络体系结构，以及重要的两个参考模型；第 3 章 IP 地址规划技术，通过详细的实例分析，介绍了 IP 地址分类、子网划分、IP 地址规划、无类别域间路由、IPv6 地址等相关概念；第 4 章无线网络和移动网络，在探讨无线局域网的结构、标准及各种无线技术的基础上，介绍了移动互联网中的移动通信、互联网的相关知识；第 5 章网络规划与设计，系统介绍了网络工程规划与设计的过程，以及网络设备部署、配置和测试的基本知识和方法、网络设备的智能化发展技术；第 6 章计算机网络服务与应用，除了介绍计算机网络基础的网络服务之外，还加入了工业网络应用、物联网、云计算、云机器人等一些新的网络应用服务；第 7 章网络空间安全，介绍了网络空间安全相关技术；第 8 章网络管理技术，介绍了网络管理的概念、协议和相关命令，以及智能网络管理技术。

"计算机网络技术"是一门实践性很强的课程。为了让读者更好地掌握、理解内容，每个章节都配有相应的实训和习题。实训内容覆盖网络基础知识、网络协议分析、网络地址规划、无线网络设备上网、组建网络和网络设备配置、应用服务器安装与配置、网络安全实验、网络命令与工具的使用等方面。实训环境以仿真为主，方便学生进行学习和操作。课后习题参考了全国和上海市的计算机等级考试（三级网络技术）的一些题目。

本书结构清晰，内容新颖，知识结构层层递进，并配有大量的插图和实训过程示意图，对智能网络设备、工业网络和云机器人等比较新的一些网络应用进行了探索。

本书由王凯、章惠任主编，王振杰、周萍、孙敏、周东仿、陈昱任副主编。本书第1章由周萍编写，第2章由王凯编写，第3章由王振杰、章惠编写，第4章由王振杰编写，第5章由章惠编写，第6章由章惠、周东仿、王凯、孙敏、陈昱编写，第7章由王凯编写，第8章由周东仿编写，全书由王凯、章惠负责统稿并定稿。本书在编写和出版过程中得到上海出版印刷高等专科学校各位领导和同仁的大力支持，北京德普罗尔科技有限公司提供了工业网络应用案例，在此表示衷心的感谢。

为了方便教学，凡选用本书作为教材的教师均可到 http://www.tdpress.com/5leds/ 下载电子课件、教学大纲等教学资源。

由于时间较仓促，编者学术水平有限，书中难免存在疏漏与不妥之处，敬请读者批评指正，以便日后改进！

编　者

2024 年 1 月

目　录

计算机网络概述

1.1 计算机网络的形成与发展

人们现在的生活、学习和工作已经离不开网络。通过网络,可以查找信息、聊天、购物、问路、开展会议、娱乐等,离开了网络,现代社会已经无法正常运转。网络已经成为信息社会的命脉和发展知识经济的重要基础。这里所说的"网络"就是"计算机网络"。

1. 计算机网络的形成与发展

计算机网络是计算机技术与通信技术发展和融合的产物。20 世纪 50 年代初,由于美国军方的需要,美国半自动地面防空(SAGE)系统将远程雷达信号、机场与防空部队的信息传送到美国本土的一台大型计算机上进行处理。之后,美国军方又考虑将分布在不同地理位置的多台计算机通过通信线路连接到计算机网络。在民用方面,计算机技术与通信技术结合的研究成果开始用于航空售票与银行业务中。

当时美国军方的通信主要依靠电话交换网,电话交换网是通过人与人之间模拟的语音信息传输设计的,而计算机网络传输的是数字数据信号,这样不仅通信线路的利用率很低,而且电话线路的误码率比较高,电话交换网直接用于计算机的数据传输是不适合的。研究者针对这个问题提出了一种新的数据交换技术——分组交换。分组交换将用户通信的数据划分成多个更小的等长数据段,在每个数据段的前面加上必要的控制信息作为数据段的首部,每个带有首部的数据段就构成了一个分组。首部指明了该分组发送的地址,当交换机收到分组之后,将根据首部中的地址信息将分组转发到目的地。如果发送主机与接收主机之间没有直接连接的通信线路，则中间节点需要采用"存储转发"的方法转发分组。分组交换实质上是在"存储—转发"基础上发展起来的。

1967年，美国国防部高级研究计划署提出了 ARPANET 的研究任务。ARPANET 在方案中采取分组交换的思想。ARPANET 分为两部分：通信子网和资源子网。通信子网的转发节点用小型计算机实现，称为接口报文处理器（Interface Message Processors，IMP）。通信子网结构示意图如图 1-1 所示。

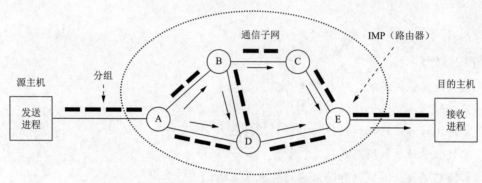

图 1-1　通信子网结构示意图

ARPANET 开始只有 4 个节点，1971 年扩充到 15 个节点。经过几年的成功运行后，发展成为连接许多大学、研究所和公司的遍及美国的计算机网络，欧洲用户可以通过英国和挪威的节点连接到网络。ARPANET 是 Internet 的前身。

2. Internet 的形成与发展

20 世纪 70 年代末到 20 世纪 90 年代中期，由于个人计算机的出现和迅速普及，社会对于计算机网络的需求也快速增长，很多公司都投入了大量资金研制新的网络技术和标准，希望占领更多的市场。局域网的以太网技术、令牌环网技术、FDDI 等，以及广域网的 X.25 都应运而生。各公司都想使自己的技术成为工业生产标准，导致生产的网络产品彼此互不兼容。鉴于这种情况，国际标准化组织（ISO）于 1984 年正式颁布了"开放系统互连参考模型"，即 OSI 模型。国际标准化组织的这种努力效果并不明显，主要原因是 OSI 标准过于复杂，真正实现统一网络技术标准的是 TCP/IP 协议。1977 年，ARPANET 研究人员提出了传输控制协议（Transport Control Protocol，TCP）与网际协议（Internet Protocol，IP）的协议结构。TCP 主要用于实现源主机和目的主机操作系统之间分布式进程通信的功能，IP 协议主要用于标识节点地址与实现路由选择功能。经过 40 多年的不断完善，TCP/IP 协议成功赢得了大量的用户和投资，成为 Internet 的核心技术，同时也促进了 Internet 的发展。TCP/IP 协议之所以成功，市场也起到了关键的作用。

虽然 ARPANET 已获得巨大成功，但却不能满足日益增长的需要。1986 年，美国国家科学基金会（NSF）建立了国家科学基金网 NSFNET，逐步取代了 ARPANET 成为 Internet 的主干。1990 年 ARPANET 正式宣布关闭。此时，网络也从开始的军事用途、最初的科学研究和学术领域，慢慢发展成商业应用。商业应用的推动使 Internet 的发展更加迅猛，应用不断拓展，技术日益更新，Internet 不断深入社会的每个角落，成为一种全新的工作、学习和生活方式。随着世界各地不同种类的网络与美国 Internet 相连，逐渐形成了全球的 Internet。

3. 移动互联网的形成与发展

移动互联网是移动通信技术和互联网技术相融合的产物，无须连接各终端、节点的网线。移动通信技术通过无线网络将网络信号覆盖延伸到每个角落，让人们能随时随地接入所需的移动应用服务。移动互联网继承了移动随时、随地、随身和互联网开放、分享、互动的优势，是一个全国性的、以宽带 IP 为技术核心的，可同时提供语音、传真、数据、图像、多媒体等高品质电信服务的新一代开放的电信基础网络，由运营商提供无线接入，互联网企业提供各种成熟的应用。

移动互联网蓬勃发展离不开无线网络技术和移动互联网终端设备的兴起。移动互联网发展到今天，受到来自全球高新科技跨国企业的强烈关注，并迅速在世界范围内火爆开来，移动互联终端设备在其中的作用功不可没。

随着我国移动通信网络的全面覆盖，移动互联网伴随着移动网络通信基础设施的升级换代和快速发展，尤其是在 2009 年国家开始大规模部署 3G 移动通信网络，2014 年又开始大规模部署 4G 移动通信网络。2019 年 6 月 6 日，工业和信息化部正式向中国电信、中国移动、中国联通、中国广电发放 5G 商用牌照，中国正式进入 5G 商用元年。移动通信基础设施的升级换代，有力地促进了中国移动互联网快速发展，服务模式和商业模式也随之大规模创新与发展。

通过移动互联网，人们可以使用手机、平板计算机等移动终端设备浏览新闻，还可以使用各种移动互联网应用，例如在线搜索、在线聊天、移动网游、手机电视、在线阅读、网络社区、收听及下载音乐等。其中，移动环境下的网页浏览、文件下载、位置服务、在线游戏、视频浏览和下载等是其主流应用。移动互联网是未来十年内最有创新活力和最具市场潜力的新领域。

4. 物联网的形成与发展

物联网是在 Internet 技术的基础上，利用传感器、无线传感器网络、射频标签等感知技术自动获取物理世界的各种信息，构建人与人、人与物、物与物的智能网络信息系统，促进物理世界与信息世界的融合。

2005 年 11 月 17 日，在突尼斯举行的信息社会世界峰会（WSIS）上，国际电信联盟（ITU）发布了《ITU 互联网报告 2005：物联网》，正式提出了"物联网"的概念。

物联网将无处不在的末端设备和设施，包括具备"内在智能"的传感器、移动终端、工业系统、楼控系统、家庭智能设施、视频监控系统和"外在使能"（如贴上 RFID 的）的各种资产、携带无线终端的个人与车辆等，通过各种无线或有线的通信网络连接到物联网实现互联互通。

物联网的基本特征可概括为整体感知、可靠传输和智能处理。整体感知可以利用射频识别、二维码、智能传感器等感知设备感知获取物体的各类信息。可靠传输指通过对互联网、无线网络的融合，将物体的信息实时、准确地传送，以便进行信息交流、分享。智能处理使用各种智能技术，对感知和传送到的数据、信息进行分析处理，实现监测与控制的智能化。

物联网的应用领域涉及方方面面，在工业、农业、环境、交通、物流、安保等基础设施领域的应用，有效地推动了这些方面的智能化发展，使得有限的资源更加合理的使用与分配，从而提高了行业效率、效益。在家居、医疗健康、教育、金融与服务业、旅游业等与生活息息相关的领域的应用，从服务范围、服务方式到服务的质量等方面都有了极大的改进，大大提高了人们的生活质量。

Internet 实现了人与人的信息共享，物联网进一步实现了人与物、物与物的融合。与此同时，无论是物联网还是互联网都朝着人工智能的领域发展。借助人工智能的物联网将会突破现阶段人们的生活方式与认知可能，帮助人们实现更多信息和资源的优化处理和交流沟通，使各行各业进入未来的智能信息时代。

计算机网络一直持续向综合化、宽带化、智能化和个性化方向发展，这也是网络发展的目标：高速网络、宽带接入、高速交换网络、全光纤网络等，"由表及里"地渗透到社会的各个角落，遵循"互联网+"的模式在各行各业中跨界融合，推动着我国国民经济发展方式的转型与社会发展。

5. 计算机网络的标准化工作及相关组织

计算机网络的发展和推广离不开计算机网络的标准化工作。没有统一的标准，众多厂商的硬件和软件间的相互兼容、连通、互操作都会遇到麻烦。国际上有众多的标准化组织负责制定、实施各类标准，与网络标准制定相关的组织有国际标准化组织、国际电信联盟、电气与电子工程师协会等。

① 国际标准化组织（ISO）：是一个非政府的组织，成立于 1947 年，其制定的主要网络标准或规范有 OSI 参考模型、HDLC 等。

② 国际电信联盟（ITU）：其前身为国际电报电话咨询委员会（CCITT），其下属机构 ITU-T，制定了大量有关远程通信的标准，如用于国际电子邮件交换的 X.400 标准、全世界电子邮件目录 X.500 标准、X.25 WAN 标准等。

③ 电气与电子工程师协会（IEEE）：世界上最大的专业技术团队，由计算机和工程学专业人士组成，包含了科学、技术和教育在内的专业学会。IEEE 的计算机协议局域网委员会制定了许多在用的网络标准，例如在计算机网络中最重要的 802 标准。

④ 电子工业联合会和通信工业联合会（EIA&TIA）：EIA 为电子接口开发了标准，TIA 建立了通信和布线标准，指出了网络区域中用于连接工作站和服务器的水平布线方法，以及在网络设备室、写字楼间运行的主干布线方法。

⑤ 因特网工程任务组（IETF）：成立于 1985 年，主要定义互联网标准，例如网络路由、管理、传输标准，互联网安全的安全标准等。

标准分为法定标准和事实标准，所谓的法定标准就是由权威机构制定的、正式的、合法的标准。事实标准则是在市场竞争中，占据了市场主流地位技术的协议标准，例如网络中的 TCP/IP 协议。

因特网的所有标准都以 RFC（Request For Comments）的形式在因特网上发布，但并非每个 RFC 都是因特网标准，RFC 要上升为因特网正式标准需经过以下 4 个阶段：

① 因特网草案（Internet Draft）：这个阶段还不是 RFC 文档。

② 建议标准（Proposed Standard）：这个阶段开始就称为 RFC 文档。

③ 草案标准（Draft Standard）：将建议文档放在网上供建议修改，从而形成草案标准。

④ 因特网标准（Internet Standard）：草案标准经 IETF 等机构审核通过后，成为正式的因特网标准。

1.2 计算机网络的定义及功能

1.2.1 计算机网络的定义

在计算机网络发展的不同阶段，对计算机网络的定义有不同的侧重点。目前并没有统一的精确定义。从整体上来说，计算机网络是把分布在不同地理区域的自主计算机或者其他可编程的硬件与专门的外部连接设备用通信线路连接起来，形成一个规模大、功能强的系统，用来实现资源共享、数据通信等特定的目的。

其中，计算机网络所连接的硬件，不限于一般的计算机，还包括智能手机、打印机、家用电器等。计算机能够支持很多种应用，如办公自动化、电子商务、分布式信息处理、远程教育与 E-learning、远程音频和视频应用等。

1.2.2　计算机网络的功能

1. 资源共享

资源共享是基于网络的资源分享，凡是入网用户均能享受网络中各个计算机系统的全部或部分软件、硬件和数据资源，这是计算机网络最本质的功能。硬件资源包括各种设备，如打印机、复印机、传真机、扫描仪等；软件资源包括各种数据，如文字、音频、图片、视频等。

2. 分布式处理

分布式处理即当计算机网络中的某个计算机系统负荷过重时，可以将其处理的任务传送给网络中的其他计算机系统进行处理，利用空闲计算机资源提高整个系统的利用率。利用网络技术还可以将许多小型机或微型机连成具有高性能的分布式计算机系统，使它具有解决复杂问题的能力，而且可以大幅降低费用。

3. 信息交换

计算机网络为分布在各地的用户提供了强有力的通信手段。用户可以通过计算机网络传送电子邮件、发布新闻消息和进行电子商务活动。

4. 提高可靠性

系统的可靠性对于军事、金融和工业过程控制等部门的应用都非常重要。计算机通过网络中的冗余设备可以大大提高使用的可靠性。无论是某台计算机或者是连接的线路出现了故障，都可以使用另外的冗余设备，从而提高网络整体系统的可靠性。

1.3　计算机网络的组成与分类

1.3.1　计算机网络的组成

最早出现的计算机网络是广域网。广域网的设计目标是将分布在世界各地的计算机互联起来。从逻辑功能上来看，广域网由通信子网与资源子网两部分组成。通信子网是指网络中实现网络通信功能的设备及其软件的集合。通信子网主要为用户提供数据传输、转发等通信处理任务，主要包括路由器、交换机、集线器等各种网络互联设备和通信线路。资源子网负责全网的数据处理和向用户提供各种网络资源及服务，其主体是计算机网络中的主机、用户终端和共享的数据资源等。

随着 Internet 的广泛应用，简单的通信子网和资源子网两级结构的网络模型已经不能描述现代 Internet 的结构。

现在的 Internet 是由分布在世界各地的广域网、城域网、局域网通过路由器互联而成的。Internet 也不是由任何一个国家组织或国际组织来运营，而是由一些私营公司分别运营各自的部分。用户接入与使用各种网络服务都需要经过 Internet 服务提供商（Internet Service Provider，ISP）提供。ISP 运营商向 Internet 管理机构申请了大量的 IP 地址，铺设了通信线路，购买了高性能的路由器与服务器，组建了 ISP 网络，提供接入服务。

Internet 可以分为三层结构：第一层也是网络结构的最低层，大量的用户计算机与移动终端设备通过 802.3 标准的局域网、802.11 标准的无线局域网、802.16 标准的无线城域网、无线自组网（Ad hoc）、无线传感器网络（WSN）、有线电话交换网络（PSTN）、无线（4G/5G）移动通信网以及有线电视网（CATV）接入本地的 ISP、企业网或校园网；第二层，ISP、企业网或校园网汇聚到作为地区主干网的宽带城域网中，宽带城域网通过城市宽带出口连接到国家或国际级主干网；最高层是大型主干网，由大量分布在不同地理位置、通过光纤连接的高端路由器构成，提供高带宽的传输服务。国际或国家级主干网组成 Internet 的主干网。国际、国家级主干网与地区主干网上连接有很多服务器集群，为接入的用户提供各种 Internet 服务。

1.3.2　计算机网络的分类

1. 按传输介质分类

传输介质又称通信介质或载体，它是计算机网络数据传输的通道。不同的传输介质，其特性也各不相同，它们不同的特性对网络中数据通信质量和通信速度有较大影响。

计算机网络根据网络的传输介质可以分为有线网和无线网两种。

（1）有线网

有线网是采用同轴电缆、双绞线、光纤等有线介质连接的计算机网络。用同轴电缆连接的网络成本低，安装便利，但是传输速率和抗干扰能力一般，传输距离较短。用双绞线连接的网络价格便宜，安装方便，但是容易受干扰，传输速率也比较低，传输距离比同轴电缆要短。用光纤连接的网络传输距离长，传输速率高，抗干扰性强，安全性高。但是成本较高，且需要高水平的安装技术。

（2）无线网

无线网是指无须布线就能实现各种通信设备互联的网络。无线网技术涵盖的范围很广，既包括允许用户建立远距离无线连接的全球语音和数据网络，也包括为近距离无线连接进行优化的红外线及射频技术。无线网虽然速度和传送距离不如有线网，但是联网方式灵活方便，深受人们喜爱。无线网已经广泛地应用在商务区、大学、机场，以及其他各类公共区域，其网络信号覆盖区域正在进一步扩大。

2. 按网络信息交换方法分类

（1）电路交换网

在数据交换之前，首先在通信子网中建立实际的物理线路连接。通信过程分为 3 个阶段：线路建立阶段、数据传输阶段和线路释放阶段。在这种工作模式下，双方在通信过程中始终占有整个端到端的线路。

（2）报文交换网

报文交换是以报文为数据交换的单位，报文携带有目标地址、源地址等信息，在交换节点采用存储转发的传输方式。报文交换不需要为通信双方预先建立一条专用的通信线路，不存在连接建立时延，用户可随时发送报文。通信双方不是固定占有一条通信线路，而是在不同的时间逐段地部分占有这条物理通路，因而大大提高了通信线路的利用率。

（3）分组交换网

分组交换仍采用存储转发传输方式，但是将一个长报文先分割为若干个较短的分组，然后把这些分组（携带源、目的地址和编号信息）逐个地发送出去。这样不仅加速了数据在网络中的传输速度，也简化了存储管理。

无论是报文交换还是分组交换，在传输过程中，采用数据报服务时，都有可能出现失序、丢失或重复情况，分组到达目的节点时，要对分组按编号进行排序等工作，增加了一定的麻烦。

总之，若要传送的数据量很大，且其传送时间远大于呼叫时间，则采用电路交换较为合适；当端到端的通路由很多段的链路组成时，采用分组交换传送数据较为合适。从提高整个网络的信道利用率上看，报文交换和分组交换优于电路交换，其中分组交换比报文交换的时延小，尤其适合于计算机之间的突发式的数据通信。

3. 按网络连接距离和范围分类

按计算机网络覆盖范围的大小，可以将计算机网络分为广域网、城域网、局域网和个人局域网。

（1）广域网

广域网（Wide Area Network，WAN）又称远程网，可覆盖一个国家、地区，甚至横跨几个洲，形成国际性的远程计算机网络。广域网将分布在不同地区的计算机系统、城域网、局域网互联起来，实现资源共享与信息交互。因特网就是一个最典型的广域网。

早期的广域网主要用于大型计算机系统与中小型计算机系统的互联。大型或中小型计算机的用户终端接入本地计算机系统，本地计算机系统再接入到广域网中。用户通过终端登录到本地计算机系统之后，才能实现对异地联网的其他计算机系统中的硬件、软件或数据资源进行访问和共享。针对这样一种工作方式，人们提出了"资源子网"与"通信子网"的概念。随着互联网应用的发展，广域网更多的是作为覆盖地区、国家、洲际地理区域的核心交换网络平台。

目前，广域网覆盖面广、应用环境复杂、网络传输介质多样化、接入技术多样化，大量的用户计算机通过局域网或其他接入技术接入到城域网，城域网接入到连接不同城市的广域网，大量的广域网互联形成了 Internet 的宽带核心交换平台，从而构成了具有层次结构的大型互联网络。

（2）城域网

城域网（Metropolitan Area Network，MAN）位于骨干网与接入网的交汇处，各种业务和各种协议在城域网汇聚、分流和进出骨干。宽带城域网是城域网的典型应用，新一代的宽带城域网以多业务的光传送网为开放的基础平台，通过各种网关、接入设备实现各种业务接入，并与各运营商的长途骨干网相连，形成本地市综合业务网络。

（3）局域网

局域网（Local Area Network，LAN）的覆盖范围一般是方圆几千米之内，其具备的安装便捷、成本节约、扩展方便等特点使其运用广泛。局域网可以实现文件管理、应用软件共享、打印机共享等功能。局域网是一种私有网络，覆盖范围有限，一般在一座建筑物内或建筑物附近，如家庭、办公室或工厂等。

局域网的发展始于 20 世纪 70 年代，至今仍是网络发展中的一个活跃领域。到了 20 世纪 90 年代，LAN 更是在速度、带宽等指标方面有了更大进展，并且在 LAN 的访问、服务、管理、安全和保密等方面都有了进一步的改善。例如，Ethernet 技术从传输速率为 10 Mbit/s 的 Ethernet 发展到 100 Mbit/s 的高速以太网，并继续提高至千兆位（1 000 Mbit/s）以太网、万兆位以太网。

（4）个人局域网

个人局域网（Personal Area Network，PAN）又称个域网，是近几年在短距离（家庭与小型办公室）无线通信技术领域提出来的新概念。PAN 的核心思想是用新的无线传输技术代替传统的有线传输技术，实现个人信息终端的智能化互联，组建个人化的办公或者家用信息网络。目前个域网采用的技术主要有：超宽带（Ultra – Wideband，UWB）、蓝牙（Bluetooth）、802.11、IrDA（Infrared Data Association）以及 Home RF 等。

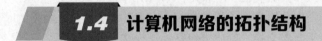

1.4 计算机网络的拓扑结构

1.4.1 计算机网络拓扑的定义

无论 Internet 的结构多么庞大和复杂，它都是由许多个广域网、城域网、局域网、个域网互联而成的，而各种网络的结构都会具备某一种网络拓扑所共有的特征。为了研究复杂的网络结构，需要掌握网络拓扑的基本知识。

拓扑是从图论演变而来的，是一种研究与大小和形状无关的点、线、面特点的方法。网络拓扑是抛开网络中的具体设备，把网络中的计算机、各种通信设备抽象为"点"，把网络中的通信介质抽象为"线"，从拓扑学的观点去看计算机网络，就形成了由"点"和"线"组成的几何图形，从而抽象出网络系统的具体结构。这种采用拓扑学方法描述各个节点之间的连接方式的图形称为网络的拓扑结构图。网络拓扑结构是通过网上的通信线路及网络设备之间的互相连接的几何关系来表示网络结构，反映网络中各实体之间的结构关系。网络的基本拓扑结构有星型结构、环型结构、总线型结构、树型结构、网型结构等。在实际构造网络时，多数网络拓扑是这些基本拓扑结构的结合。

网络拓扑结构不同，网络的工作原理就不同，网络性能也不一样。因此，网络拓扑设计是计算机网络设计的第一步，也是实现各种网络协议的基础，对网络性能、系统可靠性与通信费用都有重大影响。网络拓扑主要是指通信子网的拓扑结构。

1.4.2 计算机网络拓扑的分类与特点

1. 总线型拓扑结构

总线型拓扑采用单根传输线作为传输介质，所有的站点都通过相应的硬件接口直接连接到传输介质或总线上，如图 1-2 所示。任何一个站点发送的信息都可以沿着介质传播，而且能被所有其他的站点接收。

由于所有的站点共享一条公用的传输链路，所以一次只能有一个设备传输数据。通常采用某种策略来决定下一次哪一个站点发送信息。发送时，发送站点将报文分组，然后依次发送这些分组，有时要与其他站点发来的分组交替地在介质上传输。当分组经过各站点时，目的站点将识别分组中携带的目的地址，然后复制这些分组的内容。这种拓扑减轻了网络通信处理的负担，通信处理分布在各站点进行。

总线型拓扑的优点：结构简单，实现容易；易于安装和维护；价格低廉，用户站点入网灵活。

总线型拓扑结构的缺点：传输介质故障难以排除，并且由于所有站点都直接连接在总线上，因此任何一处故障都会导致整个网络瘫痪。

不过，对于站点不多（10 个站点以下）的网络或各个站点相距不是很远的网络，采用总线拓扑还是比较适合的，但随着在局域网上传输多媒体信息的增多，目前这种网络拓扑结构除了在工业网络等特殊应用场合以外正在被淘汰。

2. 星型拓扑结构

星型拓扑是由中央节点和通过点对点链路接到中央节点的各站点（网络工作站等）组成，如

图 1–3 所示。星型拓扑以中央节点为中心，执行集中式通信控制策略，因此，中央节点相当复杂，而各个站的通信处理负担都很小，又称集中式网络。中央控制器是一个具有信号分离功能的"隔离"装置，它能放大和改善网络信号，外部有一定数量的端口，每个端口连接一个站点，如 Hub 集线器、交换机等。采用星型拓扑的交换方式有线路交换和报文交换，尤以线路交换更为普遍，现有的数据处理和声音通信的信息网大多采用这种拓扑。一旦建立了通信的连接，可以没有延迟地在两个连通的站点之间传输数据。使用配线架的星型拓扑，配线架相当于中间集中点，可以在每个楼层配置一个，并具有足够数量的连接点，以供该楼层的站点使用，站点的位置可灵活放置。

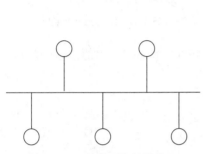

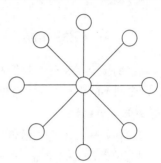

图 1–2　总线型拓扑结构　　　　　　图 1–3　星型拓扑结构

　　星型拓扑的优点：结构简单，管理方便，可扩充性强，组网容易。利用中央节点可方便地提供网络连接和重新配置；且单个连接点的故障只影响一个设备，不会影响全网，容易检测和隔离故障，便于维护。

　　星型拓扑的缺点：每个站点直接与中央节点相连，需要大量电缆，因此费用较高；如果中央节点产生故障，则全网不能工作，所以对中央节点的可靠性和冗余度要求很高。

　　星型拓扑广泛应用于网络中智能集中于中央节点的场合。目前在传统的数据通信中，这种拓扑还占有支配地位。

3. 环型拓扑结构

　　环型拓扑由一些中继器和连接中继器的点到点链路首尾相连形成一个闭合的环，如图 1–4 所示。每个中继器都与两条链路相连，它接收一条链路上的数据，并以同样的速度串行地把该数据送到另一条链路上，而不在中继器中缓冲。这种链路是单向的，也就是说，只能在一个方向上传输数据，而且所有的链路都按同一方向传输，数据就在一个方向上围绕着环进行循环。由于多个设备共享一个环，因此需要对此进行控制，以便决定每个站在什么时候可以把分组放在环上。这种功能是用分布控制的形式完成的，每个站都有控制发送和接收的访问逻辑。由于信息包在封闭环中必须沿每个节点单向传输，因此，环中任何一段的故障都会使各站之间的通信受阻。为了增加环型拓扑的可靠性，还引入了双环拓扑。双环拓扑就是在单环的基础上在各站点之间再连接一个备用环，从而当主环发生故障时，由备用环继续工作。

　　环型拓扑结构的优点是能够较有效地避免冲突，其缺点是环型结构中的网卡等通信部件比较昂贵且管理复杂得多。在实际的应用中，多采用环型拓扑作为宽带高速网络的结构。

4. 树型拓扑结构

　　树型拓扑是从星型拓扑演变而来的，它把星型拓扑和总线型拓扑结合起来，形状像一棵倒置的树，如图 1–5 所示。其顶端有一个带分支的根，每个分支还可以延伸出子分支，这种拓扑和总线型拓扑的主要区别在于根的存在。当节点发送信号时，根接收该信号，然后再重新广播发送到全网。

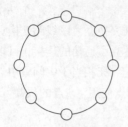

图 1-4　环型拓扑结构

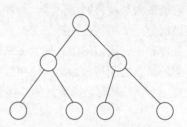

图 1-5　树型拓扑结构

　　树型拓扑的优点是易于扩展和故障隔离；树型拓扑的缺点是对根的依赖性太大，如果根发生故障，则全网不能正常工作，对根的可靠性要求很高。

5. 网状型拓扑结构

　　网状型结构是一种不规则的连接，通常一个节点与其他节点之间有两条以上的通路，如图 1-6 所示。其特点是容错能力强，可靠性高，一条线路发生故障，可以经其他线路连接目的节点。其缺点是费用高、布线困难。网状型结构一般用于广域网或大型局域网的主干网。

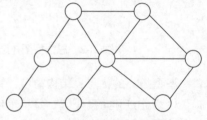

图 1-6　网状型拓扑结构

1.4.3　拓扑的选择

　　拓扑的选择往往和传输介质的选择以及介质访问控制方法的确定紧密相关。选择拓扑时，应该考虑的主要因素有以下几点。

1. 经济性

　　网络拓扑的选择直接决定了网络安装和维护的费用。不管选用什么样的传输介质，都需要进行安装。例如，安装电线沟、安装电线管道等。最理想的情况是建楼以前先进行安装，并考虑今后扩建的要求。安装费用的高低与拓扑结构的选择以及传输介质的选择、传输距离的确定有关。

2. 灵活性

　　灵活性和可扩充性也是选择网络拓扑结构时应充分重视的问题。任何一个网络，随着用户数的增加、网络应用的深入和扩大、网络新技术的不断涌现，特别是应用方式和要求的改变，网络经常需要加以调整。网络的可调整性与灵活性以及可扩充性都与网络拓扑直接相关。一般来说，总线拓扑和环状拓扑要比星状拓扑的可扩充性好得多。

3. 可靠性

　　网络的可靠性是任何一个网络的生命。网络拓扑决定了网络故障检测和故障隔离的方便性。总之，选择局域网拓扑时，需要考虑的因素很多，这些因素同时影响网络的运行速度和网络软硬件接口的复杂程度等。

1.5 计算机网络的性能指标和非性能特征

1.5.1 计算机网络的性能指标

性能指标从不同的方面衡量计算机网络的性能，常用的性能指标如下。

1. 速率

网络技术中的速率指的是连接在计算机网络上的主机在数字信道上传送数据的速率，也称为数据率或比特率。速率是计算机网络中最重要的一个性能指标。速率的单位是 bit/s，即每秒传送多少位。当速率较高时，可以使用 kbit/s、Mbit/s、Gbit/s 等加上倍数的单位。在日常描述中，常会使用百兆网、千兆网等描述该网络的速率。

2. 带宽

计算机网络中，带宽表示单位时间内网络通信中某信道所能通过的"最高数据率"，因此带宽的单位和速率的单位相同，也是 bit/s。在其他场合指该信号所包含的各种不同频率成分所占据的频率范围。

3. 吞吐量

吞吐量表示在单位时间内通过某个网络（或信道、接口）的实际数据量。因此，吞吐量受限于带宽或网络速率。

4. 时延

时延是指数据（一个报文或分组，甚至比特）从网络（或链路）的一端传送到另一端所需的时间。时延主要有以下部分组成。

① 发送时延 (传输时延)：主机或路由器发送数据帧所需要的时间（从发送数据帧的第一个比特算起，到该帧的最后一个比特发送完毕的时间）。

$$发送时延 = 数据帧长度（bit）/ 发送速率（bit/s）$$

② 传播时延：电磁波在信道中传播一定的距离需要花费的时间。

$$传播时延 = 信道长度（m）/ 电磁波在信道上的传播速率（m/s）$$

③ 处理时延：主机或路由器在收到分组时用于处理所花费的时间，例如差错检验或查找路由表等。

④ 排队时延：分组在进入路由器输入队列中排队等待的时间，往往取决于网络当时的通信量。综上可知：

$$总时延 = 发送时延 + 传播时延 + 处理时延 + 排队时延$$

5. 时延带宽积

把以上网络性能的两个度量——传播时延和带宽相乘，就得到另一个很有用的度量：传播时延带宽积。

$$时延带宽积 = 传播时延 × 带宽$$

表示在特定时间该网络上的最大数据量。

6. 往返时间（RTT）

在计算机网络中，往返时间也是一个重要的性能指标，往返时间表示从发送方发送数据开始，到发送方收到来自接收方的确认（接收方收到数据后便立即发送确认）总共经历的时间。

7. 利用率

利用率可分为信道利用率和网络利用率两种。

① 信道利用率：信道被有效利用（有数据通过）的百分比，完全空闲的信道的利用率是零。

② 网络利用率：全网络的信道利用率的加权平均值。

1.5.2 计算机网络的非性能特征

计算机网络还有一些非性能特征也很重要，也是网络选择时的参考因素，例如费用、质量、标准化、可靠性、可扩展性和可升级性、易于管理和维护等方面。

1. 费用

费用也称为价格，一个计算机网络的费用包括设计和实现的费用。网络的性能与其费用有着密切相关性，一般而言，网络的速率越高，其价格也就越高。

2. 质量

网络的质量取决于网络中所有部件的质量，并包括这些部件如何组成网络的。网络的质量会影响到网络的可靠性、易管理性等方面。

3. 标准化

计算机网络的硬件和软件既可以按通用的国际标准设计和实施，也可以遵循特定的专用标准。考虑到更好的互操作性、易于升级维护和广泛的技术支持，尽量都采用国际标准。

4. 可靠性

可靠性与网络的质量和性能有着密切关系。家用网络、商用网络、工业网络等不同的网络对于可靠性有着不同的要求。一般而言，为了实现相同的可靠性，速率更高的网络产生的相关费用也更高。

5. 可扩展性和可升级性

在设计一个计算机网络时，尽量考虑到日后可能需要的扩展和升级，例如随着公司规模的扩大，公司网络内结点数量的增加。

6. 易于管理和维护

计算机网络正常和可靠地运行离不开管理和维护，否则将难以达到或保持所设计的性能。而管理和维护是需要成本的，易于管理和维护将能有效地降低运维成本，间接地增加公司效益或降低支出。

性能指标和非性能特征分别从定量和定性两个不同角度来描述计算机网络的特征，这对于计算机网络而言两者都非常重要。在设计和实施计算机网络时需要综合考虑。

1.6 实训

1.6.1 VMware Workstation 的安装与使用

1. 实训目的

熟悉并掌握 VMWare Workstation 的基本使用方法，后续课程内容需要在虚拟机搭建的网络环境中开展实训。

2. 实训条件

建议使用 8 GB 及以上内存和 10 GB 及以上硬盘容量。

3. 实训内容

① 安装 VMWare Workstation 软件。

VMWare Workstation 安装过程和基本软件一样，安装完成之后的界面如图 1-7 所示。这里以 VMWare Workstation 10 为例进行讲解。

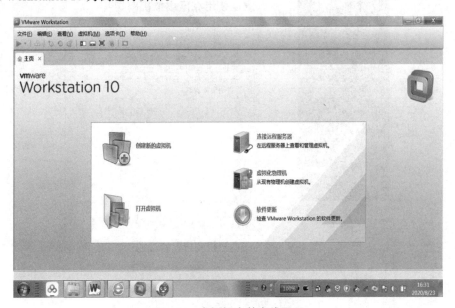

图 1-7　虚拟机安装完成界面

② 分别打开本地虚拟机系统 Windows 7 和 Windows Server 2008。

通过"文件"菜单打开本地硬盘上的虚拟机系统文件，如图 1-8 所示。单击"开启此虚拟机"即可开启。

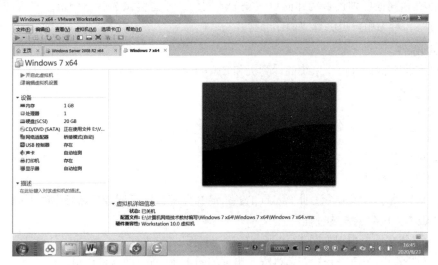

图 1-8　打开虚拟机系统文件

③ 启动系统之后，就可以创建一个简单的网络环境。

④ VMWare Workstation 还具有克隆系统的功能，通过克隆虚拟机向导，可以复制出一个新的系统，方便搭建网络环境。图 1-9 所示为 "克隆虚拟机向导" 对话框。

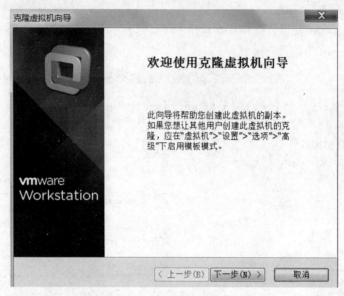

图 1-9   "克隆虚拟机向导" 对话框

1.6.2   Cisco Packet Tracer 的安装与使用

1. 实训目的

熟悉并掌握 Cisco Packet Tracer 的安装和基本使用方法。

2. 软件介绍

Cisco Packet Tracer 是一款强大的网络模拟工具，简称 PT。通过 PT 可以让用户练习使用路由器、交换机和其他各种设备构建简单或复杂的网络，或者尝试为智慧城市、家庭和企业设计互联解决方案，可为用户提供真实操作经验。

3. 实训条件

一台已安装 Windows 操作系统的计算机和 Cisco Packet Tracer 软件。

4. 实训内容

① 安装 PT 软件。

② PT 软件的使用。

5. 实训过程

（1）安装 PT 软件

访问思科网络学院网站并注册 Packet Tracer 简介课程，即可下载最新版本的 Packet Tracer。以下以 6.2 版本为例演示安装过程。

① 双击安装文件，出现如图 1-10 所示的欢迎界面。

② 单击 "Next" 按钮，开始安装过程，出现如图 1-11 所示的软件许可协议界面。

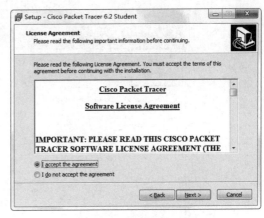

图 1-10　安装欢迎界面　　　　　　　　　图 1-11　软件许可协议界面

③ 在图 1-11 所示的软件许可协议界面选中"I accept the agreement"单选按钮，单击"Next"按钮后进入安装路径选择界面，选择合适的安装路径后单击"Next"按钮进入启动菜单文件夹界面。可以采用默认选项，也可以根据自己的需求进行修改，确定后单击"Next"按钮进如图 1-12 所示的附加任务选择界面。

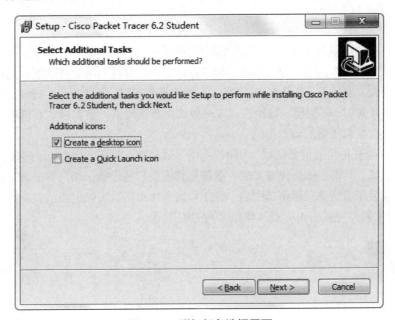

图 1-12　附加任务选择界面

④ 在图 1-12 所示的附加任务选择界面，根据自己的需求确定是否要创建桌面快捷方式和创建 Windows 工具栏快速启动图标，默认只创建桌面快捷方式。确定后单击"Next"按钮进入安装前的确认界面。如果需要修改之前的设置，可单击"Back"按钮返回到前面重新确认选项。确认无误后单击"Install"按钮开始安装。

（2）PT 软件的使用

启动 PT 软件，出现如图 1-13 所示的主界面。

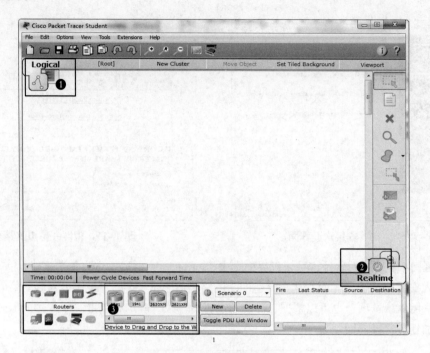

图 1-13　PT 软件主界面

主界面中空白的区域为工作区，创建网络拓扑结构。图 1-13 中 1 号框标出的是逻辑和物理工作区转换栏，逻辑工作区为主要工作区，用户在此工作区完成网络设备的逻辑连接和配置。物理工作区用于模拟真实情况，有城市、建筑物、工作间等直观图，用户对此进行相关配置。图 1-13 中 2 号框标出的是实时 / 模拟模式转换栏，实时模式为默认模式，模拟模式有模拟数据包的传输过程，便于查看数据包传输的动态走向。

图 1-13 中 3 号框标出的设备区域，为用户提供不同类型、不同型号的网络设备，包括路由器、交换机、集线器等。其中左侧是设备类型，右侧是具体型号的设备。用户单击确定设备类型后，右侧的具体设备会相应变动，单击选中后，在工作区再次单击就将该设备放置在工作区。

可以使用 PT 软件完成图 1-1 或其他局域网的拓扑图。

习　题

一、单选题

1. 建立计算机网络的目的在于（　　　）。
　　A. 资源共享　　　　　　　　　　　　B. 建立通信系统
　　C. 建立自动办公系统　　　　　　　　D. 建立可靠的管理信息系统

2. Internet 属于（　　　）。
　　A. 广域网　　　　　B. 城域网　　　　　C. 局域网　　　　　D. 个人局域网

3. 局域网简称为（　　　）。
　　A. WAN　　　　　B. LAN　　　　　C. MAN　　　　　D. VLAN

4. 网状拓扑结构的优点是（　　　）。

A. 费用低廉　　　　B. 可靠性高　　　　C. 布线方便　　　　D. 管理方便

5. 总线拓扑结构的优点不包括（　　　）。

A. 结构简单　　　　B. 实现容易　　　　C. 易于安装　　　　D. 可靠性高

6. （　　　）拓扑结构一般用于广域网或大型局域网的主干网。

A. 总线　　　　　　B. 星状　　　　　　C. 树状　　　　　　D. 网状

二、填空题

1. 从逻辑功能上看，计算机网络可以分成＿＿＿＿和＿＿＿＿两部分。

2. 计算机网络的功能主要包括＿＿＿＿、＿＿＿＿、信息交换和提高可靠性。

3. 计算机网络按照传输介质分类，可以分为＿＿＿＿和＿＿＿＿两种。

4. 计算机网络拓扑结构中，各节点通过点到点链路连接到中央节点的拓扑结构，称为＿＿＿＿拓扑结构。

5. 时延由发送时延、传播时延、处理时延和＿＿＿＿组成。

三、多选题

1. 与广域网相比，局域网的典型特征是（　　　）。

A. 覆盖范围小　　　　　　　　　　B. 传输速率高

C. 传输可靠性高　　　　　　　　　D. 必须采用总线拓扑结构

2. 选择网络拓扑结构时，需要考虑的因素包括（　　　）。

A. 经济性　　　　　B. 灵活性　　　　　C. 施工便利性　　　D. 可靠性

3. 计算机网络的性能指标包括（　　　）。

A. 速率　　　　　　B. 带宽　　　　　　C. 吞吐量　　　　　D. 可靠性

4. 通过移动互联网，可以使用各种移动互联网应用，包括（　　　）。

A. 在线聊天　　　　B. 手机电视　　　　C. 文件下载　　　　D. 视频浏览

5. 物联网的应用领域包括（　　　）。

A. 家居　　　　　　B. 农业　　　　　　C. 教育　　　　　　D. 旅游业

第 2 章

网络体系结构与网络协议

知识目标：

- 掌握网络体系结构、协议、层次和接口的基本概念。
- 掌握 OSI 参考模型及各层的基本服务功能。
- 掌握 TCP/IP 参考模型的层次划分、各层的基本服务功能与主要协议。
- 了解 OSI 参考模型与 TCP/IP 参考模型的比较。

能力目标：

- 能够区分不同协议与参考模型层次的对应关系。
- 能够使用 Wireshake 软件进行协议分析。

2.1 网 络 协 议

2.1.1 网络协议的基本概念

计算机网络由多个网络节点组成，节点之间需要交换数据与控制信息。为了使得节点间能正确地交换数据和理解彼此所发的数据和信息，则参与交换的节点必须遵守事先约定的规则，这些规则明确规定了交换数据的格式和时序。就如人和人之间交流需要使用同一种语言一样，协议就是计算机网络节点间交流的语言。为了网络数据交换而制定的规则、约定与标准称为网络协议。简而言之，网络协议就是网络中各节点相互通信所遵守的规则。网络协议主要由 3 个要素组成：

① 语义：规定了通信双方要发出的控制信息、执行的动作和返回的应答等，用于解释比特流每部分的意义。

② 语法：规定通信双方彼此应该如何操作，即确定用户数据与控制信息的结构与格式，以及数据出现顺序的意义。

③ 时序：（也称定时、同步）是对事件实现顺序的详细说明，指出事件的顺序和速率匹配等。

通过网络协议，让参与通信的节点知道做什么、怎么做和何时做。例如在包交换系统中，协议的语法定义了分组的长度、分几个字段等内容；协议的语义定义每个字段代表的具体含义；协议的时序则规定了何时发送何种数据包。

计算机网络是一个庞大、复杂的系统，网络的通信规约和规则也不是一个网络协议可以描述清楚和规定清晰的。因此，在计算机网络中存在多种协议。这些网络协议谈不上优劣，只是使用者的多少，因为每种协议都有其设计目标和需要解决的问题，都有其优点和使用限制，这是为了协议的设计、分析、实现和测试简单化。

协议的划分有利于保证目标通信系统的有效性和高效性。为了避免重复工作，每个协议应该处理没有被其他协议处理过的通信问题，同时各个协议之间也应该可以共享数据和信息。例如，有些协议是为了保证数据信息通过网卡到达通信电缆，而有些协议是保证数据到达对方主机上的应用进程。这些协议相互作用，协同工作，完成整个网络的信息通信和处理。

2.1.2　层次与接口

人们解决复杂问题常用的方法是将其分解为若干较小的、简单的问题，这样有利于较好地解决问题。对于计算机网络这个庞大、复杂的问题，这个方法同样适用，通过对计算机网络的分层解决这个大问题。网络分层后将复杂的网络任务分解为多个可处理的部分，使问题简单化。这些可处理的部分模块形成单向依赖关系，即模块之间是单向的服务与被服务的关系，从而构成层次关系。

计算机网络采用层次结构后，具有以下优点：

① 各层之间相互独立，高层不需要知道低层如何实现，只需要知道该层接口提供的服务。

② 当任何一层发生变化时，只要接口保持不变，其他各层均不受影响。

③ 各层均可以采用合适的技术，各层实现技术的改变不影响其他层。

④ 整个系统分解为多个易于处理的部分，使系统的实现和维护变得容易。

⑤ 每层的功能与提供的服务已有精确说明，有利于促进标准化过程。

计算机网络层次结构划分应根据"层内功能内敛，层间耦合松散"的原则，即功能相似或紧密相关的模块放置在同一层，层与层之间的信息流动尽量少。

同一个节点内相邻层之间交换信息的连接点称为接口。同一个节点的相邻层之间存在着明确规定的接口，低层向高层通过接口提供服务。只要接口条件不变、低层功能不变，低层功能的具体实现方法与技术的变化不会影响整个系统的工作。

2.2　计算机网络体系结构

2.2.1　网络体系结构的基本概念

计算机网络能真正实现成为可用的网络，网络协议是必不可少的，一个功能完备的网络也需要完整的网络协议。对于结构复杂的网络协议，最好的组织方式是层次结构模型。网络协议是按照层次结构模型来组织的。层次结构模型与各层协议的集合称为网络体系结构。网络体系结构定义了网络实现的功能，这些功能采用哪些硬件和软件是具体的实现问题。网络体系结构是抽象的，而网络实现是具体的，指能运行的硬件和软件。

1974 年，IBM 公司提出了首个网络体系结构——系统网络体系结构（System Network Architecture，SNA）。随后，很多公司提出了各自的网络体系结构，如 DEC 公司提出的数字网络结构（Digital Network Architecture，DNA）、宝来机器公司的 BNA 等。这些网络体系结构都采用层次结构，但是层次的划分、功能的分配与技术术语都各不相同。随着计算机网络的发展与普及，各种网络互联成为一个迫切需要解决的问题，制定一个国际标准的网络体系结构也就势在必行。OSI 参考模型正是在这样的背景下提出的。

2.2.2 网络体系结构的研究方法

网络体系结构的提出不仅方便对网络的认识和研究，也加强了人们对网络设计和实现的指导。目前对于网络体系结构采用分层的方法研究与实现。

分层网络体系结构的基本思想是每一层都在它的下层提供的服务基础上提供更高级的服务，且通过服务访问点（SAP）来向其上一层提供服务。在分层结构中，其目标是保持层次之间的独立性，也就是第 N 层实体只能够使用 N–1 层实体通过 SAP 提供的服务；也只能够向 N+1 层提供服务；实体间不能够跨层使用，也不能够同层调用。

层次结构研究方法让各层都可以采用最合适的技术来实现，灵活性好，易于实现和维护。某个层次实现细节的变化不会对其他层次产生影响，使高层不必关心低层的实现细节，只要知道低层所提供的服务，经由本层向上层所提供的服务即可，能真正做到各司其职。协议分层具有概念化和结构化的优点，分层提供了一种结构化方式讨论系统组件。模块化使更新系统组件更为容易。但是，分层的一个潜在缺点是一层可能冗余较低层的功能。例如，许多协议栈在基于每段链路和基于端到端两种情况都提供了差错回复。另一个潜在缺点是某层的功能可能需要仅在其他某层才出现的信息（如时间戳值），这违反了层次分离的目标。此外，由于分层设计会导致协议栈的效率降低和代码量的增多，在某些网络节点资源有限的特殊情况下可以考虑跨层设计以提高效率。

2.3 OSI 参考模型

2.3.1 OSI 参考模型概述

一开始，各个公司都有自己的网络体系结构，使得各公司自己生产的各种设备容易互联成网，有助于该公司垄断自己的产品。但是，随着社会的发展，不同网络体系结构的用户迫切要求能互相交换信息。为了使不同体系结构的计算机网络都能互联，国际标准化组织（ISO）于 1977 年成立专门机构研究这个问题。1978 年，ISO 提出了"异种机联网标准"的框架结构，这就是著名的开放系统互连基本参考模型（Open Systems Interconnection Reference Moudle，OSI/RM），简称 OSI 参考模型。OSI 中的"开放"是指只要遵循 OSI 参考模型，该系统就可以与位于世界上任何地方、同样遵循同一标准的其他任何系统进行通信。

OSI 参考模型定义了开放系统的层次结构、层次之间的相互关系，以及各层包括的可能的服务。它作为一个框架来协调和组织各层协议的制定，是对网络内部结构最精练地概括与描述。OSI 服务定义详细地说明了各层所提供的服务。某一层的服务就是该层及其以下各层的一种能力，低层的服务是通过接口向上一层提供的。各层所提供的服务与这些服务是如何实现的无关。还定义了层与层之间的接口与各层使用的原语，但不涉及接口是具体实现的。

OSI 参考模型中包括不同层次的不同协议，每种协议明确定义了应该发送什么样的控制信息和如何解释这个控制信息。每种协议的规程说明具有最严格的约束。但 OSI 参考模型只是描述了一些概念，用来协调进程间通信标准的制定。在 OSI 的范围内，只有各种协议是可以被实现的，而各种产品只有和 OSI 的协议相一致时才能互连。OSI 参考模型并不是一个标准，而是一个在制定标准时所使用的概念性的框架，规定了每一层必须实现的功能。ISO 为各层制定了相应的标准，并作为独立的国际标准发布。

2.3.2　OSI 参考模型的结构

OSI 参考模型描述了信息或数据如何从一台主机的一个应用程序进程到达网络中另外一台主机的另一个应用进程中。根据分而治之的思路，OSI 参考模型将整个通信功能分为 7 个层次。分层的基本原则如下：

① 网络中各节点都具有相同的层次。

② 不同节点的同等层具有相同的功能。

③ 同一节点内相邻层之间通过接口通信。

④ 每一层可以使用下层提供的服务，并向其上层提供服务。

⑤ 不同节点的同等层通过协议来实现对等层之间的通信。

OSI 参考模型从低到高分别是物理层、数据链路层、网络层、传输层、会话层、表示层和应用层，其结构图如图 2-1 所示。

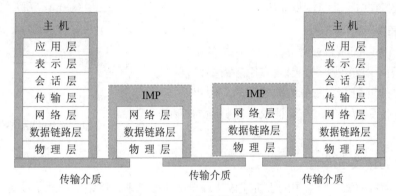

图 2-1　OSI 参考模型的结构

2.3.3　OSI 参考模型各层的主要功能

OSI 参考模型将通信过程划分为 7 个相互独立的功能组（层次），并为每个层次制定一个标准框架。上面三层（应用层、表示层、会话层）与应用问题有关，而下面四层（传输层、网络层、数据链路层、物理层）则主要处理网络控制和数据传输 / 接收问题。图 2-2 所示为 OSI 参考模型结构及每层主要解决的问题，每一层的功能具体如下。

1.　物理层

物理层（Physical Layer）的主要功能是利用传输介质为通信的网络节点之间建立、管理和释放物理连接，实现比特流的透明传输，为数据链路层提供数据传输服务。物理层的数据传输单位是比特。

2.　数据链路层

数据链路层（Data Link Layer）在物理层提供的服务的基础上，在通信的实体间建立数据链路连接，传输以"帧"为单位的数据包，并采用差错控制与流量控制方法，使有差错的物理线路变成无差错的数据链路。

3.　网络层

网络层（Network Layer）的主要功能是通过路由选择算法为分组通过通信子网选择最适当的

路径，为数据在节点之间传输创建逻辑链路，实现拥塞控制、网络互联等功能。

4. 传输层

传输层（Transport Layer）的主要功能是向用户提供可靠端到端服务，处理数据包错误、数据包次序，以及其他一些关键传输问题。传输层向高层屏蔽了下层数据通信的细节，是计算机通信体系结构中关键的一层。

5. 会话层

会话层（Session Layer）负责维护两个节点之间的传输链接，以便确保点到点传输不中断，并负责管理数据交换。

6. 表示层

表示层（Presentation Layer）用于处理在两个通信系统中交换信息的表示方式，包括数据格式转换、数据加密与解密和数据压缩与恢复等功能。

7. 应用层

应用层（Application Layer）是用户与网络的接口，为应用程序提供了网络服务，因此应用层需要识别并保证通信对方的可用性，使得协同工作的应用程序之间同步，建立传输错误纠正与保证数据完整性的控制机制。

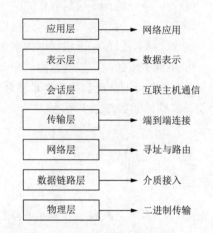

图 2-2 OSI 参考模型各层解决的主要问题

2.3.4 数据的封装与传递

根据 OSI 参考模型，网络中的主机应该实现全部 7 层功能，网络中的通信设备一般实现底下 3 层的功能，如集线器实现到物理层，交换机实现到数据链路层，路由器实现到网络层。主机和通信节点的对等层都应具有相同的功能。在 OSI 参考模型中，主机或通信节点内部的相邻层之间通过接口进行通信，上层可以使用下层提供的服务，并向上层提供服务。对等层之间需要交换信息，由于传输的限制，信息会被拆分为信息单元形式进行传输，对等层协议之间需要交换的这些信息单元统称为协议数据单元（Protocol Data Unit, PDU）。节点的对等层之间的通信不是直接通信，需要借助下层提供的服务完成，因此，对等层之间的通信称为虚通信。OSI 参考模型中节点数据流动如图 2-3 所示。

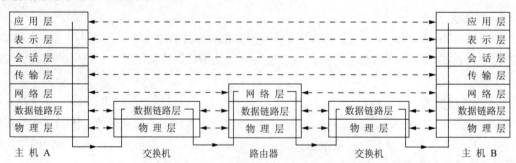

图 2-3 OSI 参考模型中节点数据流动示意图

在网络中，为了实现对等层通信，该层使用下层服务传送自己的协议数据单元（PDU）时，其当前层的下一层总是将上一层的 PDU 作为自己 PDU 的一部分，并在上层 PDU 的头部（和尾部）加入特定的协议头（和协议尾），然后利用更下一层提供的服务将数据传送出去。这种增加数据头部（和尾部）的过程称为数据封装或数据打包。在数据到达接收节点对等层后，接收方将识别、提取和处理发送方对等层增加的数据头部（和尾部）。接收方这种将增加的数据头部（和尾部）去除的过程称为数据解封或数据拆包。图 2-4 所示为 OSI 参考模型中节点间数据传递的封装与解封过程。

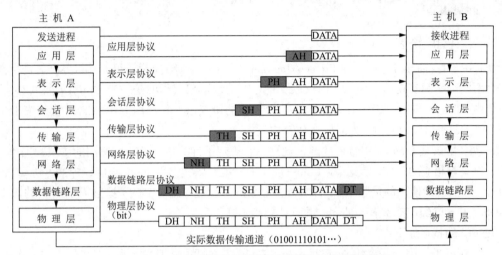

图 2-4　OSI 参考模型中节点间数据传递的封装与解封

计算机网络中数据的封装和解封类似生活中人们通过邮局收发信件。当甲写信给乙时，甲写好信后将信纸放入信封，然后根据邮局规定的格式写好收信人乙的姓名、地址和邮编，以及发信人甲的姓名、地址和邮编，这个过程就是封装。当乙收到信后，拆开信封，取出信纸，这个过程就是解封。信件在邮局传递过程中，邮局的工作人员只需要识别和理解信封上的内容即可，对于信封中信纸上书写的内容，他不可能也没必要知道。就如在网络中，对等层之间可以相互理解和认识对方信息的具体意义，如果不是对等层则不能也没必要相互理解。

图 2-4 给出了一个较完整的 OSI 数据传递与流动过程，从该图可以看出在 OSI 环境中的数据流动过程如下。

① 当主机 A 的发送进程需要发送数据（DATA）至网络中另一个节点主机 B 的接收进程时，应用层为数据加上了应用层控制报头 AH，然后传递给表示层。

② 表示层收到这个数据单元后，加上本层的控制报头 PH，然后传送给会话层。

③ 会话层收到表示层传来的数据单元后，加上会话层的控制报头 SH，然后送至传输层。

④ 传输层接收到这个数据单元后，加上本层的控制报头 TH，形成传输层的协议数据单元，然后传送给网络层。

⑤ 由于网络层数据单元长度的限制，从传输层接收到的长报文可能被分为多个较短的数据字段，每个较短的数据字段加上网络层的控制报头 NH 后，形成网络层的数据单元，该数据单元称为数据包。这些数据包需要利用数据链路层提供的服务发往其他接收节点的对等层。

⑥ 分组被送到数据链路层后，加上数据链路层的报头 DH 和报尾 DT，构成数据链路层的数据单元，该数据单元被称为帧（Frame），帧将被送往物理层。

⑦ 物理层收到帧后，将以比特流的方式通过传输介质将数据传输出去。

⑧ 当比特流到达目的节点后，从物理层依次上传。每层对其相应层的控制报头（和报尾）进行识别和处理，然后将去掉该层报头（和报尾）的数据提交给上层处理。最终发送进的数据传送到网络中另一个节点的接收进程。

2.4 TCP/IP 协议与参考模型

2.4.1 TCP/IP 协议

TCP/IP（Transmission Control Protocol/Internet Protocol，传输控制协议 / 网际协议）是指能够在多个不同网络间实现信息传输的协议族。TCP/IP 协议不仅仅指的是 TCP 和 IP 两个协议，而是指一个由 FTP、SMTP、TCP、UDP、IP 等协议构成的协议族，只是因为在 TCP/IP 协议中 TCP 协议和 IP 协议最具代表性，所以称为 TCP/IP 协议。

TCP/IP 协议是 Internet 中重要的通信规则，它规定了计算机通信中所使用的协议数据单元、格式、报头与相应的动作，是公认的 Internet 工业标准与事实上的 Internet 协议标准。协议共有 6 个版本，目前普遍使用的是版本 4，即 IPv4。互联网工程任务组（IETF）提出了 TCP/IP 的版本 6，即 IPv6。IPv6 已经广泛部署和使用，并且使用率不断稳步增长。

TCP/IP 的特点如下：

① 协议标准是完全开放的，可以供用户免费使用，并且独立于特定的计算机硬件与操作系统。

② 独立于网络硬件系统，可以运行在广域网，更适合于互联网。

③ 网络地址统一分配，网络中每一台设备和终端都具有一个唯一地址。

④ 高层协议标准化，可以提供多种多样的可靠网络服务。

2.4.2 TCP/IP 参考模型

在 TCP/IP 研发的初期，并没有提出参考模型。1974 年 Kahn 定义了最早的 TCP/IP 参考模型，1985 年 Leiner 等人进一步开展研究，1988 年 Clark 进一步完善了 TCP/IP 参考模型。

TCP/IP 参考模型可以分为 4 个层次。

1. 网络接口层

网络接口层是 TCP/IP 参考模型的最低层，它负责发送和接收 IP 分组。TCP/IP 协议对网络接口层并没有规定具体的协议，它采取开放的策略，允许使用广域网、局域网与城域网的各种协议。任何一种流行的低层传输协议都可以与 TCP/IP 网际层接口，这正体现了 TCP/IP 体系的开放性、兼容性的特点，也是 TCP/IP 成功应用的基础。

2. 网际层

TCP/IP 参考模型网际层使用的是 IP 协议。IP 协议是一种不可靠、无连接的数据报传输服务协议。网际层的主要功能包括：

① 处理来自传输层的分组发送请求。在接收到分组发送请求之后，将传输层报文封装成 IP 分组，启动路由选择算法，选择发送路径，将分组转发到相应的网络。

② 处理接收到的数据报。在接收到其他主机发送的数据报之后，检查目的 IP 地址，若需要转发，则选择发送路径，转发出去；如果目的地址为本节点 IP 地址，则除去报头，将分组交送到传输层处理。

③ 进行流量控制与拥塞控制。

3. 传输层

传输层用于负责在会话进程之间建立和维护端 – 端连接，实现网络环境中分布式进程通信。传输层包括两种不同的协议：传输控制协议（Transport Control Protocol，TCP）与用户数据报协议（User Datagram Protocol，UDP）。

（1）TCP 协议

TCP 是一种可靠的、面向连接的传输层协议，允许从源发出的字节流无差错地在网络上传输。在发送端，把应用层的字节流分成多个报文段并传给网际层。在接收端，把收到的报文段再封装成字节流，送往应用层。同时还要处理流量控制，以避免高速发送方向低速接收方发送的报文过多而造成接收方无法处理的情况。

TCP 协议报文格式如图 2–5 所示。

源端口号（16位）								目的端口号（16位）	
序号（32位）									
确认号（32位）									
头部长度（4位）	保留（6位）	URG	ACK	PSH	RST	SYN	FIN	窗口大小（16位）	
校验和（16位）								紧急指针（16位）	
选项及填充									

图 2–5　TCP 报文格式

报文中共有 6 个控制字段，分别是 URG（紧急位）、ACK（确认位）、PSH（推送位）、RST（复位位）、SYN（同步位）、FIN（终止位）。

TCP 协议包括 TCP 连接建立、报文传输与 TCP 连接释放 3 个阶段。TCP 连接建立需要经过"三次握手"。"三次握手"的过程如下：

① 最初的客户端 TCP 进程是处于 CLOSE（关闭）状态。当客户端准备发起一次 TCP 连接，进入 SYN–SEND（准备发送）状态时，它首先向处于 LISTEN（收听）状态的服务器端 TCP 进程发送第一个控制位 SYN=1 的"连接建立请求报文"。"连接建立请求报文"不携带数据字段，但是需要给报文一个序号，标为"SYN=1，SEQ= x"。SEQ 值是随机产生的，但是不能为 0。

② 服务器端在接收到"连接建立请求报文"之后，如果同意建立连接，则向客户端发送第二个控制位 SYN=1、ACK=1 的"连接建立请求确认报文"。确认号 ACK=x+1，表示是对第一个"连接建立请求报文"（序号 SEQ=x）的确认。同样，"连接建立请求确认报文"不携带数据字段。但是需要给报文一个序号（SEQ=y）。这时服务器进入 SYN–RCVD（准备接收）状态。

③ 在接收到"连接建立请求确认报文"之后，客户端发送第三个控制位 ACK=1"连接建立请求确认报文"。由于该报文是对"连接建立请求确认报文"（序号 SEQ=y）的确认，因此确认序号 ACK=y+1。同样，"连接建立请求确认报文"不携带数据字段，但是需要给报文一个序号。按照 TCP 协议规定，这个"连接建立请求确认报文"的序号仍然为 x+1。这时客户端和服务器端

进入 ESTABLISHED（已建立连接）状态。

TCP 传输连接的释放过程也比较复杂，客户与服务器都可以主动提出连接释放请求。整个过程需要经过"四次挥手"。具体步骤如下：

① 当客户准备结束一次数据传输，主动提出释放 TCP 连接时，进入释放等待状态。客户机向服务器端发送第一个控制位 FIN=1 的连接释放请求报文，提出连接释放请求，停止发送数据。

② 服务器在接收到"连接释放请求报文"之后，向客户发回"连接释放请求确认报文"，表示对接受第一个连接释放请求报文的确认。

③ 服务器的高层应用程序已经没有数据需要发送时，它会通知 TCP 可以释放连接，这时服务器向客户发送"连接释放请求报文"。

④ 客户在接收到 FIN 报文之后，向服务器发送"连接释放请求确认报文"，表示对服务器"连接释放请求报文"的确认。

（2）UDP 协议

用户数据报协议是一个不可靠的、无连接的协议。UDP 主要用于不需要数据分组顺序到达的传输环境中，同时也被广泛应用于只有一次的、客户 / 服务器（Client/Server，C/S）模式的请求应答查询，以及快速传送比准确传送更重要的应用程序（如传输语音或影像）中。

4. 应用层

应用层是 TCP/IP 参考模型的最高层，负责向用户提供一组常用的应用程序，如电子邮件、远程登录、文件传输等，并且总是不断有新的协议加入。

应用层主要的协议有：

① Telnet：远程登录协议。

② FTP（File Transfer Protocol）：文件传输协议。

③ SMTP（Simple Mail Transfer Protocol）：简单邮件传输协议。

④ HTTP（Hyper Text Transfer Protocol）：超文本传送协议。

⑤ DNS（Domain Name System）：域名系统。

⑥ SNMP（Simple Network Management Protocol）：简单网络管理协议。

⑦ DHCP（Dynamic Host Configuration Protocol）：动态主机配置协议。

TCP/IP 各层主要协议如表 2-1 所示。

表 2-1　TCP/IP 各层主要协议

TCP/IP 四层模型	网 络 协 议
应用层	Telnet、FTP、SMTP、HTTP、DNS、SNMP、DHCP
传输层	TCP、UDP
网际层	IP、ICMP、ARP、RARP、IGMP
网络接口层	PPP、HDLC
	IEEE 802

2.4.3　OSI 与 TCP/IP 参考模型的比较

OSI 参考模型的设计者是想要建立一个适用于全世界计算机网络的统一标准，从技术上追求一种理想的状态。由于 OSI 参考模型结构复杂、实现周期长、运行效率低、层次划分不合理等原因，它没有达到预期目标，没有进行大规模的应用。在市场上得到认可和发展的是 TCP/IP 参考模型。两种模型都采用了分层结构和独立的协议栈概念，但是它们之间也存在不同点。

① 两个模型分层不同。OSI 是七层体系结构；TCP/IP 结构比较简单，只有四层体系结构。两种模型层次之间存在一定的对应关系。OSI 与 TCP/IP 模型的比较如图 2-6 所示。

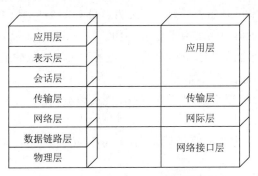

图 2-6　OSI 与 TCP/IP 模型的比较

② OSI 模型有 3 个主要明确概念：服务、接口、协议。而 TCP/IP 参考模型在三者的区别上不是很清楚。

③ TCP/IP 模型对异构网络互联的处理比 OSI 模型更加合理。

④ TCP/IP 模型比 OSI 参考模型更注重面向无连接的服务。在传输层 OSI 模型仅有面向有连接的通信，而 TCP/IP 模型支持两种通信方式；在网络层 OSI 模型支持无连接和面向连接的方式，而 TCP/IP 模型只支持无连接通信模式。

2.4.4　简化的参考模型

OSI 与 TCP/IP 体系都有成功与不足之处。OSI 的七层协议体系结构概念清晰、体系完整，但相对复杂，不够实用。TCP/IP 协议应用性强，得到了广泛的使用，但它的参考模型的研究却比较薄弱。因此，在学习计算机网络时往往采用 Andrew S.Tanenbaum 建议的一种混合的参考模型。这是一种折中的方案，采用五层协议的体系结构，吸收了 OSI 和 TCP/IP 的优点，如图 2-7 所示。

图 2-7　混合的参考模型

2.5　实　训

2.5.1　Wireshark 的安装与使用

1. 实训目的

熟悉并掌握 Wireshark 的基本使用，了解网络协议实体间进行交互以及报文交换的情况。

2. 实训条件

与因特网连接的计算机，操作系统为 Windows，安装有 Wireshark、IE 等软件。

3. 实训内容

① 安装 Wireshark 软件。

② 启动 Web 浏览器和 Wireshark 软件，使用 Wireshark 软件捕获数据包，并分析获取的报文。

4. 实训过程

（1）安装 Wireshark 软件

前往 Wireshark 的网站（https://www.wireshark.org），根据本机 Windows 的版本下载相应的 Wireshark 安装包后，双击运行即可安装。以下以 64 位的 3.2.6 版本为例进行讲解，安装启动界面如图 2-8 所示。

单击"Next"按钮后即可开始安装过程，在打开的如图 2-9 所示的软件许可协议界面单击"I Agree"按钮进入如图 2-10 所示的组件选择界面。

在图 2-10 中可以根据自己的需求选择组件，也可以采用默认的组件，直接单击"Next"按钮进入如图 2-11 所示的附加任务界面。

在图 2-11 中进行快捷方式和关联文件的选择，然后单击"Next"按钮进入安装路径选择界面，如图 2-12 所示。

在图 2-12 中选择合适的安装路径后单击"Next"按钮，进入如图 2-13 所示的 Npcap 或 WinPcap 安装界面。

图 2-8　安装启动界面

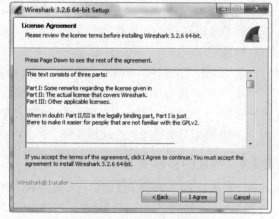

图 2-9　软件许可协议界面

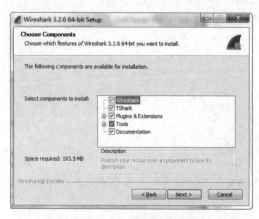

图 2-10　组件选择界面

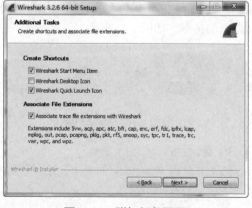

图 2-11　附加任务界面

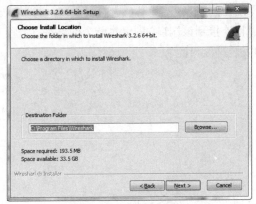 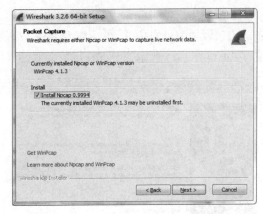

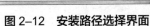

图 2-12 安装路径选择界面   图 2-13 Npcap 或 WinPcap 选择界面

根据本机情况选择安装或不安装，单击"Next"按钮进入 USB 捕获安装选择界面，根据情况选择后单击"Install"按钮就可以安装。

（2）捕获数据包并分析报文

启动 Web 浏览器和 Wireshark 软件，使用 Wireshark 软件捕获数据包，并分析获取的报文。

① 启动 Web 浏览器（例如 IE）。

② 启动 Wireshark。

③ 开始分组捕获。

④ 在运行分组捕获的同时，在浏览器地址栏中输入某个网页的 URL，如 http://www.sppc.edu.cn。

⑤ 当完整的页面下载完成后，单击捕获对话框中的 Stop 按钮，停止分组捕获。此时，Wireshark 主窗口显示已捕获的本次通信的所有协议报文。

⑥ 在协议筛选框中输入 http，单击 Apply 按钮，分组列表窗口将只显示 HTTP 协议报文。

⑦ 选择分组列表窗口中的第一条 HTTP 报文，它是用户计算机发向服务器（www.sppc.edu.cn）的 HTTP GET 报文。当选择该报文后，以太网帧、IP 数据报、TCP 报文段及 HTTP 报文首部信息都将显示在分组首部子窗口中。

⑧ 观察第⑦步获取的报文，列出在分组列表子窗口所显示的所有捕获数据包的协议类型、本地主机 IP 地址和 SPPC 服务器的 IP 地址，算出从发出 HTTP GET 报文到接收到对应的 HTTP OK 响应报文共需要多长时间。

2.5.2 Sniffer 的安装和使用

1. 实训目的

掌握 Sniffer 软件的安装和基本使用方法。

2. 实训内容

① 安装 Sniffer 软件。

② Sniffer 软件的使用。

3. 实训过程

（1）Sniffer 的安装

Sniffer 通常安装在内部网络和外部网络之间（如代理服务器），也可安装在局域网内任何一台计算机上，但此时只能对局域网内部通信进行分析。

如果使用交换机或路由器方式接入 Internet，可以在网络设备上配置端口镜像，并将网络设备的出口设置为目的端口，然后将安装 Sniffer 的计算机连接到该端口，即可对整个网络进行监控。图 2-14 和图 2-15 所示为 Sniffer 的安装欢迎界面和安装进度界面。

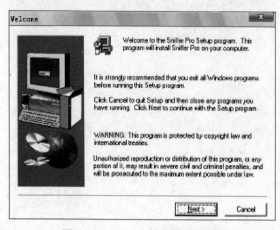

图 2-14　Sniffer 的安装欢迎界面　　　　　　图 2-15　Sniffer 的安装进度

（2）Sniffer 软件的使用

① 配置网络适配器。在进行监控和数据包捕获前，必须选择从计算机的哪块网卡上接收数据。选择 File → Select Settings 命令，打开如图 2-16 所示的"当前设置"界面，选择要监控的网卡。为了使 Sniffer 能够监控多个不同的网络，可以设置多个代理。

② 通过 Sniffer 的监控功能可以查看当前网络中的数据传输情况。

通过 Dashboard（仪表板）可以监视网络流量的状况，图 2-17 所示为主界面仪表板。

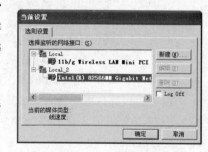

图 2-16　配置网卡

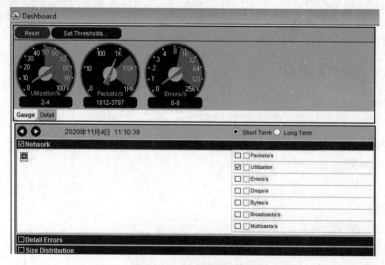

图 2-17　主界面仪表板

Dashboard（仪表）：在主窗口中选择 Monitor → Dashboard 命令，显示有 3 个盘：

- Utilization%（利用百分比）：使用传输与端口能处理的最大带宽的比值来表示网络占用带宽的百分比。利用率达到 40% 就已经相当高了。
- Packets/s（每秒传输的数据包）：显示网络中当前数据包的传输速率。如果网络利用率高，但速率低，说明网络上的帧比较大。
- Error/s（每秒错误率）：显示当前网络中的出错率。

每个仪表板下方都会显示两个数值，前一个数值表示当前值，后一个数值表示最大值。如果想查看详细的传输数据，可单击仪表板下方 Detail（详细）按钮，如图 2-18 所示。

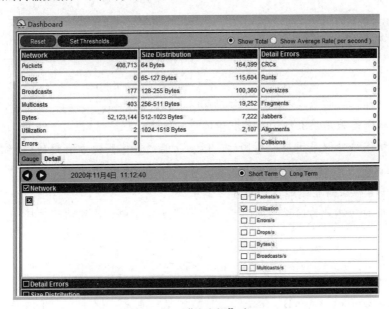

图 2-18　"仪表板"窗口

Host Table（主机列表）：列表形式显示当前网络上计算机的流量信息。选择 Monitor → Host Table 命令，打开主机列表，如图 2-19 所示。

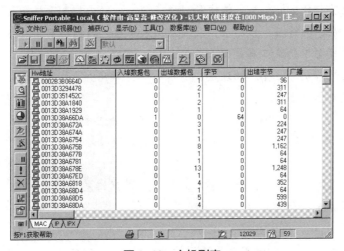

图 2-19　主机列表

- Hw Addr（硬件地址）：以 MAC 地址形式显示计算机。
- In Pkts（传入数据包）：网络上发送到此主机的数据包。
- Out Pkts（传出数据包）：本地主机发送到网络上的数据包。
- In Bytes（传入字节数）：网络上发送到此主机的字节数。
- Out Bytes（传出字节数）：本地主机发送到网络上的字节数。

通过主机列表功能，可以查看某台计算机所传输的数据量。如果发现某台计算机在某个时间段内发送或接收了大量的数据，例如，某个用户一小时内就传输了数 GB 的数据，则说明该用户很可能在使用 BT、PPLive 等 P2P 软件。

习 题

一、判断题

1. 两台计算机之间通过网线连接后就可以通信交换数据。　　　　　　　（　　）
2. 计算机网络采用层次结构后有利于促进标准化过程。　　　　　　　　（　　）
3. 计算机网络协议采用层次结构后，低层功能的具体实现方法变动后，将会影响上下层的功能实现。　　　　　　　　　　　　　　　　　　　　　　　　　　　（　　）
4. OSI 参考模型将整个通信功能分为了 4 层。　　　　　　　　　　　（　　）
5. 物理层的功能是为通信的网络节点之间建立、管理和释放物理连接，实现比特流的透明传输。　　　　　　　　　　　　　　　　　　　　　　　　　　　　　（　　）

二、单选题

1. 下列选项中，（　　）不是计算机网络协议的三要素。

   A. 语义　　　　　　B. 语法　　　　　　C. 时序　　　　　　D. 层次

2. 下列选项中，（　　）是 OSI 参考模型中从低到高的正确的层次顺序。

   A. 网络层、物理层、传输层、会话层、应用层、表示层和数据链路层

   B. 物理层、数据链路层、网络层、传输层、会话层、表示层和应用层

   C. 物理层、数据链路层、传输层、会话层、应用层、表示层和网络层

   D. 物理层、网络层，传输层，应用层，表示层、数据链路层和会话层

3. OSI 参考模型中的第二层是（　　）。

   A. 数据链路层　　　B. 物理层　　　　　C. 网络层　　　　　D. 传输层

4. 物理层的数据单位是（　　）。

   A. 比特　　　　　　B. 帧　　　　　　　C. 分组　　　　　　D. 报文段

5. 在 OSI 参考模型中，（　　）是网络通信的数据传输介质，由连接不同节点的电缆与设备共同构成。

   A. 数据链路层　　　B. 物理层　　　　　C. 网络层　　　　　D. 传输层

6. 数据链路层的数据单位是（　　）。

   A. 比特　　　　　　B. 帧　　　　　　　C. 分组　　　　　　D. 报文段

7. OSI 模型中，（　　）使用介质访问控制地址，即 MAC 地址。

  A. 物理层   B. 数据链路层   C. 传输层   D. 会话层

8. IP 协议属于 OSI 参考模型中的（　　　）。

  A. 数据链路层   B. 网络层   C. 传输层   D. 应用层

9. 传输控制协议 TCP 属于 OSI 参考模型中的（　　　）。

  A. 应用层   B. 传输层   C. 网络层   D. 数据链路层

10. 用户数据协议 UDP 属于 OSI 参考模型中的（　　　）。

  A. 应用层   B. 传输层   C. 网络层   D. 数据链路层

11. 会话层属于 OSI 参考模型中第（　　　）层。

  A. 3   B. 4   C. 5   D. 6

12. 在 OSI 参考模型中，（　　　）实现数据的加密、压缩、格式转换等。

  A. 网络层   B. 数据链接层   C. 应用层   D. 表示层

13. 下列协议中，（　　　）属于应用层协议。

  A. IP   B. TCP   C. UDP   D. Telnet

14. 下列选项中，（　　　）是 TCP/IP 参考模型中正确的次层顺序。

  A. 网络接口层、网际层、传输层、应用层

  B. 网络接口层、传输层、网际层、应用层

  C. 网际层、网络接口层、传输层、应用层

  D. 传输层、网络接口层、网际层、应用层

15. 在 OSI 参考模型中，数据的实际传送过程是数据经发送方由应用层向下传输到物理层，通过物理介质传输到接收方后，再从物理层向上传输到应用层，最后到达接收方，则发送方从上到下逐层传递的过程中，每层都要加上适当的控制信息，称为（　　　）。

  A. 压缩   B. 解压缩   C. 封装   D. 解封装

三、填空题

1. 网络协议主要由语义、_____和时序组成。

2. 在 OSI 参考模型中，_____用于处理在两个通信系统中交换信息的表示方式，包括_____、数据加密与解密和数据压缩与恢复等功能。

3. 在 OSI 参考模型中，_____负责维护两个节点之间的传输链接，以便确保点到点传输不中断，并负责管理数据交换。

4. 根据 OSI 参考模型，网络中的主机应该实现全部 7 层功能，网络中的通信设备一般实现_____的功能。

5. TCP 协议包括 TCP 连接建立、报文传输与_____3 个阶段。

四、简答题

1. 计算机网络采用层次结构模型有什么好处？

2. 简述数据包传送的封装与解封装过程。

3. 试述具有五层协议的网络体系结构的要点，包括各层的主要功能。

4. TCP 协议和 UDP 协议的区别有哪些？

5. 简述 TCP 协议三次握手的过程。

第3章

IP 地址规划技术

知识目标:

- 掌握 IP 地址的作用、定义、表示、组成和分类,以及特殊用途 IP 地址。
- 理解子网掩码的基本概念,掌握子网划分的原理、表示和公式。
- 熟悉 IP 地址的规划步骤,熟练运用 IP 地址的子网规划方法。
- 理解超网的基本概念,掌握地址聚合的方法。
- 掌握 IPv6 地址的表示方法,了解 IP v4 地址和 IP v6 地址的过渡技术。

能力目标:

- 具有计算静态 IP 地址、子网掩码、网关配置参数的能力。
- 具有应用 IP 地址规划方法进行实际网络子网划分的能力。
- 具有地址聚合和路由聚合的能力。
- 具有配置 IPv6 地址的能力。

3.1 IP 地址

3.1.1 IP 地址的作用

互联网世界的设备为什么需要 IP 地址呢? 通过 2 个中外名人的名字例子来说明。

第一个,美国第一任总统"乔治·华盛顿(George Washington)",英文名字用空格隔开,翻译为中文则用分隔符"·"隔开。

第二个,中国唐代伟大的浪漫主义诗人"李白(Bai Li)",中文名字虽然没有分隔符,但大家不会念混,翻译为英文名字则要用空格隔开。

显然,中外名字都是基于一定的规则而建立,否则就无法正确地标识出需要沟通信息的对象,也就是说无法在人和人之间建立有效的通信。类似地,互联网世界中的设备间要进行有效的通信,这些设备就需要以一定的规则来建立名称标识,例如,人可识别的点分十进制的数字化标识 172.168.1.100,就是互联网世界设备的名称标识——IP 地址。

中外名人的名字及互联网设备名称标识如图 3-1 所示。

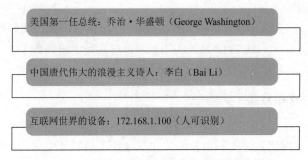

图 3-1 中外名人的名字及互联网设备名称标识

3.1.2 IP 地址的定义和表示

1. IP 地址的定义

通俗地讲，IP 地址是互联网的通信设备在网络中的地址，相当于一个门牌号码，或者是一个电话号码。源设备可以通过 IP 地址找到网络中的目的地址，把信息发送到目标设备，例如计算机主机、服务器、智能手机、电子终端等。

IP 地址定义：Internet 上每个主机分配的一个机器可识别的、数字型标识的、长度是 32 位（或者 4 个字节）的二进制数地址，称为 IPv4（Internet Protocol Version 4）地址，即版本 4 的 IP 地址。IP 地址有两个版本：一个是 IPv4 地址，另一个是 IPv4 的升级版，即版本 6 的地址，简称为 IPv6（Internet Protocol Version 6）地址。IPv6 作为下一代的 IP 地址，是为支持互联网上更大规模数量的网络节点而提出的。实际使用中，IPv4 地址不会特定指出所用版本，所以一般所说的 IP 地址就是指 IPv4 地址。

图 3-2 所示为一个从高位到低位的 4 字节、32 位的 IPv4 地址。这个 32 位的二进制数，被分割为 4 个字节，每个字节由 8 位二进制数组成：

① 字节 1：8 位二进制数 10101100，对应十进制数 172。

② 字节 2：8 位二进制数 10101000，对应十进制数 168。

③ 字节 3：8 位二进制数 00000001，对应十进制数 1。

④ 字节 4：8 位二进制数 01100100，对应十进制数 100。

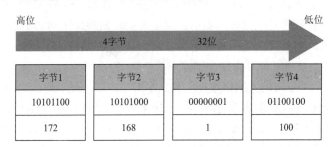

图 3-2 IPv4 地址定义和表示

2. IP 地址的表示

图 3-2 所示，IP 地址有两种表示法：

① 第一种，二进制表示法。这种表示方式是为便于互联网设备间通信时使用，例如 32 位的二进制 IP 地址 10101100101010000000000101100100。这么多 1 和 0，机器处理起来很方便，但

人们记忆和识别非常困难。

②第二种，点分十进制表示法。这种方式是为便于人们使用，用英文句号"."分开不同字节，每个字节用十进制数来表示，例如 IP 地址的 4 个字节分别是十进制数 172、168、1、100，可表示为 172.168.1.100。

3.1.3 IP 地址的组成和分类

1. IP 地址的组成

IP 地址由网络号（网络地址）和主机号（主机地址）两部分组成，如图 3-3 所示。IP 地址这样设计的一个主要目的是出于 Internet 上的快速寻址考虑，路由 IP 数据包寻找路由时，先按照 IP 地址中的网络号找到对应的网络，再按主机号找到对应的主机。网络号和主机号的作用如下：

①网络号：用于区分不同的网络子网。不同子网间的计算机或通信设备不能直接通信，需通过路由器或网关，根据网络地址进行路由表查找和信息包转发。网络号类似于公用电话网中不同城市的长途区号，例如北京的区号是 010，上海的区号是 021。

②主机号：用于区分特定网络子网中的计算机或通信设备，同一子网中的主机号必须唯一。网络号相同的主机属于同一个子网，设备间不仅可以实现广播包收发，而且可以实现相互间信息的直接发送。主机号类似于家庭电话或者单位的每一部直拨电话所分配的电话号码。

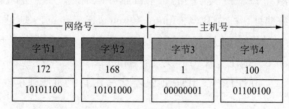

图 3-3 IPv4 地址组成

2. IP 地址的分类

IP 地址设计为网络号和主机号的另一个目的，是由于互联网的不同用户的网络可容纳的主机规模差异很大。例如，上至几十万人的大型企业，小到几人的创业公司，其主机需求规模明显不同。这就需要设计一种灵活的 IP 网络分类方案，把 IP 地址空间划分成不同的类别。

图 3-4 所示为 IP 地址空间划分的标准分类，Internet 管理者划分了 A、B、C、D、E 五类地址。每一类的网络号和主机号所占位数各不相同，网络号的位数决定了可以分配的网络数量，而主机号的位数决定了网络中可以分配的最大主机数量，从而可以匹配现实世界中对主机容量需求不同的用户网络，以充分利用有限的 IP 地址资源。

A 类网络的地址由 1 字节的"网络地址"和 3 字节"主机地址"组成，网络地址的最高 1 位必须是"0"。A 类网络的网络号取值范围为 1~126（127 留作他用），共有 126 个。A 类地址范围为 1.0.0.0~126.255.255.255，每个 A 类网络能容纳的主机数目为 $2^{24}-2=16\,777\,214$ 台（其中减去 2 是有两个 IP 地址留作特殊用途），用于少量的大型网络。

B 类网络的地址由 2 字节的"网络地址"和 2 字节的"主机地址"组成，网络地址的最高 2 位必须是 10。B 类网络的网络号最高字节的取值范围为 128~191，B 类地址范围为 128.0.0.0~191.255.255.255，每个 B 类网络能容纳的主机数目为 $2^{16}-2=65\,534$ 台，用于中等规模的网络。

C 类网络的地址由 3 字节的"网络地址"和 1 字节的"主机地址"组成，网络地址的最高 3 位必须是 110。C 类网络的网络号最高字节的取值范围为 192~223，C 类地址范围为

192.0.0.0~223.255.255.255，每个 C 类网络能容纳的主机数目为 $2^8-2=254$ 台，用于小规模的网络。

D 类网络的地址是专门保留的组播地址，网络地址的最高 4 位必须是 1110。D 类网络的网络号最高字节的取值范围为 224~239，D 类地址范围为 224.0.0.0~239.255.255.255。D 类地址并不指向特定网络，用于一次寻址一组计算机的组播中，每个地址对应一个组，发往某一组播地址的数据将被该组中的所有成员接收，也称多点广播（Multicast）。

E 类网络的地址是专门保留为实验和研究使用，网络地址的最高 4 位必须是 1111。E 类网络的网络号最高字节的取值范围为 240~255，E 类地址范围为 240.0.0.0~255.255.255.255。

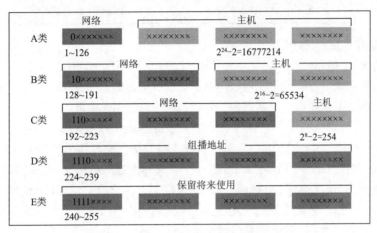

图 3-4　IPv4 地址分类

3.1.4　特殊用途的 IP 地址

IP 地址分类除了 D 类、E 类及 A 类网络地址的网络号 127 留作他用外，A、B、C 类的主机数量又为什么减 2 呢？这就涉及特殊用途的 IP 地址，如表 3-1 所示。显然，主机号减 2 的原因是网络地址和广播地址占用。网络号 0 和 127 则分别被特殊的本网络地址和环回地址占用。

表 3-1　特殊类型用途的 IP 地址

特殊类型		网络号	主机号	用途说明	实例
网络地址和广播地址	网络地址	任意	全 0	主机号全为 0，标识或区分不同网段，代表一个网络地址，一般不能作为一台主机的有效 IP 地址	202.168.1.0
	直接广播地址	任意	全 1	主机号全为 1，标识一个网络内的所有主机。当主机向直接广播地址标识的网络上的所有主机广播报文时，用作目的地址	202.168.1.255
	受限广播地址	全 1		网络号和主机号全为 1，又称本地广播地址，用于本网广播。当主机在本地网络广播报文且所处的本地网络未知时，用作目的地址	255.255.255.255
本网络地址	本网络本主机地址	全 0	全 0	网络号和主机号全为 0，本地网络的主机间未分配 IP 地址的主机，发送报文时用作源地址	0.0.0.0
	本网络某主机地址	全 0	任意	网络号全为 0，本地网络的主机间向某特定主机发送报文时用作目的地址	0.0.0.58

续表

特殊类型		网 络 号	主机号	用 途 说 明	实 例
环回地址	A 类网络	127	任意	本地网络软件测试或本机进程间通信，使用回送地址发送数据，不在任何网络上进行任何分组传输	127.0.0.1
私网地址	A 类网络	10	任意	1 个 A 类网络用于局域网内地址	10.0.1.100
	B 类网络	172.16~172.31	任意	16 个 B 类网络用于局域网内地址	172.16.1.100
	C 类网络	192.168.0~192.168.255	任意	256 个 C 类网络用于局域网内地址	192.168.1.100

1. 网络地址和广播地址

每个网络都要占用两个 IP 地址，一个用于标识或区分不同的网络，一个用于网络广播时标识该网络内的所有主机。每个网络使用该网络地址块的起始地址作为网络地址，该地址仅作为网络的标识，主要用在网络路由中。网络地址块的结束地址被用作该网络的广播地址，又称直接广播地址（Direct Broadcast Address）。图 3-5 中的分组目的地址采用直接广播地址 202.168.1.255，通过路由器向 C 类网络地址 202.168.1.0 上的所有主机发送报文时作为目的地址。广播地址的另一类是受限广播地址（Limited Broadcast Address），又称本地广播地址，是用于在路由器隔离的本地网络内部进行广播的一种广播地址。TCP/IP 规定，32 位全为 "1" 的 IP 地址 255.255.255.255 用于本地网络内的广播。直接广播要求发送方知道目的网络的网络号，但有些主机在启动时，往往并不知道本网络的网络号，这时如果想要在本网络广播，只能采用受限广播地址。

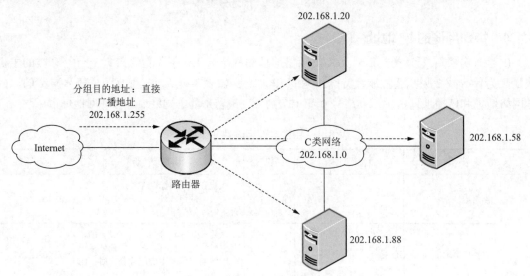

图 3-5 网络地址和直接广播地址

2. 本网络地址

TCP/IP 协议规定，网络号各位全部为 "0" 时表示的是本网络。本网络地址分为本网络本主机地址和本网络某主机地址两种。本网络本主机多用于主机启动时没分配 IP 地址，此时采用网络号和主机号都为 "0" 的本网络本主机地址 0.0.0.0 作为源地址。本网络某主机地址，指在本地网络的主机间，向网络号为 0、主机号已知的某特定主机发送报文时用作目的地址。如图 3-6 所示，未知 IP 地址的主机发送分组的源地址采用本网络本主机地址 0.0.0.0，分组的目的地址采用受限广播地址 255.255.255.255，用于本地网络的广播，到 DHCP 服务器申请 IP 地址，点画线表示受限广播在本地网络内，⊗表示路由器拒绝向外网发送广播，隔离数据包在本网内。在图 3-6 中，IP 地址 0.0.0.88 可作为本网络某主机地址，虚线表示主机 202.168.1.58 向目的地址为 0.0.0.88 的本网络某主机发送报文。图中的直线表示网络设备间的物理连接示意。

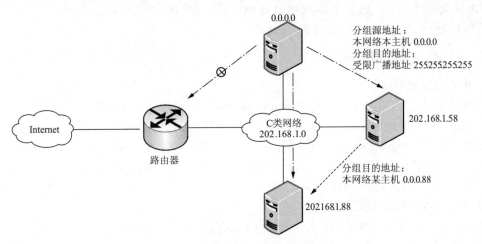

图 3-6　本网络地址和受限广播地址

3．环回地址

A 类网络地址 127.×.×.× 被用作环回地址（Loopback Address），用于网络软件测试以及本机进程之间通信的特殊地址。如图 3-7 所示，当使用 127.0.0.1 环回地址作为目的地址发送数据时，数据将不会被发送到网络上，而是在数据离开网络层时将其回送给本机的有关进程。实际中的环回地址 127.0.0.1 多命名为 localhost。

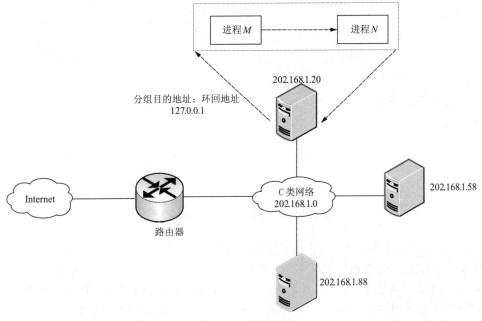

图 3-7　环回地址

4. 私网地址

私网地址（Private Address）可用于局域网内部的主机地址，Internet 管理者规定了 A、B、C 类网络的一些地址段为私有地址。这些私网地址的主机要上网，必须通过路由器或者网关先转换为合法的 IP 地址——公网地址（Public Address）。1 个 A 类网络私有地址段：10.0.0.0~10.255.255.255；16 个 B 类网络私有地址段：172.16.0.0~172.31.255.255；256 个 C 类网络私有地址段：192.168.0.0~192.168.255.255。

3.1.5 IP 地址的管理和分配

1. IP 地址管理机构

全球的 IP 地址由国际组织 NIC（Network Information Center）统一管理，主要负责 A、B、C 三类公网地址的网络地址分配。一个组织加入因特网时，从因特网的网络信息中心 InterNIC 获得网络前缀，然后负责组织内部的地址分配。这样，既解决了全局唯一性问题，又分散了管理负担。全球有 3 个网络信息中心管理机构，分别向对应地区的申请者提供 IP 网络地址的注册和分配：

① InterNIC：负责美国和其他地区。

② ENIC：负责欧洲地区。

③ APNIC：负责亚太地区，中国可通过该中心在国内的代理机构申请。

2. IP 地址分配

一台主机或设备可配置几个 IP 地址？正常情况下，一台计算机或者电子终端配置一个 IP 地址。但实际中，这些主机和通信设备完全可以配置多个 IP 地址。可以通过一台主机上的多个网卡分别配置 IP 来实现，也可以通过为一个网卡配置多个 IP 来实现，所以不要认为互联网上一个 IP 地址就代表一台计算机、主机或设备。如图 3-8 所示，当一个路由器连到多个网络上时，每个网络都会给路由器分配一个 IP 地址，设备有多少个网络连接，就有多少个 IP 地址，而且这些 IP 地址分别属于不同的网络。

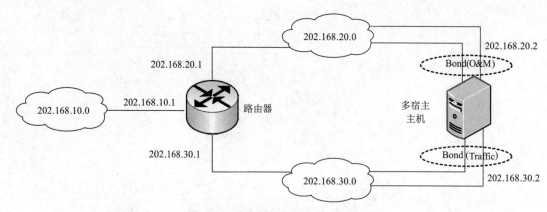

图 3-8　路由器和主机 IP 地址分配

一台主机也可以连接多个网络，这种主机叫作多宿主主机（Multi-homed Host）。多宿主主机拥有多个 IP 地址，每个地址对应于一个物理网络的连接。图 3-8 中多宿主主机通过特定的 Linux Bond 技术，把多宿主主机的 4 个物理网卡连接分别绑定作为操作维护数据（O&M）和业务数据（Traffic）的逻辑网口，每个 Bond 绑定配置单个的 IP 地址，让 2 个网卡共享一个 IP，很容易实现网口冗余（Network Port Redundancy）、负载均衡（Load Balance），从而达到高可用、高可靠的作用，还会大幅提升主机服务器的网络吞吐。

3.2 IP 子网划分

IP 地址空间被划分成 A 类、B 类、C 类等标准类别，有了一定的灵活度，可匹配不同主机容量的需求。但互联网用户申请到网络地址后，需要提供给所在企业、公司、机构内的多个不同下属部门使用，而且各部门间主机规模的差异有可能也很大，这就需要设计更细致、更灵活的 IP 网络划分方案。为提高 IP 地址资源的利用率，IEFT RFC 950 中提到的解决方案是对 IP 地址进行"子网划分"。这种方案通过借用 IP 地址主机号的高位部分，称为"子网号"，作为网络号的一部分，从而把两级 IP 地址（含网络号、主机号）变为三级 IP 地址（含网络号、子网号、主机号）。这样，一个标准 IP 网络可进一步分解成多个子网网络。

3.2.1 子网掩码和反掩码

根据 IP 地址对应网络地址的高位特征，可区分出该 IP 地址所属的标准网络地址。进一步的子网划分就涉及任意的 IP 地址，机器如何自动识别其对应的网络地址呢？这需要子网掩码来解决，其定义和作用如下：

① 子网掩码的定义：一个 1 和 0 分别连续的二进制表示的 IP 地址，其对应的网络号所有位都置为 1，对应的主机号所有位都置为 0。注意连续的 1 和 0 的含义，是指 1 中间禁止出现 0，0 中间禁止出现 1。也就是说高位部分的连续的 1 结束后，必然跟着一串连续的 0。

② 子网掩码的作用：和二进制表示的 IP 地址按位进行逻辑"与"运算，可区分出任意 IP 地址中的"网络号"，从而过滤出 IP 地址的网络地址。

如图 3-9 所示，一个 IP 地址 172.168.1.100，如果把网络号对应位全置 1，主机号对应位全置 0，得到 IP 地址 255.255.0.0，这个特殊的 IP 地址，就是子网掩码。根据公式"网络地址 =IP 地址⊕子网掩码"，⊕表示 IP 地址的二进制数按位相与，故 IP 地址 172.168.1.100 和子网掩码 255.255.0.0 按位相与后，得到的网络地址是 172.168.0.0。

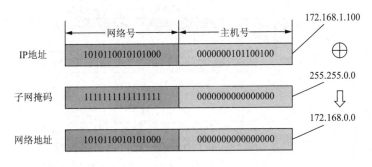

网络地址 ＝ IP地址 ⊕ 子网掩码

图 3-9　子网掩码和网络地址

为便于获得主机地址，引入反掩码，其定义和作用如下：

① 反掩码的定义：子网掩码取反后得到的一个 0 和 1 分别连续的 IP 地址，其对应网络号所有位都置为 0，对应的主机号所有位都置为 1。这里同样要注意连续的 1 和 0 的含义，是指高位部分的连续的 0 结束后，必然跟着一串连续的 1。

② 反掩码的作用：和 IP 地址按位进行逻辑"与"运算，可区分出任意 IP 地址中的"主机号"，

从而过滤出 IP 地址中的主机地址。

如图 3-10 所示，一个 IP 地址 172.168.1.100，如果把网络号对应位全置 0，主机号对应位全置 1，得到 IP 地址 0.0.255.255，这个特殊的 IP 地址，就是子网掩码的反掩码。根据公式"主机地址 =IP 地址⊕反掩码"，IP 地址 172.168.1.100 和子网掩码 255.255.0.0 按位相与后，得到的主机地址为 0.0.1.100。

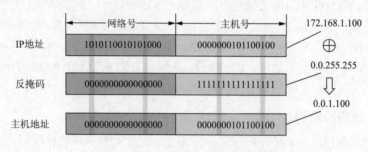

图 3-10　反掩码和主机地址

3.2.2　子网划分

子网掩码和反掩码除了过滤出 IP 地址的网络地址和主机地址外，其更进一步的目的是实现子网划分。如图 3-11 所示，B 类 IP 地址 172.168.×.×，由网络号（16 位）和主机号（16 位）两部分组成，称为二级 IP 地址，该网络可提供 $2^{16}-2=65\ 534$ 台主机的 IP 地址。

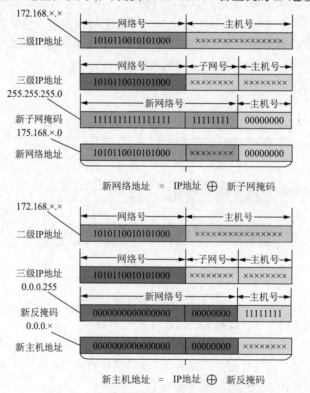

图 3-11　子网掩码和反掩码实现子网划分

实际中，同一局域网络内很少容纳这么大数量的主机。为充分利用 IP 地址资源，可从主机号的高位部分，分出几位作为子网号，和原网络号一起形成"新网络号"，此时 IP 地址变为"网络号 + 子网号 + 主机号"的三级 IP 地址。子网划分的过程如下：

① 新网络号：取 172.168.×.× 的主机号的高 8 位作为子网号，和原网络号部分，一起形成"新网络号"（16 位 +8 位）。

② 新子网掩码：把网络号和子网号对应位全置 1，主机号对应位全置 0，则"新子网掩码"变为 255.255.255.0。

③ 新网络地址：根据"网络地址 =IP 地址⊕子网掩码"，IP 地址 172.168.×.× 和新子网掩码 255.255.255.0 按位相与后，得到的"新网络地址"为 172.168.×.0（× 的变化范围为 0~255）。这时，单个的 B 类网络，由 1 个大型网络变为 256 个小型子网。

④ 新反掩码：把网络号和子网号对应位全置 0，主机号对应位全置 1，则"新反掩码"变为 0.0.0.255。

⑤ 新主机地址：根据"主机地址 =IP 地址⊕反掩码"，IP 地址 172.168.×.× 和新反掩码 0.0.0.255 按位相与后，得到的"新主机地址"为 0.0.0.×（× 的变化范围为 0~255）。这时，每个小型子网可容纳主机的容量是 256–2 台。

【例 3.1】如何配置某局域网子网内的主机静态 IP 参数（含 IP 地址、子网掩码、网关地址）？要求配置 C 类网络 IP，网络号的位数是 26 位。

局域网子网内的主机静态 IP 参数配置如表 3–2 所示。

表 3–2　局域网子网内的主机静态 IP 参数配置

静态 IP 参数	分析计算依据					结　果
子网掩码	11111111	11111111	11111111	11	000000	255.255.255.192
IP 地址	11000000	10101000	00000000	00	010100	192.168.0.20
网关地址	11000000	10101000	00000000	00	000001	192.168.0.1

标准 C 类网络的网络号是 24 位，而该子网的网络号是 26 位，说明它从主机号高位借位 2 位作子网号，和原网络号组成的新网络号是 26 位，主机号是 6 位。配置过程如下：

- 子网掩码：要求网络号的位数是 26 位，说明子网掩码的高 26 位置 1，低 6 位置 0，结果是 255.255.255.192。

- IP 地址：采用 C 类私有地址段，例如 IP 地址随机选 192.168.0.20。根据"网络地址 =IP 地址⊕子网掩码"，从而得到子网的网络地址是 192.168.0.0。

- 网关地址：网关地址在局域网内的网络号必须同主机 IP 地址的网络号相同，且主机号大多取值 1，所以网关地址可以配置为 192.168.0.1。

3.2.3　子网表示法

子网表示法：子网划分后，原网络会划分为多个子网，又称网段。每个新子网或网段有如下两种表示法：

① 网络地址 / 子网掩码有效位数（1 的数目），又称前缀表示法，对于 B 类 IP 地址 172.168.×.×，若：

- 高 16 位为网络号，网段为 172.168.0.0/16。

- 高 24 位为网络号，网段为 172.168.×.0/24(× 范围 0~255)。

② 网络地址 / 子网掩码，对于 B 类 IP 地址 172.168.×.×，若：

- 高 16 位为网络号，网段为 172.168.0.0/255.255.0.0。
- 高 24 位为网络号，网段为 172.168.×.0/255.255.255.0（ × 范围 0~255 ）。

3.2.4 子网划分公式

假设 n 是子网号从主机号高位所借位数，m 是主机号的位数，则：

① 划分的子网个数 / 网段数：2^n。

② 每个子网容纳的主机数：$2^{(m-n)}-2$。

③ 新网络号 / 子网掩码的有效位数：$32-m+n$。

如图 3-12 所示，B 类网络 172.168.0.0/16，主机号 $m=16$，分出 8 位作为子网号，$n=8$，则：

① 新划分的子网网段数量为 $2^n=2^8=256$ 个，范围为 172.168.0.0/24~172.168.255.0/24。

② 每个网段可容纳的主机数量为 $2^{(m-n)}-2 =2^{(16-8)}-2 = 254$ 台。

③ 新网络号 / 子网掩码的有效位数是 $32-16+8=24$。

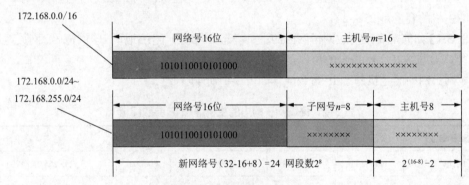

图 3-12 子网划分公式示例

3.3 IP 地址的规划方法

3.3.1 IP 地址的规划步骤

考虑到企业和公司内部各下属部门的实际主机容量需求以及未来的业务拓展可能，需对其从 Internet 官方所申请的标准 IP 网络进行子网划分，即进行 IP 地址规划，分配内部各部门不同的 IP 地址规模，充分利用 IP 地址资源。子网划分的步骤如下。

1. 确定新子网掩码

根据如下步骤，确定子网数目，得到子网号位数，计算新子网掩码和对应主机容量：

① 确定主机号位数 m：根据分配的 IP 网络地址所属类别，得到主机号位数 m。

② 确定子网数目 p：根据实际需求确定所需子网数目 p。

③ 确定子网号位数 n：根据公式 $2^{n-1}<p \leqslant 2^n$ 计算出需要从主机号高位借位的位数，作为子网号的位数 n。

④ 确定新子网掩码：根据主机号位数 m，子网号位数 n，得到新子网掩码的有效位数 32-

$m+n$，计算出不同网络子网对应的新子网掩码。

⑤ 确定子网主机容量：根据主机号位数 $m-n$，计算每个网段可分配的主机数量 $2^{(m-n)}-2$。

为避免 IP 地址规划中以上的烦琐计算步骤，可以列出标准分类的 A 类、B 类、C 类网络进行子网划分，从主机号借位不同位数作为子网号时，新子网掩码、子网数目、子网容量的对照表如表 3-3~ 表 3-5 所示，以供计算新子网掩码时进行快速查找。

表 3-3　标准分类的子网划分对照表（A 类）

A 类网络 子网号从主机号借位情况（网络号置 1 + 子网号置 1 + 主机号置 0）		新子网掩码	借位位数	子网数目	子网容量
11111111	11111111 11111111 00000000	255.0.0.0	0	2^0	$2^{24}-2$
11111111	1 11111111 11111111 00000000	255.128.0.0	1	2^1	$2^{23}-2$
11111111	11 111111 11111111 00000000	255.192.0.0	2	2^2	$2^{22}-2$
11111111	111 11111 11111111 00000000	255..224.0.0	3	2^3	$2^{21}-2$
11111111	1111 1111 11111111 00000000	255.240.0.0	4	2^4	$2^{20}-2$
11111111	11111 111 11111111 00000000	255.248.0.0	5	2^5	$2^{19}-2$
11111111	111111 11 11111111 00000000	255.252.0.0	6	2^6	$2^{18}-2$
11111111	1111111 1 11111111 00000000	255.254.0.0	7	2^7	$2^{17}-2$
11111111	11111111 11111111 00000000	255.255.0.0	8	2^8	$2^{16}-2$

表 3-4　标准分类的子网划分对照表（B 类）

B 类网络 子网号从主机号借位情况（网络号置 1 + 子网号置 1 + 主机号置 0）		新子网掩码	借位位数	子网数目	子网容量
11111111 11111111	11111111 00000000	255.255.0.0	0	2^0	$2^{16}-2$
11111111 11111111	1 1111111 00000000	255.255.128.0	1	2^1	$2^{15}-2$
11111111 11111111	11 111111 00000000	255.255.192.0	2	2^2	$2^{14}-2$
11111111 11111111	111 11111 00000000	255.255..224.0	3	2^3	$2^{13}-2$
11111111 11111111	1111 1111 00000000	255.255.240.0	4	2^4	$2^{12}-2$
11111111 11111111	11111 111 00000000	255.255.248.0	5	2^5	$2^{11}-2$
11111111 11111111	111111 11 00000000	255.255.252.0	6	2^6	$2^{10}-2$
11111111 11111111	1111111 1 00000000	255.255.254.0	7	2^7	2^9-2
11111111 11111111	11111111 00000000	255.255.255.0	8	2^8	2^8-2

表 3-5　标准分类的子网划分对照表（C 类）

C 类网络 子网号从主机号借位情况 （网络号置 1 + 子网号置 1 + 主机号置 0）		新子网掩码	借位位数	子网数目	子网容量
11111111 11111111 11111111	00000000	255.255.255.0	0	2^0	2^8-2
11111111 11111111 11111111	1⋮0000000	255.255.255.128	1	2^1	2^7-2
11111111 11111111 11111111	11⋮000000	255.255.255.192	2	2^2	2^6-2
11111111 11111111 11111111	111⋮00000	255.255.255.224	3	2^3	2^5-2
11111111 11111111 11111111	1111⋮0000	255.255.255.240	4	2^4	2^4-2
11111111 11111111 11111111	11111⋮000	255.255.255.248	5	2^5	2^3-2
11111111 11111111 11111111	111111⋮00	255.255.255.252	6	2^6	2^2-2

2. 分配子网号和网段

根据子网号的组合变化，进行网段分配。根据 n 位子网号二进制数的组合变化，得到不同子网号，根据 p 个子网的新网络号，分配对应的子网网段，得到子网网段分配表。

3. 分析网段主机范围

根据新分配的网络号，再加上主机号部分，分析出每个网段对应的主机范围，注意去掉主机位为全 0 和全 1 的 IP 地址。

3.3.2　子网位数相同规划

【例 3.2】假设某大型公司申请了 B 类网络 172.168.0.0/16，公司的网络中心需要把该网络分配给总公司及下属 4 个部门，总公司及每个部门所需上网的主机数量大致相同（3 000 上下）。如果既要考虑到目前总公司和 4 个部门的快速发展，又要考虑为未来公司的新部门预留网络，如何划分子网网段？并给出每个网段的主机范围。

网络规划分析：总公司和下属 4 个部门对于主机的容量需求大致相同，可把 IP 地址均分给总公司、下属 4 个部门及未来的几个新部门。即每个部门子网划分的"网络号 + 子网号"的网络地址长度相同。

"子网位数相同"的规划步骤如下：

1. 确定子网掩码

① 确定主机号位数 m：根据分配的 IP 网络地址所属类别为 B 类网络，得到主机号位数 $m=16$。

② 确定子网数目 p：根据总公司和下属 4 个部门需要分配的网络，确定所需子网数目 $p=4+1=5$ 个。

③ 确定子网号位数 n：根据公式 $2^2<5 \leqslant 2^3$ 计算出需要从主机号借位 3 位，即作为子网号的位数 $n=3$，最多可提供 $2^3=8$ 个子网，其中 5 个子网分配给总公司和下属 4 个部门，预留 3 个子网给公司未来的新部门。

④ 确定新子网掩码：根据主机号位数 $m=16$，子网号位数 $n=3$，得到新子网掩码的有效位数 $32-m+n=19$。各部门的子网网络地址统一使用 19 位，全置 1，二进制转化为十进制表示，可计算出子网对应的新子网掩码为 255.255.224.0，如表 3-4 所示。

⑤ 确定子网主机容量：根据主机号位数 $m-n=13$，计算每个网段可分配的主机数量 $2^{(16-3)}-$

2=8 190，既能满足各部门目前的上网需求，还能满足各部门未来快速发展的上网需求。

确定新子网掩码和子网主机容量时，简单的方式是通过查找标准分类子网划分对照表，根据"B 类网络，借位 3 位"，可快速查到：新子网掩码为 255.255.224.0，子网数目为 $2^3=8$ 个，每个子网的主机容量为 $2^{13}-2=8\ 190$。

2. 分配子网号和网段

根据子网号 $n=3$ 位二进制数的组合变化，从 000、001、010、011、100 依次得到 5 个子网号，可以计算出总公司和下属 4 个部门的网段的分配结果，如表 3-4 所示。

3. 分析网段主机范围

根据新分配的网络号，再加上主机号部分（由全 0 变化到全 1），分析出每个网段对应的主机范围，注意去掉主机位为全 0 和全 1 的 IP 地址，如表 3-6 所示。

表 3-6　"子网划分相同"的地址规划结果

步　骤	计 算 依 据			结　果
新子网掩码	11111111 11111111	111	00000 00000000	255.255.224.0 子网主机容量 $2^{13}-2=8\ 190$
分配子网号和网段	10101100 10101000	000	00000 00000000	网段分配结果（网络号为 19 位，主机号为 13 位）： 总公司：172.168.0.0/19 部门一：172.168.32.0/19 部门二：172.168.64.0/19 部门三：172.168.96.0/19 部门四：172.168.128.0/19
	10101100 10101000	001	00000 00000000	
	10101100 10101000	010	00000 00000000	
	10101100 10101000	011	00000 00000000	
	10101100 10101000	100	00000 00000000	
分析网段主机范围	子网号 + 主机号的范围： 总公司：00000000 00000001 ~ 00011111 11111110 部门一：00100000 00000001 ~ 00111111 11111110 部门二：01000000 00000001 ~ 01011111 11111110 部门三：01100000 00000001 ~ 01111111 11111110 部门四：10000000 00000001 ~ 10011111 11111110			172.168.0.1~172.168.31.254 172.168.32.1~172.168.63.254 172.168.64.1~172.168.95.254 172.168.96.1~172.168.127.254 172.168.128.1~172.168.159.254

3.3.3　子网位数不同规划

【例 3.3】某公司从上级总公司的网络中心获得 C 类 IP 子网，网段 192.168.0.0/24。公司内有 5 个部门需要组建网络，根据如下需求，为每个部门规划子网，并列出子网容量、子网掩码、网段、地址范围、广播地址。

① 部门 1：100 台主机。

② 部门 2：60 台主机。

③ 部门 3：25 台主机。

④ 部门 4：10 台主机。

⑤ 部门 5：10 台主机。

网络规划分析：公司的 5 个部门对于主机的容量需求各不相同，把主机需求按照从大到小排列，每个部门子网划分的子网号位数各不相同，即"网络号 + 子网号"的网络地址长度各不相同。

"子网位数不同"的规划步骤如下：

1. 确定子网掩码

① 确定主机号位数 m：根据分配的 IP 网络地址所属类别为 C 类网络，得到主机号位数 $m=8$。

② 确定子网数目 p：根据公司的 5 个部门需要分配网络，确定所需子网数目 $p=5$ 个。

显然，由于 5 个部门的主机容量各不相同，所以不能直接根据部门的数量来确定子网号位数，而是要根据各部门的主机数量来确定各自的子网号位数。查找标准分类子网划分对照表的 "C 类网络"，列出子网容量能满足最少 10 台的所有子网网络。表 3-7 所示为新子网掩码、子网数目、子网容量对照表。

表 3-7 "C 类网络"新子网掩码、子网数目、子网容量对照表

C 类网络 子网号从主机号借位情况（网络号置 1 + 子网号置 1 + 主机号置 0）		新子网掩码	借位位数	子网数目	子网容量
11111111 11111111 11111111	00000000	255.255.255.0	0	1	254
11111111 11111111 11111111	1 0000000	255.255.255.128	1	2	126
11111111 11111111 11111111	11 000000	255.255.255.192	2	4	62
11111111 11111111 11111111	111 00000	255.255.255.224	3	8	30
11111111 11111111 11111111	1111 0000	255.255.255.240	4	16	14

2. 分配子网号和网段

根据部门 1 到部门 5 的主机数量从大到小的需求，从表 3-4 中选择子网容量最匹配的子网，确定每个部门的子网号和网段，结果如表 3-8 所示。

表 3-8 分配子网号和网段结果

部门名称	主机需求	子网容量	确定子网号		确定网段
部门 1	100	126	11000000 10101000 00000000	0 0000000	192.168.0.0/25
部门 2	60	62	11000000 10101000 00000000	10 000000	192.168.0.128/26
部门 3	25	30	11000000 10101000 00000000	110 00000	192.168.0.192/27
部门 4	10	14	11000000 10101000 00000000	1110 0000	192.168.0.224/28
部门 5	10	14	11000000 10101000 00000000	1111 0000	192.168.0.240/28

① 部门 1：100 台主机，最匹配的子网是从主机高位借 1 位，子网容量是 126。确定部门 1 的子网号部分为 0，进而确定网段是 192.168.0.0/25。

② 部门 2：60 台主机，最匹配的子网是从主机高位借 2 位，子网容量是 62。子网号的高位 0 已经分配给了部门 1，所以部门 2 子网号的高位取 1，次高位可取 0~1，这里取 0，确定部门 2 的子网号部分为 10，进而确定网段是 192.168.0.128/26。

③ 部门 3：25 台主机，最匹配的子网是从主机高位借 3 位，子网容量是 30。子网号的高位 0 和次高位 0 都已分配给了部门 1、部门 2，所以部门 3 子网号的高位取 1，次高位取 1，第 3 位

可取 0~1，这里取 0，确定部门 3 的子网号部分为 110，进而确定网段是 192.168.0.192/27。

　　④ 部门 4、部门 5：都是 10 台主机，最匹配的子网是从主机高位借 4 位，子网容量是 14。由于高 3 位 000 已经被部门 1、部门 2、部门 3 占用，所以高三位只能取 111，第四位可以取 0~1，部门 4 取 0，部门 5 取 1，确定部门 4、部门 5 的子网号部分为 1110、1111，进而确定网段是 192.168.0.224/28、192.168.0.240/28。

　　3. 分析网段主机范围

　　根据分配的子网号，再加上主机号部分（由全 0 变化到全 1），就可给出主机 IP 地址范围，注意去掉主机号为全 0 和全 1 的 IP 地址，全 1 为广播地址，如表 3-9 所示。

表 3-9　网段的主机范围

部门名称	子网号 + 主机号的范围	地址范围	广播地址
部门 1	00000001~ 01111110	192.168.0.1~192.168.0.126	192.168.0.127
部门 2	10000001~ 10111110	192.168.0.129~192.168.0.190	192.168.0.191
部门 3	11000001~ 11011110	192.168.0.193~192.168.0.222	192.168.0.223
部门 4	11100001~ 11101110	192.168.0.225~192.168.0.238	192.168.0.239
部门 5	11110001~ 11111110	192.168.0.241~192.168.0.254	192.168.0.255

　　最后，可以汇总出每个部门规划的子网的网络容量、网络地址（网段）、子网掩码、IP 地址范围、广播地址，得到该案例的最终分析结果，如表 3-10 所示。

表 3-10　各部门分配结果汇总表

部门名称	子网容量	子网掩码	网段	IP 地址范围	广播地址
部门 1	126	255.255.255.128	192.168.0.0/25	192.168.0.1~192.168.0.126	192.168.0.127
部门 2	62	255.255.255.192	192.168.0.128/26	192.168.0.129~192.168.0.190	192.168.0.191
部门 3	30	255.255.255.224	192.168.0.192/27	192.168.0.193~192.168.0.222	192.168.0.223
部门 4	14	255.255.255.240	192.168.0.224/28	192.168.0.225~192.168.0.238	192.168.0.239
部门 5	14	255.255.255.240	192.168.0.240/28	192.168.0.241~192.168.0.254	192.168.0.255

3.4　无类别域间路由

3.4.1　基本概念和特点

　　由于 IP 地址即将分配完毕，以及互联网主干网上的路由表中的项目急剧增长，互联网发展中的问题越来越严重。因此，TETF 经过研究提出利用无类别域间路由尽力解决这两个问题。无类别域间路由（Classless Inter-Domain Routing，CIDR）是在可变子网掩码的基础上提出的，由 RFC1517—1519 进行了定义。无类别域间路由是一个对 IP 地址进行归类的新方法，用于给用户分配 IP 地址以及在互联网上有效的路由 IP 数据包。

CIDR 的特点如下：

① CIDR 消除了传统的 A 类、B 类和 C 类地址以及子网划分的概念。CIDR 把 IP 地址分为两部分：网络前缀和主机。网络前缀用来指明网络，后面部分用来指明主机。无类别域间将 IP 地址的三级结构又重新回到了二级结构。

② CIDR 使用斜线记法，即在 IP 地址的后面加上斜线 "/"，然后写上网络前缀所占的比特数。例如，200.160.10.1/21，表示这个 IP 地址的前 21 位是网络前缀，后 11 位是主机地址。

③ CIDR 将网络前缀相同的连续的 IP 地址组成一个 "CIDR 地址块"。通过 CIDR 地址块中的任何一个地址，就可以知道这个地址块的最小地址、最大地址和地址块中的地址数。例如，200.160.10.1/21 用二进制表示，其中前 21 位是网络前缀，后 11 位是主机地址。这个地址所在的地址块中最小地址（主机地址全为 0）和最大地址（主机地址全为 1）如表 3–11 所示。

表 3–11　CIDR 地址块示例

IP 地址	200.160.10.1/21	**11001000. 10100000.00001**010.00000001
最小地址	200.160.8.0/21	**11001000. 10100000.00001**000.00000000
最大地址	200.160.15.255/21	**11001000. 10100000.00001**111.11111111

这个地址块共有 2^{11} 个地址。地址块可以用地址块中的最小地址和网络前缀的位数表示。上面的地址可以表示为 200.160.8.0/21。

④ 与标准 IP 地址分类一样，主机地址全 0 的是网络地址，主机地址全 1 的是广播地址，这两个特殊的 IP 地址不能分配给主机使用，上例中的有效 IP 地址范围是 200.160.8.1/21~200.160.15.254/21。

3.4.2　构成超网

CIDR 可以帮助互联网上路由器减少路由表的项目数。CIDR 地址块中有很多地址，路由表可以利用 CIDR 地址块表示原来传统分类地址的很多个地址，这种地址的聚合称为 "路由聚合"，也称为 "超网"。下面通过一个例子来说明具体的过程。

如图 3–13 所示，某单位有 4 个部门，每个部门分配的地址块如表 3–12 所示。

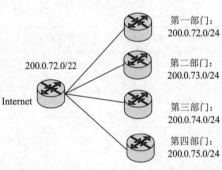

图 3–13　划分 CIDR 地址块的网络图

表 3–12　各部门分配的 CIDR 地址块

部　门	地　址　块	二进制表示	地　址　数
第一部门	200.0.72.0/24	**11001000.00000000. 01001000**.00000000	256
第二部门	200.0.73.0/24	**11001000.00000000. 01001001**.00000000	256
第三部门	200.0.74.0/24	**11001000.00000000. 01001010**.00000000	256
第四部门	200.0.75.0/24	**11001000.00000000. 01001011**.00000000	256
单位地址	200.0.72.0/22	**11001000.00000000. 010010**00.00000000	1024

可以看出，4 个部门分配的地址块的前 22 位是相同的。我们可以把这四个部门的地址块合并为 200.0.72.0/22，并且在路由表中使用一条路由项来表示这些 IP 地址。这就是 CIDR 地址的一个重要特点：地址聚合和路由聚合的能力。网络前缀越短，其地址块所包含的地址数目越多。

3.4.3　最长前缀匹配

在使用 CIDR 时，IP 地址由网络前缀和主机地址这两个部分组成。路由表中的项目也相应变成由"网络前缀"和"下一跳地址"组成。在查询路由表时可能会得到不止一个匹配结果，遇到这种情况时，应该如何选择呢？这时应该遵循最长前缀匹配原则，从匹配结果中选择具有最长网络前缀的那条路由，网络前缀越长，地址块越小，匹配的路由就越具体、越精确。

下面通过例子来说明。假设路由器转发的数据包的目的地址是 200.0.75.0，表 3-13 所示的路由表中有两个项目，分别是 200.0.72.0/22 和 200.0.75.0/24。将目的地址和每个项目中的掩码逐位相"与"。

表 3-13　路由表

目的地址	二进制（加粗部分对应掩码中的 1）	目的地址分别与两个项目的掩码相"与"结果
200.0.75.0	**11001000.00000000. 01001000**.00000000	200.0.72.0/22
200.0.75.0	**11001000.00000000. 01001011**.00000000	200.0.75.0/24

可以看出，目的地址和路由表中的两个目的网络地址相匹配，根据最长前缀匹配原则，数据包会选择从 200.0.75.0/24 这条路由进行转发。

3.5　IPv6 地址

3.5.1　IPv6 地址的产生与发展

IPv4 是现在 Internet 上广泛使用的网络通信协议的第四版，是在 20 世纪 70 年代末设计的。互联网经过飞速发展，到 2011 年 2 月，IPv4 的地址已经耗尽，ISP 已经不能再申请到新的 IP 地址块。为了从根本上解决这个问题，从 20 世纪 90 年代起，IPv6 开始被开发。1993 年，IETF 成立了 IPng 工作组，专门研究下一代的 IP。1994 年，IPng 工作组提出了下一代 IP 的推荐版本；1995 年，IP IPng 工作组完成 IPv6 的协议版本；1999 年，完成 IETF 要求的 IPv6 协议审定，正式分配 IPv6 地址。这一协议的地址长度从 IPv4 的 32 位扩展到 128 位，提供了巨大的网络地址空间。同时，IPv6 还解决了 IPv4 难以解决的一些问题，如安全问题、服务质量问题、移动计算问题等。IPv6 协议的地址长度为 128 位，可以提供多达超过 3.4×10^{38} 个 IP 地址。今后，智能手机、汽车、物联网智能仪器、PDA 都可以获得自己的 IP 地址。

1998 年开始，清华大学依托 CERNET 加入了 IPv6 试验床 6BONE 计划。6BONE 网络是 IETF 于 1996 年发布的 IPv6 测试性网络，它被用作 IPv6 问题的测试平台，包括协议的实现、IPv4 向 IPv6 迁移等。它为 IPv6 产品及网络的测试和商用部署提供测试环境。2003 年 8 月，由国家发改委、中国工程院、信息产业部、教育信息产业部、教育部等 8 个部门联合启动"中国下一代互联网示范工程 CNGI"。随着 CNGI 项目的验收，以中国教育和科研计算机网 CERNET 承担建设的

CNEGI-CERNET2 为代表，我国下一代互联网研究近年来取得了巨大的进展。我国科学家提出的有关基于 IPv6 真实源地址认证、两代网过渡技术、建设纯 IPv6 网等都属世界首创性成果，在世界上引起关注。2004 年 3 月，CERNET2 试验网正式向用户提供 IPv6 下一代互联网服务。"中国下一代互联网示范工程"的成功，有力地推动了我国下一代互联网的技术研究、重大应用和产业开发，为提供我国在国际下一代互联网技术竞争中的地位做出了重要贡献。

3.5.2 IPv6 地址的表示与地址类型

1. IPv6 地址表示方法

因为 IPv6 的地址长度为 128 位，使用点分十进制表示已经不合适了。因此，IPv6 使用冒号十六进制表示地址，这样可以更简洁方便。它把每个 16 位的值用十六进制值表示，各个值之间用冒号分隔。虽然 IPv6 地址可用小写字母或大写字母编写，但 RFC 5952（IPv6 地址文本表示建议书）建议用小写字母表示 IPv6 地址。

① 用二进制格式表示的一个 IPv6 地址，并且按照 16 位一组划分为 8 个部分。

0010000000000001 0000010000010000 0000000000000000 0000000000000001
0000000000000000 0000000000000000 0000000000000000 0100010111111111

② 将每个部分转换成十六进制数，并且用冒号隔开。

2001:0410:0000:0001:0000:0000:0000:45ff

③ 在这种表示方法中，允许把数字前面的 0 去掉。

2001:410:0000:1:0000:0000:0000:45ff

④ 还可以允许零压缩，可以把一连串连续的零用双冒号（::）代替。但是在任一地址中只能允许一个双冒号。

2001:410:0:1::45ff

2. IPv6 地址的类型

IPv6 地址分为 3 种类型：单播地址（Unicast Address）、多播地址（Multicast Address）和任播地址（Anycast Address）。与 IPv4 地址相比较，新增了"多播地址"类型，取消了广播地址，因为在 IPv6 中的广播功能通过多播来完成。

（1）单播与单播地址

单播就是传统的点到点通信。在单播寻址模式下，一个 IPv6 接口在一个网络里是唯一的。IPv6 报文包含源地址和目的地址。当一个网关或路由器收到一个单播的报文时，目标是一台主机，它把报文从与该主机相连的接口发出去。单播地址就是用来标识这个接口的唯一标识。单播地址可以分为全球单播地址（可理解为公网地址——IPv6）、本地链路单播地址、环回地址、未指定地址、内嵌 IPv4 地址。

① 全球单播地址是使用最多的一类。根据 2006 年发布的草案标准 RFC4291 的建议，IPv6 单播地址的划分方法非常灵活，可以把整个 128 位都作为一个节点的地址；也可以用 n 位作为子网前缀，用剩下的（128-n）位作为接口标识符（相当于 IPv4 的主机号）；也可以划分为三级，用 n 位作为全球路由选择前缀，用 m 位作为子网前缀，用剩下的（128-n-m）位作为接口标识符，如图 3-14 所示。

② 本地链路单播地址类似于 IPv4 中的私有地址，仅在内部网络使用。这类地址占 IPv6 地址总数的 1/1024。这类地址的前缀是 1111111010（10 位），即 ff80::/10。

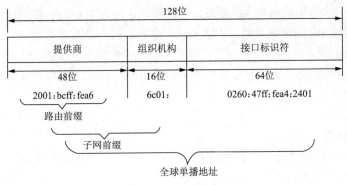

图 3-14　单播地址

③ IPv6 的环回地址是 0:0:0:0:0:0:0:1，可缩写为 ::1。它的作用和 IPv4 的环回地址一样，这类地址仅此一个。

④ 未指明地址是指全 0 的地址，可缩写为两个冒号 "::"。这个地址不能用作目的地址，而只能为某台主机当作源地址使用，条件是这台主机还没有配置到一个标准的 IP 地址。这类地址仅此一个。

⑤ 内嵌 IPv4：映射 IPv4 的 IPv6 地址，仅用于拥有 IPv4 和 IPv6 双协议栈节点的本地范围。其中高 80 位设为 0，后 16 位设为 1，再加上 IPv4 地址，例如：

0000:0000:0000:0000:0000:ffff:206.123.31.2

目前常用的单播地址如表 3-14 所示。

表 3-14　常用单播地址

单 播 地 址	说　明	备　注
::/128（0:0:0:0:0:0:0:0）	尚未获得正式地址的主机的源地址	不能作为目的地址，不能分配给真实的网络接口
::1/128（0:0:0:0:0:0:0:1）	回环地址	相当于 IPv4 中的 localhost（127.0.0.1），ping localhost 可得到此地址
2001::/16	全球可聚合地址	由 IANA 按地域和 ISP 进行分配，是最常用的是 IPv6 地址
2002::/16	6to4 地址	用于 6to4 自动构造隧道技术的地址
3ffe::/16	早期开始的 IPv6 6bone 试验网地址	
fe80::/10	本地链路地址	用于单一链路，适用于自动配置、邻机发现等，路由器不转发

（2）多播和多播地址

多播是一对多的通信方式，数据报文发送到该组中的每一台计算机。IPv6 没有广播，它将广播看作多播的一个特例。多播地址用于表示一组 IPv6 网络接口，发送到该地址的数据报会被送到由该地址标识的所有网络接口。多播地址格式如图 3-15 所示。

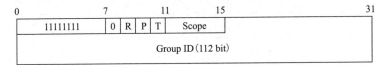

图 3-15　多播地址格式

最高的 8 位为 1，标识此地址为组播地址。接着的 4 位为 Flag 位，在 Flag 位的最高位为 0；R 位表示是否是内嵌 RP 的组播地址；P 位表示组播地址是否是基于单播前缀生成的；T 位表示组播地址是永久分配的还是临时分配的。可以看出，Flag 根据一个组播地址的功能、生成方式等属性进行了标识。4 位的 Scope 位表示组播组的传播范围。其余的位为 Group ID，在组播地址中用来标识一个组播 ID，如下所示：

ff00::/8 组播地址

（3）任播和任播地址

这是 IPv6 增加的一种类型。任播的终点是一组计算机，但数据报只交付其中的一个，通常是距离最近的一个。

RFC2373 标准对任播的定义是，当一个单播地址被分配到多于一个的接口上时，发到该接口的报文被网络路由到由路由协议度量的"最近"的目标接口上。单播允许源节点向单一目标节点发送数据报，多播允许源节点向一组目标节点发送数据报，而任播则允许源节点向一组目标节点中的一个节点发送数据报，而这个节点由路由系统选择，对源节点透明；同时，路由系统选择"最近"的节点为源节点提供服务，从而在一定程度上为源节点提供了更好的服务，也减轻了网络负载。

任播地址也称为泛播地址，用于表示一组网络接口。任播地址只能用作 IPv6 数据报的目的地址，任播地址只能分配给 IPv6 路由器。任播地址的结构如图 3-16 所示。

IPv6 任播地址是从单播地址空间中划分出来的，任播地址与单播地址位于同一个地址范围内，任播地址与单播地址有相

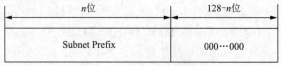

图 3-16　任播地址的结构

同的格式，当一个单播地址属于多个接口时，它就是任播地址。仅看地址本身，节点是无法区分单播地址和任播地址的，节点需要使用明确的配置指明该地址是一个任播地址。

3.5.3　IPv6 地址的报文结构

从图 3-17 和图 3-18 所示的 IPv4 和 IPv6 地址报文结构可以看出，IPv6 的数据报文和 IPv4 有较大差别，它由两大部分组成：基本首部（Base Header）和后面的有效载荷（Payload）。有效载荷也称为净负荷，允许有零个或多个扩展首部（Extension Header），再后面是数据部分。但是，所有的扩展首部并不属于 IPv6 数据报的首部。

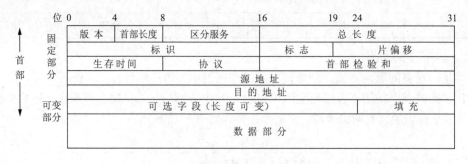

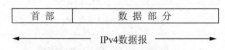

图 3-17　IPv4 地址的报文结构

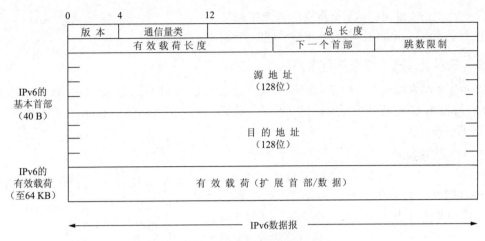

图 3-18　**IPv6 地址的报文结构**

IPv6 对首部中的某些字段进行了更改，具体如下：

① 取消了首部长度字段，它的首部长度是固定的 40 字节。

② 取消了服务类型字段。

③ 取消了总长度字段，改用有效载荷长度字段。

④ 取消了标识、标志和片偏移字段，因为这些功能已经包含在分片扩展首部中。

⑤ 把 TTL 字段改称为跳数限制字段。

⑥ 取消了协议字段，改用下一个首部字段。

⑦ 取消了校验和字段。

⑧ 取消了选项字段，而用扩展首部来实现选项功能。

IPv6 把首部中不必要的功能取消了，使得首部的字段数减少到只有 8 个。但是，IPv6 定义了很多扩展首部，不仅可以提供比 IPv4 更多的功能，还可以提高路由器的处理效率，因为路由器不对扩展首部进行处理。

IPv6 基本首部中各字段的作用：

① 版本（Version）占 4 位，是指协议的版本，如果是 IPv6 则该字段是 6。

② 通信量类（Traffic Class）占 8 位，为了区别不同的 IPv6 数据报的类别或优先级。

③ 流标号（Flow Label）占 20 位，"流"是互联网络上从特定源点到特定终点的一系列数据报，"流"所经过的路径上的路由器都保证指明的服务质量。所有属于同一个流的数据报都具有同样的流标号，这对实时音频 / 视频数据的传送特别有用。

④ 有效载荷长度（Payload Length）占 16 位，表明 IPv6 数据报除基本首部以外的字节数（所有扩展首部都算在有效载荷之内）。这个字段的最大值时 64 KB。

⑤ 下一个首部（Next Header）占 8 位，相当于 IPv4 的协议字段或可选字段。当 IPv6 有扩展首部时，下一个首部字段的值就标识后面第一个扩展首部的类型；如果没有扩展首部时，它的值表明基本首部后面的数据应交付 IP 层上面的哪一个高层协议。

⑥ 跳数限制（Hop Limit）占 8 位，用来防止数据报在网络中无限期的存在。源端在每个数据报发出时设定了跳数限制，最大为 255 跳。每个路由器在转发数据报时，条数限制的值减 1，当跳数限制的值为零时，就要把这个数据报丢弃。

⑦ 源地址占 128 位，是数据报发送端的 IP 地址。

⑧ 目的地址占 128 位，是数据报接收端的 IP 地址。

3.5.4 IPv4 到 IPv6 过渡的基本方法

IPv6 技术越来越成熟，但是大规模部署 IPv6 还面临很多挑战，因此需要 IPv4 和 IPv6 共存较长的时间，IETF 已经成立了专门的工作组，研究 IPv4 到 IPv6 的转换问题，本节将介绍 IPv4 向 IPv6 的 3 种过渡技术。

1. 双协议栈技术

双协议栈（Dual Stack）技术就是指在一台设备上同时启用 IPv4 协议栈和 IPv6 协议栈，如图 3-19 所示。使用双协议栈技术的节点既能和 IPv4 网络通信，又能和 IPv6 网络通信。如果这台设备是一个路由器，那么这台路由器的不同接口上，分别配置了 IPv4 地址和 IPv6 地址，并很可能分别连接了 IPv4 网络和 IPv6 网络。如果这台设备是一个计算机，那么它将同时拥有 IPv4 地址和 IPv6 地址，并具备同时处理这两个协议地址的功能。

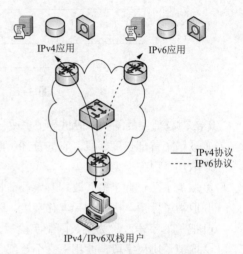

图 3-19 双协议栈技术示意图

采用双协议栈技术的节点上同时运行 IPv4 和 IPv6 两套协议栈。这是使 IPv6 节点保持与纯 IPv4 节点兼容最直接的方式，针对的对象是通信端节点（包括主机、路由器）。这种方式对 IPv4 和 IPv6 提供了完全的兼容，但是对于 IP 地址耗尽的问题却没有任何帮助。由于需要双路由基础设施，这种方式反而增加了网络的复杂度。双栈节点同时包含 IPv4 和 IPv6 的网络层，但传输层协议（如 TCP 和 UDP）的使用仍然是单一的。

2. 隧道技术

隧道（Tunnel）技术是一种基于 IPv4 隧道来传送 IPv6 数据报文的封装技术。如图 3-20 所示，将 IPv6 包作为无结构意义的数据，封装在 IPv4 包中，如此穿越 IPv4 网络进行通信，并且在隧道的两端可以分别对数据报文进行封装和解封装。隧道是一个虚拟的点对点的连接。隧道技术在定义上就是指包括数据封装、传输和解封装在内的全过程。在过渡初期，IPv4 网络已经大量部署，而 IPv6 网络只是散落在各地的"孤岛"，IPv6 over IPv4 隧道就是通过隧道技术，使 IPv6 报文在 IPv4 网络中传输，实现 IPv6 网络之间的孤岛互联。通过隧道技术，依靠现有 IPv4 设施，只要求隧道两端设备支持双栈，即可实现多个孤立 IPv6 网络的互通，但是隧道实施配置比较复杂，也不支持 IPv4 主机和 IPv6 主机直接通信。但 IPv6 隧道作为一种应用特性，必将在网络改造中发挥重要作用。

隧道技术的实现需要有一个起点和一个终点，IPv6 over IPv4 隧道的起点的 IPv4 地址必须为手工配置，而终点的确定有手工配置和自动获取两种方式。根据隧道终点的 IPv4 地址的获取方式不同，可以将 IPv6 over IPv4 隧道分为手动隧道和自动隧道。

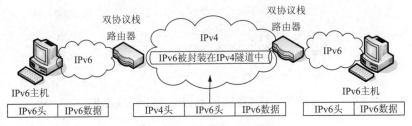

图 3-20　隧道技术示意图

（1）手动隧道

边界设备不能自动获得隧道终点的 IPv4 地址，需要手工配置隧道终点的 IPv4 地址，报文才能正确发送至隧道终点，通常用于路由器到路由器之间的隧道。常用的手动隧道技术有 IPv6 over IPv4 手动隧道和 IPv6 over IPv4 GRE 隧道。

① IPv6 over IPv4 手动隧道。当隧道边界设备的 IPv6 侧收到一个 IPv6 报文后，根据 IPv6 报文的目的地址查找 IPv6 路由转发表，如果该报文是从此虚拟隧道接口转发出去，则根据隧道接口配置的隧道源端和目的端的 IPv4 地址进行封装。原 IPv6 报文变成一个 IPv4 报文，并交给 IPv4 协议栈处理。报文通过 IPv4 网络转发到隧道的终点。隧道终点收到一个隧道协议报文后，进行隧道解封装。解封装后的报文交给 IPv6 协议栈处理。采用手工配置隧道方式进行互通的节点间必须有可用的 IPv4 连接，并且至少要具有一个全球唯一的 IPv4 地址，每个节点都要支持 IPv6，路由器需要支持双协议栈，在隧道要经过 NAT 设施的情况下该机制失效。

② IPv6 over IPv4 GRE 隧道。如图 3-21 所示，在 IPv4 的 GRE 隧道上承载 IPv6 数据报文，提供点到点连接服务，两点之间都是一条单独的隧道。GRE 隧道把 IPv6 作为乘客协议，将 GRE 作为承载协议，其本身并不限制被封装的协议和传输协议，一个 GRE 隧道中被封装的协议可以是协议中允许的任意协议（可以是 IPv4、IPv6、OSI、MPLS 等）。传输机制与 IPv6 over IPv4 手动隧道相同。

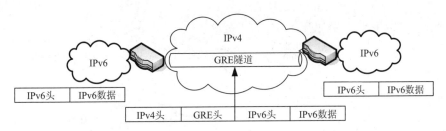

图 3-21　GRE 隧道

（2）自动隧道

边界设备可以自动获得隧道终点的 IPv4 地址，所以不需要手工配置终点的 IPv4 地址，一般的做法是隧道的两个接口的 IPv6 地址采用内嵌 IPv4 地址的特殊 IPv6 地址形式，这样路由设备可以从 IPv6 报文中的目的 IPv6 地址中提取出 IPv4 地址，自动隧道可用于主机到主机，或者主机到路由器之间，常用的自动隧道技术有 IPv4 兼容 IPv6 自动隧道、6to4 隧道和 ISATAP 隧道。

① IPv4 兼容 IPv6 自动隧道。IPv4 兼容 IPv6 自动隧道，其承载的 IPv6 报文的目的地址（即自动隧道所使用的特殊地址）是 IPv4 兼容 IPv6 地址。IPv4 兼容 IPv6 地址的前 96 位全部为 0，后 32 位为 IPv4 地址。图 3-22 所示为 IPv4 兼容 IPv6 自动隧道转发机制图。

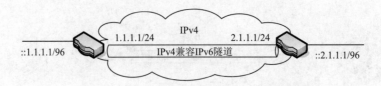

图 3-22　IPv4 兼容 IPv6 自动隧道转发机制图

②6to4 隧道。6to4 隧道也是一种自动隧道（见图 3-23），隧道也是使用内嵌在 IPv6 地址中的 IPv4 地址建立的，同时是一种特殊配置的中继路由，允许其能与原生 IPv6 网络进行通信。隧道可以使用在一台单独主机上或一个本地网络上，但是采用 6to4 机制的节点必须至少具有一个全球唯一的 IPv4 地址，不利于仅支持 IPv4 的主机和仅支持 IPv6 的主机之间的互操作。

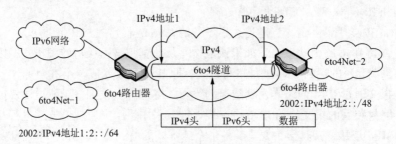

图 3-23　6to4 隧道

③ISATAP 隧道。ISATAP 隧道是另外一种自动隧道技术，同样使用了内嵌 IPv4 地址的特殊 IPv6 地址形式。和 6to4 不同的是，6to4 是使用 IPv4 地址作为网络前缀，而 ISATAP 用 IPv4 地址作为接口标识，将 IPv4 网络作为一个非广播多路访问网络的数据链路层，因此它不需要底层的 IPv4 网络基础设施来支持多播。图 3-24 所示为 ISATAP 隧道示例。

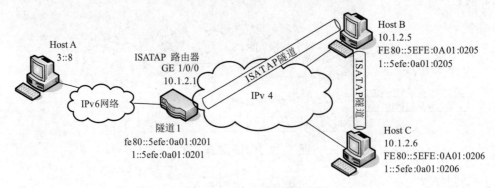

图 3-24　ISATAP 隧道示例

3. 基于 SDN 的 IPv6 过渡技术

SDN 的兴起为未来计算机网络部署等提供了一个全新的发展方向，其核心思想是控制与转发分离。在控制器上可以很便利地实现对策略、协议的部署，转发器在接收到由控制器发出的请求后，按照相关策略和协议执行相关操作，完成数据转发。

基于 SDN 的新一代 IPv6 过渡技术常见的部署方式有如下几种：

（1）在数据中心的应用

经过近几年的研究，SDN 在数据中心的应用已越来越成熟，目前 H3C 在数据中心部署 IPv6 的一种思路为在数据中心保持 IPv4 网络资源不变，将对外资源转换成 IPv6，完成过渡部署。首先利用 SDN 框架，在数据中心的资源池中插入地址转换功能，在出口网关处完成地址转换工作；其次将底层设备更换为支持 OpenFlow 协议的交换机，在底层设备和接口实现对 IPv6 的支持。

（2）在网络边缘的应用

目前 IPv6 过渡机制存在许多问题，对于大量设备的投入，难以进行有效管理，缺乏一个灵活的部署方法。而如果对所有设备都进行更换，将增加网络部署成本。将隧道技术和 SDN 相结合，可以实现 IPv6 的过渡。首先将处于网络边缘的设备升级为支持 OpenFlow 协议的交换机，利用 SDN 控制层和数据层分离的理念，在控制器上部署协议转换模块，通过相关部署可以有效降低成本并简化网络。

（3）网络运营商的应用

网络运营商的部署分为 3 个阶段：第一阶段，部署部分 IPv6 过渡设备，在部分新增设备中实现 SDN 技术支持；第二阶段，逐步向普通用户扩散，通过 SDN 控制器控制全网部署策略；第三阶段，利用 SDN 控制与转发分离的特点，在转发层面上实现 IPv6 过渡中的模块化操作，并且通过控制器下发相应的流变规则，同时管理地址池资源。通过该部署方式可以降低整个部署的开销，并提升网络安全性。

3.6　实　训

3.6.1　基本网络命令 ping 和 ipconfig

1. 实训目的
① 了解 ping 和 ipconfig 命令及其所代表的含义。
② 利用 ping 和 ipconfig 命令了解网络运行状况。

2. 实训条件
虚拟机环境下的服务器和客户机，分别安装 Windows Server 2008 和 Windows 7 操作系统。服务器的 IP 地址设置为 192.168.1.1/24。

3. 实训内容
① 测试本机与其他计算机的物理连通性。
② 检查本机的 IP 地址、子网掩码等信息。

4. 实训过程
（1）使用 ping 命令测试本机与其他计算机的物理连通性
① 设置客户机的 IP 地址等信息。打开网络和共享中心，选择本地网络 / 无线网络→属性→ TCP/IPv4 协议→属性。
- 设置 IP 地址 192.168.1.100。
- 设置子网掩码 255.255.255.0。
- 设置默认网关 192.168.1.1。
② ping 命令操作步骤：

- 判断本地的 TCP/IP 协议栈是否已安装。

C:\>ping 127.0.0.1 或 ping 机器名，如图 3-25 所示。

说明：若显示来自（或者 Reply from）127.0.0.1……信息，则说明已安装 TCP/IP 协议栈。

- 判断能否到达指定 IP 地址的远程计算机。

图 3-25　ping 127.0.0.1

C:\>ping 192.168.1.1 或 202.102.245.25，如图 3-26 和图 3-27 所示。

说明：若显示来自（或者 Reply from）192.168.1.1……信息则说明能够到达，若显示请求超时（或者 Request timed out），则说明不能够到达。

图 3-26　ping 192.168.1.1

图 3-27　ping 202.102.245.25

（2）检查本机的 IP 地址、子网掩码等设置信息

在本机 MS-DOS 提示符下输入 ipconfig /all，记录下命令运行结果，特别是本机的 IP 地址和

MAC 地址，如图 3-28 所示。

图 3-28　查看 MAC 地址、IP 地址、子网掩码等

3.6.2　子网划分及测试

1. 实训目的
掌握 IP 网络的标准 A、B、C 分类、子网划分、IP 配置。

2. 实训条件
虚拟机环境下，打开两台安装 Windows 操作系统的计算机，并构成局域网环境。

3. 实训内容
① 标准网络 A、B、C 类的 IP 地址配置和测试。
② C 类网络子网划分后的 IP 地址配置和测试。

4. 实训过程
（1）标准网络 A、B、C 类的 IP 地址配置和测试。

在 2 台 Windows 7 虚拟机上，分别配置如下 A、B、C 类的 IP 地址，测试连通性并思考"连通 / 不连通"的原因。

- 配置 A 类 IP 地址。虚拟机 1 和虚拟机 2 配置不同 IP 地址：10.×.×.×（× 可为 1 ~ 100），子网掩码 255.0.0.0；利用 ipconfig 命令查看 2 个虚拟机的 IP 地址、子网掩码配置；在虚拟机 1 上通过 "ping < 虚拟机 2 的 IP 地址 >"，测试 2 个虚拟机的连通性。

- 配置 B 类 IP 地址。虚拟机 1 和虚拟机 2 配置不同 IP 地址：172.64.×.×（× 可为 1 ~ 100），子网掩码 255.255.0.0；利用 ipconfig 命令查看 2 个虚拟机的 IP 地址、子网掩码配置；在虚拟机 1 上通过 "ping < 虚拟机 2 的 IP 地址 >"，测试 2 个虚拟机的连通性。

- 配置 C 类 IP 地址。虚拟机 1 和虚拟机 2 配置不同 IP 地址：192.168.1.×（× 可为 1 ~ 100），子网掩码 255.255.255.0；利用 ipconfig 命令查看 2 个虚拟机的 IP 地址、子网掩码配置；在虚拟机 1 上通过 "ping < 虚拟机 2 的 IP 地址 >"，测试 2 个虚拟机的连通性。

- 配置 C 类不同网络 IP 地址。虚拟机 1 配置 192.168.1.×（× 可以为 1 ~ 100），子网掩码 255.255.255.0；虚拟机 2 配置 192.168.2.×（× 可以为 1 ~100），子网掩码 255.255.255.0。在虚拟机 1 上通过 "ping < 虚拟机 2 的 IP 地址 >"，测试 2 个虚拟机的连通性。

（2）C 类网络子网划分后的 IP 地址配置和测试。

① 对于 C 类网络 192.168.0.0/24，要求子网划分后的网络号位数是 26 位。

- 子网掩码：要求网络号的位数是 26 位，说明子网掩码的高 26 位置 1，低 6 位置 0，需要配置的子网掩码是 255.255.255.192。
- IP 地址：C 类网络 192.168.0.0/24 的网络号是 24 位，要求网络号的位数是 26 位，则划分子网后的子网号，需要从主机号高位借位 2 位，主机号是 6 位。子网号的 2 位二进制数的组合变化，从 00、01、10、11 依次得到 4 个子网号，根据子网位数相同的 IP 地址规划方法，得到各子网网段和 IP 地址范围如表 3–15 所示。

② 在 2 台 Windows 7 虚拟机上，分别配置如下 2 个子网的 IP 地址，测试连通性并思考"连通 / 不连通"的原因。

- 配置子网 1 的 IP 地址。虚拟机 1 和虚拟机 2 配置不同 IP：192.168.0.×（× 可为 1 ~ 62），子网掩码 255.255.255.192，在虚拟机 1 上通过"ping < 虚拟机 2 的 IP 地址 >"，测试 2 个虚拟机的连通性。
- 配置子网 4 的 IP 地址。虚拟机 1 和虚拟机 2 配置不同 IP：192.168.0.×（× 可为 193 ~ 254），子网掩码 255.255.255.192，在虚拟机 1 上通过"ping < 虚拟机 2 的 IP 地址 >"，测试 2 个虚拟机的连通性。
- 配置子网 1 和子网 4 的 IP 地址：虚拟机 1 配置 192.168.0.×（× 可为 1 ~ 62），子网掩码 255.255.255.192；虚拟机 2 配置 192.168.0.×（× 可为 193 ~ 254），子网掩码 255.255.255.192。在虚拟机 1 上通过"ping < 虚拟机 2 的 IP 地址 >"，测试 2 个虚拟机的连通性。

表 3–15　各子网网段和 IP 地址范围汇总表

步　骤	计 算 依 据			结　果
新子网掩码	11111111 11111111 11111111	11	000000	255.255.225.192 子网主机容量 $2^6-2=62$
分配子网号和网段	11000000 10101000 00000000	00	000000	网段分配结果（网络号为 26 位，主机号为 6 位）： 子网 1：192.168.0.0/26 子网 2：192.168.0.64/26 子网 3：192.168.0.128/26 子网 4：192.168.0.192/26
	11000000 10101000 00000000	01	000000	
	11000000 10101000 00000000	10	000000	
	11000000 10101000 00000000	11	000000	
分析网段主机范围	子网号 + 主机号的范围： 子网 1：00000001 ~ 00111110 子网 2：01000001 ~ 01111110 子网 3：10000001 ~ 10111110 子网 4：11000001 ~ 11111110			192.168.0.1~192.168.0.62 192.168.0.65~179.168.0.127 192.168.0.129~192.168.0.190 192.168.0.193~192.168.0.254

3.6.3　配置 IPv6

1. 实训目的

掌握 IPv6 的数据结构和地址格式、IPv6 和 IPv4 地址的区别，以及 Windows 操作系统下如何查看和配置 IPv6 地址。

2. 实训条件

① 安装虚拟机软件 VMWare Workstation。

② 虚拟机可装载多个虚拟网络操作系统 Windows Server 2003、Windows Server 2008 和 Windows 7。

3. 实训内容

① 检查本机是否安装 IPv6 协议栈。

② 安装 IPv6 协议栈。

③ 查看及配置 IPv6 地址，并且测试网络连通性。

4. 实训过程

（1）查看本地连接属性，分别检查 Windows Server 2003、Windows Server 2008 和 Windows 7 系统是否有 IPv6 协议栈。Windows Server 2003 没有安装 IPv6，而 Windows Server 2008 和 Windows 7 已经默认安装了 IPv6 协议栈，如图 3-29~ 图 3-31 所示。

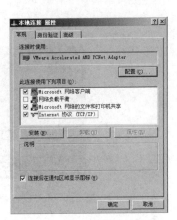

图 3-29　Windows Server 2003
"本地连接 属性"对话框

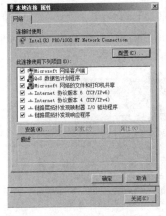

图 3-30　Windows Server 2008
"本地连接 属性"对话框

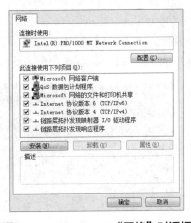

图 3-31　Windows 7 **"网络"对话框**

（2）安装 IPv6 协议族。单击"本地连接"中的"安装"按钮，选择"协议"，单击"添加"按钮，选择"Microsoft TCP/IP 版本 6"，单击"确定"进行安装。完成之后如图 3-32 和图 3-33 所示，将 TCP/IP 版本 6 添加进项目列表中。

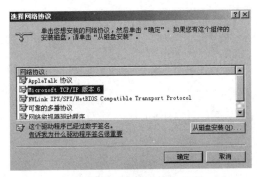

图 3-32　Windows 7 **选择"Microsoft TCP/IP 版本 6"进行安装**

图 3-33　Windows Server 2003 **安装 "Microsoft TCP/IP 版本 6"进行安装**

（3）使用"ipconfig/all"命令查看本机的 IP 地址及相关信息，如图 3-34 所示。

图 3-34 使用 ipconfig/all 命令查看本机的 IPv4 和 IPv6 地址

在查询显示结果中，除了可以看到 IPv4 的地址，还可以看到 IPv6 的地址。该地址是 fe80::20c:29ff:fef5:53c1%4，是以 fe80 开头的一个地址，表示此地址是本地链路单播地址，相当于 IPv4 中的私有地址。其中地址后面的"4"，是指主机为接口分配的索引号 zoneID。

zoneID 具有本地性质，主机每次启动时为统一接口分配的索引号可能不同。

IPv6 的地址还可以通过 netsh 命令查询。下面使用 netsh 命令中的 show address 命令查看接口上绑定的 IPv6 地址。由于 netsh 把 IPv6 配置相关的功能放置在 interface 的 IPv6 之下，进入 netsh 之后可以依次输入 interface 命令和 ipv6 命令，就可以使用 show address 查看 IPv6 地址，如图 3-35 所示。

图 3-35 使用 netsh 中的 show address 命令查看 IPv6 地址

netsh 命令功能非常强大，与网络相关的配置工作（包括 IPv4 的配置）基本上都可以完成。

习　题

一、单选题

1. 下述对 IPv4 地址描述不正确的是（　　）。

   A. 可用二进制表示　　　　　　　　　　B. 可用点分十进制表示

   C. 是机器可识别的地址　　　　　　　　D. 长 16 字节

2. 下述 IPv4 地址属于 C 类网络的是（　　）。

   A. 10.1.1.168　　　B. 128.1.1.100　　　C. 192.168.1.100　　　D. 127.0.0.1

3. IPv4 地址的子网划分是利用（　　）。

   A. 子网掩码　　　　　　　　　　　　　B. 物理网段

   C. 通信介质　　　　　　　　　　　　　D. IP 地址的前几位标志位

4. 每台计算机可配置 IP 地址的数量是（　　　　）。
   A. 最多 1 个 　　　　　　　　　　　　 B. 只能 1 个
   C. 1 个网卡仅 1 个 　　　　　　　　　 D. 多于 1 个

5. IP 地址 211.81.12.129/28 的子网掩码可写为（　　　　）。
   A. 255.255.255.192 　　　　　　　　　 B. 255.255.255.224
   C. 255.255.255.240 　　　　　　　　　 D. 255.255.255.248

6. IP 地址块 59.67.159.0/26、59.67.159.64/26、59.67.159.128/26 聚合后可用的地址数是
（　　　　）。
   A. 126 　　　　　 B. 186 　　　　　 C. 188 　　　　　 D. 254

7. 下列对 IPv6 地址 FE01:0:0:050D:23:0:0:03D4 的简化表示中，错误的是（　　　　）。
   A. FE01::50D:23:0:0:03D4 　　　　　　 B. FE01:0:0:050D:23::03D4
   C. FE01:0:0:50D:23::03D4 　　　　　　 D. FE01::50D:23::03D4

8. 某个 IP 地址的子网掩码为 255.255.255.192，该掩码又可以写为（　　　　）。
   A. /22 　　　　　 B. /24 　　　　　 C. /26 　　　　　 D. /28

二、填空题

1. TCP/IP 网络中每个主机都有不同于其他主机的网络 IP 地址，IPv4 地址长度_____位二进制数组成，共_____个字节。

2. TCP/IP 网络中 32 位的 IPv4 地址进行网络分类时，IP 地址的结构由_____和_____组成。

3. TCP/IP 网络中 32 位的 IPv4 地址进行子网划分后，IP 地址的结构由网络号、_____，以及_____组成。

4. TCP/IP 网络中 IPv4 地址的 C 类地址包含_____个字节的网络号和_____个字节的主机号。

5. IP 地址 192.168.1.102/255.255.255.0 的网络地址是_____，广播地址是_____。

6. 子网掩码 255.2555.255.0 表示：_____位网络地址，_____位主机地址。

7. 在子网掩码为 255.2555.255.248（248=1111 1000）的网络中，主机号部分有_____位，所以该网络只能连接_____台主机。

8. 某个 IP 地址的十六进制表示为 C22F1481，点分十进制的形式为_____，是_____类 IP 地址。

9. 说明特殊 IP 地址的含义：0.0.0.0 代表_____，127.0.0.1 代表_____，255.255.255.255 代表_____，202.196.73.0 代表_____，202.196.73.255 代表_____。

10. 设置一个网络的 IP 地址范围是：172.88.32.1~172.88.63.254，确定其合适的子网掩码是_____。

三、计算题

1. 如果将 172.0.35.128/25 划分为 3 个子网，其中第一个子网能容纳 55 台主机，另外两个子网分别能容纳 25 台主机，要求网络从小到大依次分配给 3 个子网，计算并填写下表。

子网名称	容纳主机数量（台）	子网掩码	可用 IP 地址段（起始地址 – 结束地址）
第一个子网	55		
第二个子网	25		
第三个子网	25		

2. 根据给出的条件，计算并填写下表。

IP 地址	
子网掩码	
地址类别	
网络地址	
直接广播地址	
主机号	0.24.13.7
子网内的最后一个可用 IP 地址	111.159.255.254

第4章

无线网络和移动网络

知识目标：

- 了解无线局域网 WLAN、移动通信系统、互联网和网络互联的基本知识。
- 理解移动互联网的基本概念、通信管道、互联网云服务及移动智能终端。
- 熟悉智能移动终端互联的 WLAN 接入、无线 Wi-Fi 接入、移动热点接入。
- 掌握无线 Wi-Fi 接入组网中的无线路由器、智能手机、笔记本计算机的网络配置。
- 熟练进行手机 WLAN 热点配置，掌握移动热点接入的网络配置。
- 了解 5G 移动通信技术。

能力目标：

- 具有配置 IP 地址、子网掩码、默认网关、DNS、DHCP 参数的能力。
- 具有无线 Wi-Fi 上网系统的组网和网络配置能力。
- 具有智能手机 WLAN 热点的移动上网配置能力。

4.1 无线局域网

无线局域网（Wireless Local Area Network，WLAN）是一种典型的局域网数据传输系统，它利用射频技术（Radio Frequency，RF），使用可在空中进行无线通信连接的无线电波作为数据传送的媒介，取代传统局域网中的有线传输介质（例如双绞线、同轴电缆）所构成的局域网络。企事业单位、商务区、机场、学校、家庭等区域都建设有规模大小不同的无线局域网络，用户通过这些无线局域网的一个或多个无线接入点接入无线网络，而无线局域网的主干线路通常使用有线线缆。无线网络既扩展和延伸了原有的有线网络，且相互之间互连互通。无线局域网具有如下优点：

① 便捷性：无线局域网可以减少网络工程实施，特别是布线的工作量，一般只要安装一个或多个无线接入点设备，就可覆盖局域网的区域。

② 移动性：无线局域网内的用户可以随时、随地、随身地与网络保持移动连接。

③ 灵活性：有线网络设备的安放受网络接入位置的限制，而无线局域网在无线信号覆盖区域内的任何一个位置都可以接入网络，便于网络拓扑和规划的灵活调整。

4.1.1　无线局域网结构

无线局域网 IEEE 802.11 定义了两种网络类型：基础网络（Infrastructure Networks）和自组织网络（Ad hoc Networks）。基础网络的拓扑结构对应于扩展服务集（Extended Service Set，ESS），自组织网络拓扑结构对应于独立基本服务集（Independent Basic Service Set，IBSS）。

1. 基础网络结构

WLAN 基础网络结构是一个通过分布式系统（Distribution System，DS）互联的多个基本服务集 BSS 组成的扩展服务集 ESS，如图 4-1 所示。把多组 BSS 连接起来的分布式系统 DS，可以是传统的以太网或者 ATM 等网络。每组 BSS 通过无线接入点（Access Point，AP）来访问 DS。每个基本服务集 BSS 由一组互相连接的站点（STA）构成。

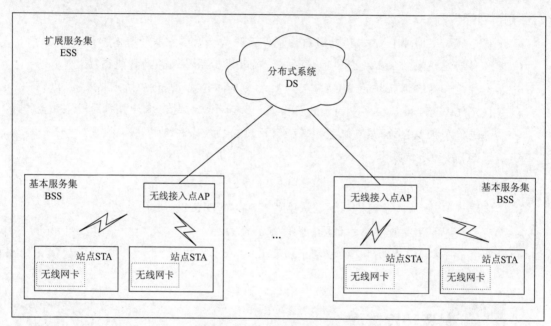

图 4-1　WLAN 基础网络结构

WLAN 的基础网络结构包括：

① 无线网卡：和传统以太网卡类似，不需要 RJ-45 接口连接网线，通过无线进行连接。

② 无线接入点（AP）：类似有线局域网中的集线器 / 交换机，是一种特殊的无线工作站。AP 负责频段管理等工作，具有网络管理和控制功能，可通过访问控制表中的 MAC 地址来管理一定范围内的多个无线网卡；AP 和无线网卡间通过天线收发无线信号，进行数据通信；AP 可通过标准的 Ethernet 网卡和有线网络相连，作为无线局域网和有线局域网间的连接点。

③ 站点（STA）：站点可以是固定设备、半移动设备、移动设备，例如计算机、移动智能设备等具有无线功能的网络设备。

WLAN 基础网络结构类型的模式，也称基本模式，是指无线网络的扩充或无线和有线网络并存时的通信方式。在该工作模式下，配置了无线网卡的"站点 STA"需要通过"无线接入点 AP"，把数据路由到相应的有线或无线网络中，实现与其他 STA 间的通信。每个 AP 作为 STA 进行网络通信的接入点，每个 STA 在每一时刻只能有一个连接，通过唯一的 AP 进行通信。

2. 自组织网络结构

WLAN 自组织网络结构就是一个独立的 BSS，是由一些直接互联的对等站点，不包括连接外部的中枢网络构成的独立基本服务集 IBSS，如图 4-2 所示。

WLAN 自组织网络结构类型的模式，也称点对点模式，是指无线网卡和无线网卡之间的通信方式，即一台配置了无线网卡的 STA 可以与另一台配置了无线网卡的 STA 进行通信。对于小规模无线网络来说，在没有任何预先规划的情况下，这是一种非常便捷的组网方案。这类网络又称自组织无线局域网（Ad hoc WLAN），主机或工作站间以对等的方式直接连接，组成一个临时独立网络，不需要和外部的骨干网连接。

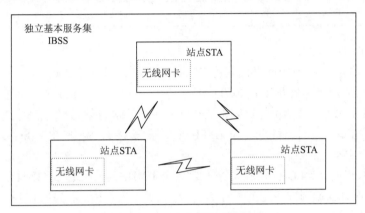

图 4-2　WLAN 自组织网络结构

4.1.2　无线局域网标准

IEEE 802 委员会为局域网制定了一系列标准，统称为 IEEE 802 标准，其中最广泛应用的有以太网、令牌环网、无线局域网、无线个人局域网等。IEEE 802 协议参考模型对应于 OSI 模型的数据链路层和物理层，其数据链路层划分为逻辑链路控制子层（Logical Link Control，LLC）和介质访问控制子层（Media Access Control，MAC），如图 4-3 所示。

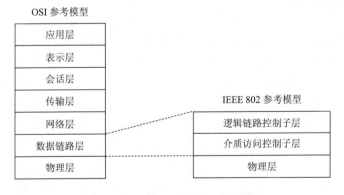

图 4-3　OSI 和 IEEE 802 参考模型

自 1997 年 IEEE 推出第一代 WLAN 标准 IEEE 802.11 以来，已经开发了一系列的无线局域网标准，表 4-1 列出了其主要的扩展标准 IEEE 802.11a/b/g/n/ac/ad。

表 4-1   无线局域网 IEEE 802.11 标准系列

参数	802.11a	802.11b	802.11g	802.11n	802.11ac	802.11ad
工作频段	5 GHz	2.4 GHz	2.4 GHz	2.4/5 GHz	5 GHz	2.4/5/60 GHz
最大速率	54 Mbit/s	11 Mbit/s	54 Mbit/s	600 Mbit/s	1 Gbit/s	7 Gbit/s
覆盖范围（室内）	30 m	30 m	30 m	70 m	30 m	5 m
调制技术	OFDM	CCK+DSSS QPSK	DSSS OFDM	MIMO OFDM	MIMO OFDM	OFDM
应用对象	数据	数据	数据	数据、影视	影视	非压缩影视

1. IEEE 802.11

1997 年 6 月推出无线局域网网络规范 WLAN，标准传输速率 2 Mbit/s，工作于 2.4 GHz 的 ISM 频段，它主要应用于解决办公室局域网和校园网中用户终端的无线接入问题。

物理层定义了两种无线电射频传输方式和一种红外线传输方式。RF 传输标准采用跳频扩频（Frequency Hopping Spread Spectrum，FHSS）和直接序列扩频（Direct Sequence Spread Spectrum，DSSS）技术。

使用 FHSS 技术时，2.4 GHz 频道被划分成 75 个 1 MHz 的子频道，当接收方和发送方协商好某个调频的模式时，数据则按照这个序列在各个子频道上进行传送，每次在 IEEE 802.11 网络上进行的会话都可能采用了一种不同的跳频模式。FHSS 利用高斯频移键控（Gauss Frequency Shift Keying，GFSK）调制技术，传输速率可达到 2 Mbit/s。

而 DSSS 技术将 2.4 GHz 的频段划分成 14 个 22 MHz 的子频段，数据就从 14 个频段中选择一个进行传送而不需要在子频段之间跳跃。DSSS 使用二进制相移键控（Binary Phase Shift Keying，BPSK）调制技术，传输速率可达到 1 Mbit/s；如果使用正交相移键控（Quadrature Phase Shift Keying，BPSK）调制技术，传输速率可达到 2 Mbit/s。

为更好地解决无线网络中的碰撞检测，IEEE 802.11 规定 MAC 子层采用 CSMA-CA（载波侦听多址访问 / 碰撞回避）协议。

2. IEEE 802.11b

1999 年 9 月被正式批准，标准传输速率支持 5.5 Mbit/s 和 11 Mbit/s，工作于 2.4 GHz 的 ISM 频段。IEEE 802.11b 又称 Wi-Fi，是目前最普及、应用最广泛的无线标准。采用点对点模式和基本模式两种运作模式。基本模式是 IEEE 802.11b 最常用的连接方式。

IEEE 802.11b 采用了直接序列扩频 DSSS 技术，而且采用了补码编码键控（Complementary Code Keying，CCK），5.5 Mbit/s 和 11 Mbit/s 两种速率都使用 QPSK 调制技术，并提供数据加密，使用的是高达 128 位的有线等效保密协议（Wired Equivalent Privacy，WEP）。该标准是对 IEEE 802.11 的一个补充。

3. IEEE 802.11a

随后，在 1999 年推出的 802.11a 标准，数据传输速率达到 54 Mbit/s，工作频段在 5 GHz。

IEEE 802.11a 采用正交频分复用（Orthogonal Frequency Division Multiplexing，OFDM）的独特扩频技术，把 20 MHz 的高速率数据传输信道分解成 52 个平行传输的低速率子信道，其中 48 个信道传输数据，其余的 4 个保留信道进行差错控制。IEEE 802.11a 还提供 25 Mbit/s 的无线 ATM

接口和 10 Mbit/s 的以太网无线帧结构接口，支持语音、数据、图像业务。IEEE 802.11a 使用正交频分复用技术来增大传输范围，采用数据加密可达 152 位的 WEP。

4. IEEE 802.11g

2001 年底推出的 IEEE 802.11g 标准是对 802.11b 的提速，速度从 802.11b 的 11 Mbit/s 提高到 54 Mbit/s，它也工作于 2.4 GHz 频带，物理层采用直接序列扩频 DSSS 技术，而且采用了 OFDM 调制技术。IEEE 802.11g 标准与 IEEE 802.11b 完全兼容，不仅能满足用户价格低廉和较高数据传输速率的需求，而且能满足无线用户的升级需求。

5. IEEE 802.11n

2009 年推出了 802.11n，通信速率达到 300 Mbit/s，未来可达到 600 Mbit/s，工作频段在 2.4 GHz 和 5 GHz。支持多输入多输出技术（Multi-Input Multi-Output，MIMO）。

6. IEEE 802.11ac

2011 年推出了 802.11ac，理论传输速率达到 1 Gbit/s，工作频段在 5 GHz。采用 MIMO-OFDM 作为主要的传输技术，支持高清视频信号的无线传输。

7. IEEE 802.11ad

2013 年推出了 802.11ad，理论传输速率达到 7 Gbit/s，工作频段在 2.4 GHz、5 GHz、60 GHz。采用 MIMO 作为主要的传输技术，支持多路高清视频和无损音频信号的多媒体应用。

4.1.3　WPAN 无线技术

近年来，随着各种短距离无线通信技术的发展，人们提出了一个新的概念，无线个人局域网 WPAN（Wireless Personal Area Network）。即在工作场所，把属于个人使用的电子设备通过无线电或红外线技术连接起来，实现个人信息终端的智能化互联，组建个人化的信息网络。这些电子设备终端包括计算机、鼠标 / 键盘、音响、打印机、传真机、电话机、掌上计算机、扫描仪、游戏机等，工作范围一般是在 10 m 以内。

WPAN 的实现技术主要有 Bluetooth、IrDA、Home RF 三种无线技术。

1. 蓝牙

蓝牙（Bluetooth）是一种支持点到点、点到多点的话音、数据业务的短距离无线通信技术。蓝牙的标准是 IEEE 802.15，是目前 WPAN 采用的主流技术，工作在 2.4 GHz 短距离无线电频段，波段为 2.4~2.483 5 GHz。其设计初衷就是利用一种小型化、调频快、低功耗、灵活性强的无线通信技术，形成一种个人身边的网络，使得其覆盖范围之内各种信息化的移动或固定设备都能"无缝"地实现资源共享。

蓝牙技术使用跳频技术，将传输的数据分割成数据包，通过 79 个指定的蓝牙频道分别传输数据包，每个频道的频宽为 1 MHz。第一个频道始于 2 402 MHz，每 1 MHz 一个频道，至 2 480 MHz。有了适配跳频（Adaptive Frequency-Hopping，AFH）功能，通常每秒跳 1 600 次。蓝牙 4.0 使用 2 MHz 的带宽间距，可容纳 40 个频道。

由于蓝牙技术采用了主从架构协议并基于数据包传输，所以蓝牙设备间可建立临时性的对等连接。根据设备在网络中的角色，可分为主设备（主动发起连接请求的蓝牙设备）和从设备。一个主设备可和多个从设备连接组成微微网（Pico Net），所有设备共享主设备的时钟。

2. 红外数据组织

红外数据组织（Infrared Data Association，IrDA）是一种利用红外线进行点对点通信的技术，它在技术上具有移动通信设备所必需的体积小、功率低、耗电量低的特点。IrDA 数据协议由物理层、链路接入层、链路管理层三层协议组成。初始的 IrDA 1.0 标准制定了一个串行、半双工的同步系统，传输速率为 2 400 bit/s 到 115 200 bit/s，传输范围 1 m，传输半角度为 15°~30°。最近，IrDA 扩展了其物理层规格使数据传输速率提升到 4 Mbit/s。

在 IrDA 物理层中，将数据通信按发送速率分为三类：串行红外 SIR、中速红外 MIR、高速红外 FIR。串行红外 SIR 的速率覆盖了 RS–232 接口通常支持的传输速率（9 600 bit/s ~ 115.2 kbit/s）。中速红外 MIR 可支持 0.576 Mbit/s 和 1.152 Mbit/s 的传输速率；高速红外 FIR 通常用于 4 Mbit/s 的传输速率，有时也可用于高于 SIR 的所有传输速率。

IrDA 由于采用点到点的连接，数据传输所受到的干扰较少，所以其传输速率比较高。但是，IrDA 只能在中间无阻挡的两个设备之间传输数据。另外，IrDA 设备中的核心部件红外线 LED 不耐用，因此不适用于使用频率较高的设备，如经常上网的手机。IrDA 适用于对于要求传输速率高、使用次数少、移动范围小、价格比较低的设备，如打印机、扫描仪、数码照相机等。

3. 家庭射频

家庭射频（Home Radio Frequency，HomeRF）是专门为家庭用户设计的，目的是在家庭范围内，使计算机与其他电子设备之间实现无线通信。使用开放的 2.4 GHz 频段，采用跳频扩频技术，跳频速率为 50 跳 /s，共有 75 个带宽为 1 MHz 的跳频信道。

HomeRF 是对现有无线通信标准的综合和改进，传输交互式语音数据时采用时分多址 TDMA 技术，传输高速数据分组采用 CSMA/CA 技术。当进行数据通信时，采用 IEEE 802.11 规范中的 TCP/IP 传输协议；当进行语音通信时，则采用数字增强型无绳通信 DECT 标准。但是，该标准与 802.11b 不兼容，并占据了与 802.11b 和蓝牙相同的 2.4 GHz 频率段。

HomeRF 的特点是安全可靠、成本低廉、简单易行、不受墙壁和楼层的影响、无线电干扰影响小、支持流媒体。HomeRF 技术比较适合于家居环境的通信，这种环境的活动半径大于蓝牙规定的活动范围，有效范围为 50 m。

4.1.4　Wi-Fi 无线技术

Wi-Fi 无线保真（Wireless Fidelity）由 Wi-Fi 联盟所持有，是一种允许电子设备连接到一个无线局域网的技术，通常使用 2.4 GHz UHF 或 5 GHz SHF ISM 射频频段。因为 Wi-Fi 主要采用 IEEE 802.11b 协议，因此人们逐渐习惯用 Wi-Fi 来称呼 IEEE 802.11b 协议。从包含关系上来说，Wi-Fi 是 WLAN 的一个标准，Wi-Fi 包含于 WLAN 中，属于采用 WLAN 协议中的一项新技术，目的是改善基于 IEEE 802.11 标准的无线网络产品之间的互通性。

虽然 Wi-Fi 是 WLAN 的重要组成部分，但是人们通常把所有使用了 IEEE 802.11 系列协议的无线局域网接入模糊地称为 Wi-Fi 接入。如图 4-4 所示，无线网卡的无线属性，不仅可以配置 Wi-Fi 对应的 IEEE 802.11b，甚至可以配置 IEEE 802.11a/b/g/n/ac 等多种无线接入标准。如果一个无线路由器的配置支持相应的无线标准，那么在这个无线路由器覆盖的有效范围内，都可以采用所谓的 Wi-Fi 无线连接方式进行联网，如果无线路由器连接了一条装有 ADSL 调制解调器或者光调制解调器的 Internet 上网线路，则又被称为热点或者 Wi-Fi 热点。

注意：连接到无线局域网通常是有密码保护的，但也可以是开放的，这样就允许任何在无线局域网范围内的设备可以连接上该热点，实现无线上网。

Wi-Fi 和蓝牙的应用在某种程度上是互补的。Wi-Fi 通常以接入点为中心，通过接入点与网络里的服务器形成非对称的客户机 / 服务器连接。基于蓝牙技术的覆盖范围非常小，半径大约只有 15 m 左右，而 Wi-Fi 的覆盖范围则可达 90 m 左右，甚至在加天线后的最大覆盖范围可达 5 km。随着无线技术的发展，Wi-Fi 信号未来覆盖的范围将更宽。

图 4-4　无线网卡可配置的无线标准

4.1.5　Li-Fi 可见光技术

可见光通信又称"光保真技术"，简称 Li-Fi（Light Fidelity），是一种利用可见光波谱（如灯泡发出的光）进行数据传输的全新无线传输技术。现实生活中的灯光，作为一种无处不在的无线通信媒介，相比无线 Wi-Fi 技术，在数据获取的便捷性、传输安全性，以及传输速度上有其独特之处，是提升工作效率的一种有效、低廉的上网方式。"灯光上网"利用闪烁的灯光来传输数字信息，这个过程称为可见光通信，称为 Li-Fi，以区别目前以 Wi-Fi 为代表的无线网络传输技术。

国际上，日本最早开始 Li-Fi 技术的研究，而在这个领域做得比较前沿的，则属德国物理学家哈拉尔德·哈斯。中国自 2008 年开始研究室内红外通信及干扰、室外可见光短距离传输。复旦大学计算机科学技术学院最早开始研究 "灯光上网"通信技术。

现有的光通信技术采用八位二进制的编码传输原理，发射端编码 1 为亮，编码 0 为灭，接收端通过识别光脉冲产生的高低电平进行解码。这样的传输方式的不足之处如下：

① 误码率高：连续输出多个二进制数为 1 或 0 时，会造成发射端的持续发光或不发光，为解决误码率问题，不仅对时间同步要求极高，而且需要信息回传校验、重传机制来降低误码率，这个过程占用了大量的传输时间并降低了传输速率。

② 便捷性差：光纤连接的通信，影响了面对面传输的效率，降低了移动办公的便捷性。

图 4-5 是一种 LED 灯光的 Li-Fi 可变长传输编码方案。对于接收端误判问题，把原本的亮和灭分别表示二进制 1 和 0 的方案，变为单位时间内发射端闪烁次数的检测。单位时间 Δt 内，闪烁 9 次，则接收端为 9；闪烁 3 次，则接收端为 3，这样一次可以传输 8 位二进制数 0~255 的数值。

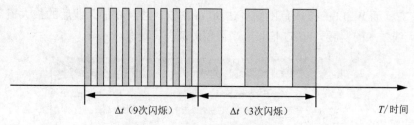

Δt（9次闪烁）　　Δt（3次闪烁）　　T/时间

图 4-5　可变长传输编码方案

4.1.6　ZigBee 技术

　　ZigBee 技术是一种短距离、低功耗、低复杂度、低速率、低成本的双向无线通信技术，其特点是距离短、功耗低、自组织、可嵌入各种设备。ZigBee 的频段有 3 种：适用于欧洲的 868 MHz 频段，传输速率 20 kbit/s；适用于美国的 915 MHz 频段，传输速率 40 kbit/s；适用于全球的 2.4 GHz 频段，传输速率 250 kbit/s，带宽为 5 MHz，16 个信道，这也是中国采用的标准。

　　ZigBee 是在 IEEE 802.15.4 标准的基础上设计，是一种自愈、安全和稳健的网状网协议，可扩展到更大范围内的数百个节点。首先，为保证安全性，ZigBee 采用 aex 高级加密系统，提供了数据完整性检查和鉴权功能；其次，ZigBee 采用蜂巢结构组网，每个设备均能通过多个方向与网关通信，网络稳定性高；另外，其网络容量理论节点为 65 300 个，能满足家庭网络覆盖需求，即便是智能小区、智能楼宇等仍能全面覆盖；此外，ZigBee 采用了极低功耗设计，可以全电池供电，理论上一节电池能使用 10 年以上，节能环保；最后，ZigBee 具备双向通信能力，不仅能发送命令到设备，同时设备也会把执行状态反馈回来。

　　ZigBee 网络可以参与物联网（Internet of Things，IoT），支持通过智能电话、平板计算机、笔记本计算机等联网设备远程监测和控制网络节点，可用于家庭自动化、数字农业、工业控制、医疗监测等适合传感器密集使用的领域。与蓝牙技术相比，ZigBee 具备功耗更低、成本更低、接入设备更多等特点，不加功放时，在空旷场合传输距离约为 100 m，从而在无线短程通信应用领域更具有吸引力和竞争力。

4.2　移动通信网

　　移动通信（Mobile Telecommunication）提供任何人、任何时间、任何地点都可进行信息传输和交换能力的通信网络。通信对象至少有一方处在运动中，或临时停留在某一非预定位置进行信息传输和交换。移动通信网提供了一种覆盖全球范围的无线广域网络，与无线局域网相比，它更强调移动性。移动通信技术从 20 世纪 80 年代的第一代模拟移动通信技术 1G 开始，已经发展到了第五代移动通信技术 5G 阶段。

4.2.1　移动通信基本原理

　　移动通信的基本原理是基于多址方式。在移动通信中，多用户同时通话，防止相互干扰的技术方式称为多址方式。如图 4-6 所示，有三种防干扰的多址方式：频分多址（Frequency Division Multiple Access，FDMA）、时分多址（Time Division Multiple Access，TDMA）、码分多址（Code Division Multiple Access，CDMA）。

① 频分多址：指业务信道在不同频段分配给不同用户，例如歌唱家女高音、男中音，是指频率不同。

② 时分多址：业务信道在不同时间片分配给不同用户，例如老师授课学生听讲，学生回答问题大家来听。

③ 码分多址：所有用户在同一时间、同一频段上，根据编码获得业务信道。

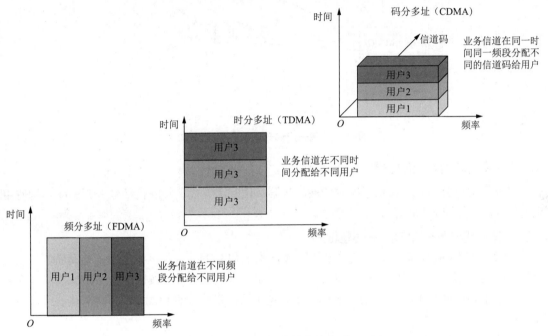

图 4-6　移动通信的多址方式

4.2.2　移动通信基本结构

移动通信始于 19 世纪 60 年代，在 1864 年和 1876 年，麦克斯韦和赫兹分别从理论上和实验上证实了电磁波的存在；在 1900 年，马可尼成功利用电磁波进行远距离无线电通信，以及第二次世界大战后的美国和欧洲部分国家相继成功研制了公用移动电话系统。一直到 1970 年，美国贝尔实验室提出了在移动通信发展史上具有里程碑意义的小区制、蜂窝组网的理论。蜂窝网移动电话系统由移动电话交换局（Mobile Telephone Switching Office，MTSO），也称移动交换中心（Mobile Switching Center，MSC），以及基站（Base Station）、移动台（Mobile Station，也可理解为目前的智能手机）三部分构成，如图 4-7 所示。这个系统结构是第一代移动通信的建立基础，也是现代移动通信的发展基础。其移动台间的通信过程如下：

① 局内通信：指连接到同一 MTSO 的小区间的移动设备的通信，例如 $MTSO_A$ 的小区 A 内手机和小区 B 内的手机间的通信。

② 局间通信：指连接到不同 MTSO 的小区间的移动设备的通信，例如 $MTSO_A$ 的小区 A 内手机和 $MTSO_B$ 的小区 C 内的手机间的通信。

③ 网间通信：指移动通信网和外部的公共电话网（Public Switched Telephone Network，PSTN）或者是其他运营商的移动通信网络间的通信。例如，中国移动网络内的手机和中国联通网内的手机间通信，或者和中国电信网络内的固定电话间的通信。

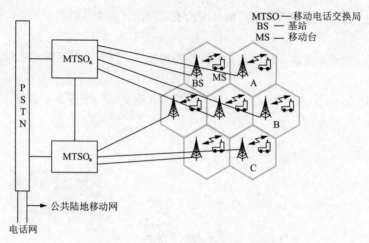

图 4–7　第一代移动通信的系统结构

4.2.3　移动通信系统的发展

需求推动着公用移动通信系统的发展，从第一代到第五代，每一代都具有其特征和所使用的通信标准，如图 4-8 所示。

1. 第一代移动通信技术——模拟时代

1980 年左右的模拟时代，主要技术使用频分多址（FDMA）。图 4-7 所示的移动通信的系统结构，决定了第一代主要提供语音通信功能；终端特点是大而重、按键键盘、无屏幕；外部系统间通信主要通过 PSTN、其他移动通信系统。基于该体系结构的 FDMA 模拟蜂窝移动通信系统主要有：

① 北美 AMPS：Advanced Mobile Phone System。

② 英国的 TACS：Total Access Communication System。

③ 北欧的 NMT–450、NMT–900：North–Europe Mobile Telephony。

④ 日本的 NTT：Nippon Telegraph and Telephone Corporation。

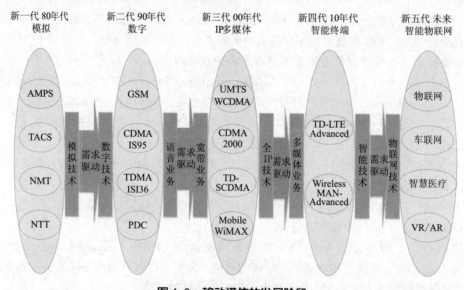

图 4-8　移动通信的发展阶段

2. 第二代移动通信技术——数字时代

1990 年左右的数字时代，主要技术除了 FDMA，开始应用时分多址 TDMA 技术和码分多址 CDMA 技术。图 4-9 所示为第二代移动通信的系统结构，图 4-9（a）是 GSM 语音通信系统结构，图 4-9（b）在 GSM 结构的基础上增加了 GPRS 数据通信系统结构。第二代除提供语音通信功能外，开始提供数据通信功能；终端特点是小而轻、按键键盘、小屏幕、黑白屏；外部系统间通信主要通过 PSTN、ISDN、其他移动通信系统，这时数据通信和外部 IP 网络互联，包含 Internet 和专用局域网 LAN；移动通信系统的数据通信部分出现了 Internet 特有服务 DNS 和 DHCP。

终端 TDMA 系列的数字蜂窝移动通信系统主要有：

① 欧洲全球移动通信系统（Global System for Mobile Communication，GSM）。

② 美国 D-AMPS（数字 AMPS）。

③ 日本个人数字蜂窝移动电话（Personal Digital Cellular，PDC）。

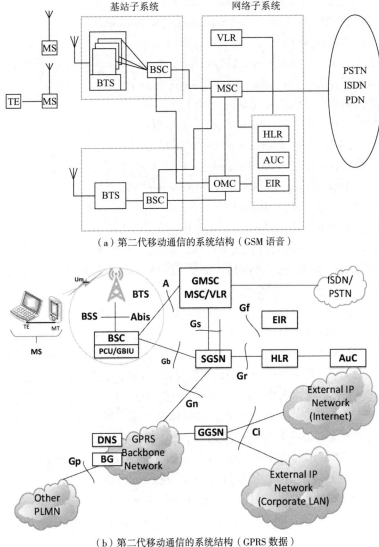

（a）第二代移动通信的系统结构（GSM 语音）

（b）第二代移动通信的系统结构（GPRS 数据）

图 4-9　第二代移动通信的系统结构

图 4-9 中各项缩略语对应原语句如下：

- AUC：鉴权中心（Authentication Center）。
- BG：边界网关（Border Gateway）。
- BSC：基站控制器（Base Station Controller）。
- BSS：基站子系统（Base Station Sub-System）。
- BTS：基站收发台（Base Transceiver Station）。
- DNS：域名服务器（Domain Name Server）。
- EIR：设备识别寄存器（Equipment Identity Register）。
- GBIU：Gb 接口单元（Gb Interface Unit）。
- GMSC：移动交换中心网关（Gateway Mobile Switching Center）。
- GGSN：网关 GPRS 支持节点（Gateway GPRS Support Node）。
- HLR：归属位置寄存器（Home Location Register）。
- ISDN：综合业务数字网（Integrated Services Digital Network）。
- MS：移动台（Mobile Station）。
- MSC：移动交换中心（Mobile Switching Center）。
- OMC：操作维护中心（Operations Maintenance Centre）。
- PCU：分组控制单元（Package Control Unit）。
- PLMN：公共陆地移动网络（Public Land Mobile Network）。
- PSTN：分组交换数据网（Packet Switched Data Network）。
- PDN：公用数据网（Public Data Network）。
- SGSN：服务 GPRS 支持节点（Service GPRS Support Node）。
- TE：终端设备（Terminal Equipment）。
- VLR：访问者位置寄存器（Visitor Location Register）。

N-CDMA 系列数字蜂窝移动通信系统主要有：
美国高通研制的基于 IS-95 的 N-CDMA（窄带 CDMA），由美国电信工业协会定制。

3. 第三代移动通信技术——IP 多媒体时代

2000 年左右的 IP 多媒体时代，ITU（国际电信联盟）提出了 IMT-2000，要求符合 IMT-2000 要求的才能被接纳为 3G 技术。主要技术有 FDMA、TDMA、CDMA 三种技术，后来 IEEE 组织的 Mobile WiMAX 也获准加入 IMT-2000 家族，成了 3G 标准之一。图 4-10 所示为第三代移动通信的系统结构（WCDMA），除了提供语音通信电路交换 CS 域、数据通信的分组交换 PS 域，出现了提供多媒体信息的 IP 多媒体系统 IMS 域；终端特点是小而轻、触摸屏、大屏幕、彩色屏、智能化；外部系统间通信主要有 PSTN、ISDN、其他移动通信系统，全面和 Internet 互联互通，各种互联网服务开始在智能终端上使用。移动通信系统主流系统包括：

① 宽带码分多址接入（Wideband Code Division Multiple Access，WCDMA）。

② 码分多址接入（Code Division Multiple Access 2000，CDMA 2000）。

③ 时分同步码分多址接入（Time Division-Synchronous Code Division Multiple Access，TD-SCDMA）。

④ 全球微波互联接入（Worldwide Interoperability for Microwave Access，WiMAX）。

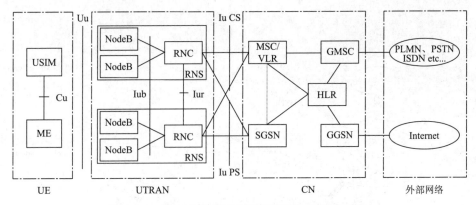

图 4-10　第三代移动通信的系统结构（WCDMA）

图 4-10 中的各项缩略语对应原语句如下：

- CN：核心网（Core Network）。
- ME：移动设备（Mobile Equipment）。
- MME：网络节点移动管理实体（Mobility Management Entity）。
- RNC：无线网络控制器（Radio Network Controller）。
- RNS：无线网络子系统（Radio Network Subsystem）。
- SAE：系统架构演进（System Architecture Evolution）。
- UE：用户设备（User Equipment）。
- UMTS：通用移动通信系统（Universal Mobile Telecommunications System）。
- USIM：通用用户识别模块（Universal Subscriber Identity Module）。
- UTRAN：UMTS 的陆地无线接入网（UMTS Terrestrial Radio Access Network）。

4. 第四代移动通信技术——智能终端时代

2010 年左右的智能终端时代，移动通信开始进入 4G 时代，具有高速率、高容量、高带宽的特征。如图 4-11（a）所示，第四代移动通信 4G 适应多种技术的兼容性接入，即允许用户使用各种终端，通过各种形式接入到 4G 通信系统，包括广播智能电视网络、2G/3G/4G 移动通信网、卫星网络、无线局域网 WLAN、蓝牙等。4G 除了传统的 FDMA、TDMA、CDMA 技术，其关键技术包括：无线高速传输技术 OFDM（正交频分复用）、多用户检测技术 MIMO（多输入多输出）、智能天线 SA 技术、软件无线电 SDR 技术、全 IPv6 分组技术，提供语音、数据、多媒体通信；终端特点是小而轻、触摸屏、大屏幕、彩色屏、智能化、物联网化。

第四代移动通信的 LTE 基本网络架构如图 4-11（b）所示，其网络架构发生了大的变化，4G 抛弃了 2G、3G 一直沿用的基站 /NodeB、基站控制器 BSC/ 无线网络控制器 RNC、核心网 CN 这样的三层网络结构，而改成基站直连核心网的二层结构，整个网络更加扁平化，降低时延，提升用户感受。满足国际电信联盟所描述的下一代无线通信标准 IMT-Advanced 的移动通信系统主流系统包括：

①LTE-Advanced（LTE 升级版，包括中国的时分双工 TD-LTE、频分双工 FDD-LTE）。
②Wireless MAN-Advanced（WiMax 的升级版）。

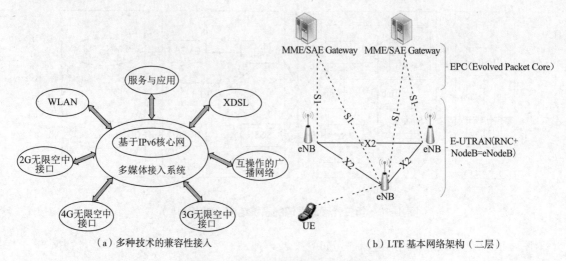

（a）多种技术的兼容性接入   （b）LTE 基本网络架构（二层）

图 4-11　第四代移动通信的系统结构

5.　第五代移动通信技术——智能物联网时代

2020 年移动通信开始进入 5G 时代，全球营运商陆续推出 5G 商业服务试运营，用以提供物联网、车联网、智慧医疗、VR/AR、工业 4.0 等关键应用。图 4-12 指出，5G 无线接入网络架构，主要包括 5G 接入网 NG-RAN 和 5G 核心网 5GC 二层结构。AMF（Access and Mobility Management Function，接入和移动管理功能），负责终端接入权限和切换。UPF（User Plane Function，用户面管理功能）管理用户会话。5G 的关键技术包括：端到端的通信（D2D）、物与物间的通信（M2M）、信息中心网络（ICN）、软件定义网络（SDN）、网络功能虚拟化（NFV）、移动边缘计算（MEC）、雾计算、情境感知技术等。IMT-2020（5G）推进组，对中国 5G 愿景与需求、5G 频谱问题、5G 关键技术、5G 标准化等问题正展开研究和布局。

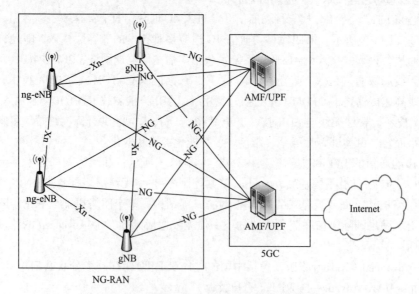

图 4-12　第五代移动通信的系统结构（二层）

4.3 移动互联网

　　移动互联网的经典接入设备是智能终端，反过来，智能终端的发展也推动着互联网的移动化。移动互联网、移动智能终端，以及终端如何接入互联网的方式，三者之间互有影响。

4.3.1　移动互联网的概念

　　移动互联网是移动通信和互联网融合的产物，如图 4-13 所示。移动互联网继承了移动通信网随时、随地、随身通信的便捷性和互联网分享、开放、协作的优势，它是互联网的平台、商业模式、应用与移动通信技术结合并实践的活动的总称。技术上，运营商提供局域网、城域网、广域网的信息传输通道和用户端的无线网络接入；业务上，互联网企业提供各种上层的业务和应用模式。

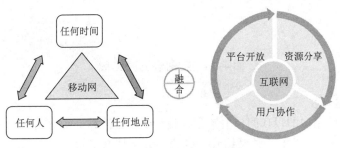

图 4-13　移动网和互联网融合

4.3.2　因特网

　　因特网（Internet）是一个提供海量信息服务的、全球性的、巨大的计算机网络，具有资源分享、平台开放、用户协作的特点。

1. Internet 的发展

　　Internet 始于 1969 年，是美军在美国国防部高级研究计划署（ARPA）制定的协定下，将美国西南部的大学 UCLA（加利福尼亚大学洛杉矶分校）、Stanford Research Institute（斯坦福大学研究学院）、UCSB（加利福尼亚大学）和 University of Utah（犹他州大学）的四台主要的计算机连接起来。

　　需求推动其发展经历了 20 世纪 70 年代基于专网的 ARPA、90 年代基于 PC 网络的 Internet、目前基于移动网络的移动互联网，以及未来的物联网阶段，如图 4-14 所示。

　　中国互联网已经形成规模，其应用也走向多元化，并越来越深刻地改变着人们的学习、工作以及生活方式，甚至影响着整个社会进程。互联网在现实生活中应用很广泛，每天有数以亿计的人使用互联网，如聊天、了解资讯、购物等，也不乏一些人利用互联网为自己的产品宣传，因此也促使了一些新兴行业的诞生，如网络营销等。互联网正在日益影响着人们的生活，人们也将因此而获得更大的改变。

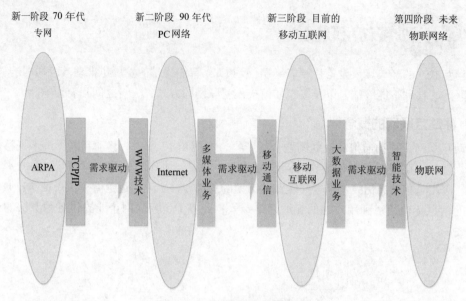

图 4-14 互联网的发展阶段

2. TCP/IP 网络互联

要实现计算机网络中的设备间传输数据，就需要制定计算机网络互联的标准。1974 年，国际标准化组织（ISO）定义了一种网络互联的 7 层分层体系结构，开放系统互连（Open System Internetwork，OSI）参考模型。随后，美国军方使用的 TCP/IP 参考模型，由于其更适合 Internet 的特点，而逐渐演变为互联网的网络互联主流协议，不仅可以用在局域网中，还可以用在广域网中。

Internet 所使用的 TCP/IP 网络协议可以保证数据安全、可靠地传输到指定的目的地。TCP/IP 协议分为传输控制协议 (Transmission Control Protocol，TCP) 和网际协议（Internet Protocol，IP），其中 IP 协议负责数据的传输，而 TCP 协议负责数据的可靠传输。TCP/IP 协议所采用的通信方式是分组交换方式，简单地说就是数据在传输时分成若干段，每个数据段就是一个数据包。TCP/IP 协议在数据传输过程中主要完成以下功能：

① 由 TCP 协议把数据分成若干数据包，给每个数据包写上序号，以便接收端把数据还原成原来的格式。

② IP 协议给每个数据包写上发送主机和接收主机的地址，一旦写上源地址和目的地址，数据包就可以在物理网上传送数据。IP 协议还具有利用路由算法进行路由选择的功能。

③ 这些数据包可以通过不同的传输途径 / 路由进行传输，由于路径不同，加上其他原因，可能出现顺序颠倒、数据丢失、数据失真甚至重复的现象。这些问题都由 TCP 协议来处理，它具有检查和处理错误的功能，必要时还可以请求发送端重发。

互联网是基于 TCP/IP 协议实现的，二者可以联合使用，也可以与其他协议联合使用。TCP/IP 模型的协议栈的 4 个分层就分别包含了不同的协议：

① 应用层的协议用于在互联网的局域网、广域网中传输不同的报文。例如，域名服务器 DNS、动态主机配置协议 DHCP、文件传输协议 FTP、简单网邮件传输协议 SMTP、超文本传输协议 HTTP。

② 传输层用于传送协议分组，如传输控制协议 TCP、用户数据包协议 UDP。

③ 网际层是 TCP/IP 协议层的核心层，用于传输 IP 数据包和进行路由选择，如网间协议 IP、地址解析协议 ARP、反向地址解析协议 RARP。

④网络接口层通过物理介质双绞线、光纤、无线介质进行帧的传输，包含 CSMA/CD、令牌环、令牌总线、FDDI 等协议。

为实现网络设备间的互联互通，例如智能手机、无线 PC、无线路由器、智能电视机顶盒、ADSL 调制解调器、光调制解调器，都需要配置联网参数，即 TCP/IP 参数。这些参数包含三部分：

① 静态 IP 参数：手工配置静态主机 IP、子网掩码、默认网关 IP。

② DNS 服务器：手工配置主 DNS 服务器，第二 DNS 服务器等。

③ DHCP 服务器：选择使用 DHCP 后，代替手工配置静态 IP 参数，可通过 DHCP 服务器自动分配主机 IP、子网掩码、默认网关 IP。

4.3.3　移动互联网发展趋势

移动互联网发展的趋势，引用华为总裁任正非提出的管、云、端战略：管就是通道，通信基础设施；云就是云服务，提供服务器端的各种上层应用；端就是终端，提供互联网接入的终端设备。

1. 通信管道

智能终端如何接入互联网，并使用其海量资源和服务呢？这需要使用通信管道。要实现智能终端的可移动性，需要通过无线网络接入。主要有两种接入网技术：一是通过移动通信系统的无线广域网接入；二是通过无线局域网 WLAN 接入。

① 无线广域网（Wireless Wide Area Network，WWAN）接入：无线广域网是覆盖全国或全球范围的无线网络，提供更大地理范围内的无线接入。其典型应用是 2G/3G/4G/5G 移动通信系统的无线接入，智能终端通过蜂窝小区的基站，连接到移动通信系统，再通过移动通信系统连接到互联网，为终端用户提供语音、数据、多媒体通信服务。

② 无线局域网（Wireless Local Area Network，WLAN）接入：无线局域网是覆盖公司、校园、工厂、机关等有限地理范围的无线网络，是有线局域网接入方式的延伸和补充。它取代局域网系统中的传输介质双绞线或光纤，运用射频 RF 技术进行数据信号的收发。其典型应用是 Wi-Fi 的无线接入，智能终端通过具有无线功能的终端接入设备，连接到互联网。

2. 互联网云服务

互联网的发展和计算技术、通信技术、传感技术的发展紧密相关联。其未来发展方向必然走向社交化、企业化、融合化、智能化。基于移动互联网、云计算、大数据、物联网等技术的不断发展，出现了"互联网 +"的概念。

互联网企业通过云服务器，提供各种上层的商业和应用模式，包括：

① 基本服务：搜索引擎、电子邮箱、论坛门户、云端服务。

② 商务应用：企业信息、电子商务、网络教育、小贷金融。

③ 社交娱乐：即时通信、社区互动、影视音乐、网络游戏。

④ 媒体广告：社交传媒、网络媒体、网络营销、精准广告。

3. 移动智能终端

移动智能终端，简称为智能终端，是指可在移动通信环境中使用的终端设备，安装了开放的、可扩展的操作系统，具备强大的信息处理能力、智能的人机交互方式、便捷的用户定制功能、高速的互联网接入速度。常见的智能终端包括智能手机、笔记本计算机、PAD 智能终端、平板计算机、车载智能终端、可穿戴设备等，如图 4-15 所示。

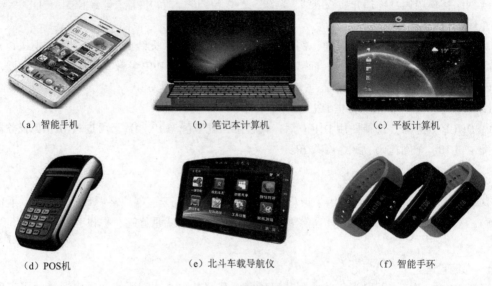

（a）智能手机　　　　　　（b）笔记本计算机　　　　　　（c）平板计算机

（d）POS机　　　　　　（e）北斗车载导航仪　　　　　　（f）智能手环

图 4-15　移动智能终端

①智能手机：具有独立的操作系统，可以由用户自行安装软件、游戏等第三方服务商提供的程序，通过此类程序来不断对手机的功能进行扩充，并可以通过移动通信网络来实现无线网络接入的这样一类手机的总称。手机已从功能性手机发展到以 Android、iOS 系统为代表的智能手机时代，是可以在较广范围内使用的便携式移动智能终端，已发展至 4G/5G 时代。

②笔记本计算机：其最大的特点就是机身小巧，相比 PC 携带方便。虽然笔记本计算机的机身十分轻便，但完全不用怀疑其应用性，在日常操作和基本商务、娱乐操作中，笔记本计算机完全可以胜任。在全球市场上有多种品牌，排名前列的有联想、华硕、戴尔（Dell）、ThinkPad、惠普（HP）、苹果（Apple）、宏基（Acer）、索尼、东芝、三星等。

③PDA 智能终端：可完成在移动中工作、学习、娱乐等。按使用来分类，分为工业级 PDA 和消费品 PDA。工业级 PDA 主要应用在工业领域，常见的有条码扫描器、RFID 读写器、POS 机等。工业级 PDA 内置高性能进口激光扫描引擎、高速 CPU 处理器、WinCE5.0/Android 操作系统，具备超级防水、防摔及抗压能力。广泛用于鞋服、快消、速递、零售连锁、仓储、移动医疗等多个行业的数据采集，支持 BT/GPRS/3G/Wi-Fi 等无线网络通信。

④平板计算机：它是一种小型、方便携带的个人计算机，以触摸屏作为基本的输入设备。它拥有的触摸屏允许用户通过触控笔或数字笔来进行作业而不是传统的键盘或鼠标。用户可以通过内建的手写识别、屏幕上的软键盘、语音识别或者一个真正的键盘（如果该机型配备的话）。平板计算机由比尔·盖茨提出，支持来自 Intel、AMD 和 ARM 的芯片架构，从微软提出的平板计算机概念产品上看，平板计算机就是一款无须翻盖、没有键盘、小到放入手袋，但功能却完整的 PC。

⑤车载智能终端：具备 GPS 定位、车辆导航、采集和诊断故障信息等功能，在新一代汽车行业中得到了大量应用，能对车辆进行现代化管理，车载智能终端将在智能交通中发挥更大的作用。

⑥ 可穿戴设备：指智能眼镜、智能手表、智能手环、智能戒指等可穿戴设备产品。

4.4 移动智能终端互联

随着电信网、广播电视网、互联网"三网融合"的发展，各网络服务商 ISP 提供的网络功能不断趋于一致，所提供的业务类型也越来越多。Internet 接入方式主要包括：

① 企业用户 Internet 接入：数字数据网（Digital Data Network，DDN）、帧中继（Frame Relay，FR）、光纤接入（Fiber to the x，FTTx）、微波接入、卫星通信接入。

② 家庭用户 Internet 接入：电话线 xDSL 接入、有线电视线 Cable 接入、局域网 LAN 接入、无线局域网 WLAN 接入、光纤到户 FTTH 接入。

随着 WLAN 接入技术、移动互联网技术的快速发展，无线接入以其建网快、接入便捷、投资少等优势逐渐成为非常重要的接入方式。特别地，随着移动智能终端的普及，为满足其移动性，即随时、随地、随身地接入互联网，采用以下的无线接入方式：

① 无线局域网（WLAN）接入：通过无线接入点 AP，覆盖机场、车站、商务区、校园、工厂等大型地理范围的无线网络接入。

② 无线 Wi-Fi 接入：通过具有无线 Wi-Fi 功能的终端接入设备，覆盖家庭、办公室等小型地理范围的无线网络接入。

③ 移动热点接入：通过具有 2G/3G/4G/5G 移动通信功能和 WLAN 热点功能的移动智能终端接入，覆盖移动上网、移动办公等的小型无线网络接入。

4.4.1 无线局域网接入

无线局域网接入组网，可通过和高速主干局域网相连的多个无线接入点 AP 实现，具体连线拓扑（见图 4-16）包括：

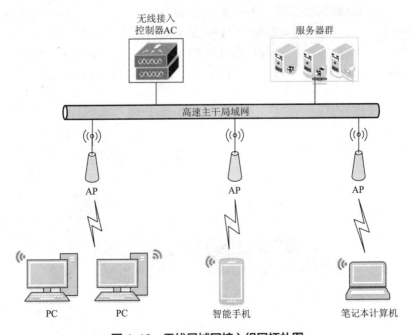

图 4-16 无线局域网接入组网拓扑图

① 高速主干局域网：传统以太网，可通过标准的 Ethernet 网卡和 Web 服务器、邮件服务器、打印服务器，以及无线网络控制器、无线接入点（AP）等进行有线连接。

② 无线接入点：通过天线收发无线信号，进行无线数据通信，可在覆盖范围内为多个无线终端提供 Wi-Fi 接入。

③ 无线接入控制器（AC）：具有网络管理和控制功能，支持 DHCP、DNS、防火墙等功能，可管理多个无线接入点。

④ 无线终端：装有无线网卡的 PC、移动智能终端笔记本计算机、智能手机。

无线 AP 从工作原理和功能上可分为胖 AP 和瘦 AP 两类：

① 胖 AP：可以实现独立管理和工作的网络设备，除了提供无线接入功能外，还支持 DHCP 功能、DNS、SSID 认证、防火墙等功能，应用于小型的无线网络。无线路由器就是胖 AP，它自带完整操作系统，具备 WAN、LAN 端口，可以实现自动 PPPoE 拨号、路由等功能。

② 瘦 AP：指一个被管理和无法独立工作的网络设备，仅保留无线接入功能。AP 需要从无线接入控制器（AC）获取配置文件和动态 IP 地址，应用于中大型的无线网络。这种 AC+ 瘦 AP 的分布式系统，便于集中管理和维护，可实现无线漫游和负载自动均衡。无线交换机就是瘦 AP，仅提供有线/无线信号转换和无线信号接收/发射的功能。

4.4.2 无线 Wi-Fi 接入

随着通信技术的不断进步，一些覆盖家庭或者办公室的路由器、智能电视机顶盒、ADSL 一体调制解调器、光调制解调器一体机等互联网接入设备都实现了一体化，外部既可以和电话线、有线电视线、光纤、双绞网线等入户线连接，内部又可以提供局域网 LAN 口接入和无线局域网的 Wi-Fi 接入功能。

1. 电话线入户组网

电话线入户组网，可通过具有无线路由器功能的非对称用户线（Asymmetric Digital Subscriber Line，ADSL）一体调制解调器实现，具体连线拓扑如图 4-17 所示。ADSL 调制解调器接口分 LAN 口和电话线口，入户电话线直接接入 ADSL 猫的电话线口。通过一根网线连接 ADSL 猫的 LAN 口和 PC 网卡的 LAN 口，为 PC 提供有线局域网接入。打开 ADSL 调制解调器的无线 Wi-Fi 功能，可以为移动智能终端笔记本计算机、智能手机等提供无线 Wi-Fi 接入。

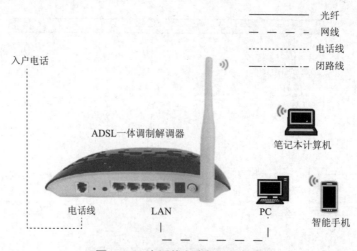

图 4-17　电话线入户组网拓扑图

2. 有线电视线入户组网

有线电视线入户组网，通过具有无线路由功能的智能电视机顶盒来实现，具体连线拓扑如图 4-18 所示。机顶盒接口分 LAN 口和 RF 同轴电缆口，入户有线电视线直接接入机顶盒的 RF 同轴电缆口。通过一根网线连接机顶盒的 LAN 口和 PC 网卡的 LAN 口，为 PC 提供有线局域网接入。打开机顶盒的无线 Wi-Fi 功能，可以为移动智能终端笔记本计算机、智能手机等提供无线 Wi-Fi 接入。

3. 光纤入户组网

光纤入户组网，通过具有无线路由功能的光猫一体机来实现，具体连接拓扑如图 4-19 所示。光猫接口有光口和 LAN 口，入户光纤（无源光纤）直接接入光猫的光口。通过一根网线连接光猫的 LAN 口和 PC 机网卡的 LAN 口，为 PC 机提供有线局域网接入。打开光猫的无线 Wi-Fi 功能，可以为移动智能终端笔记本、智能手机等提供无线 Wi-Fi 接入。

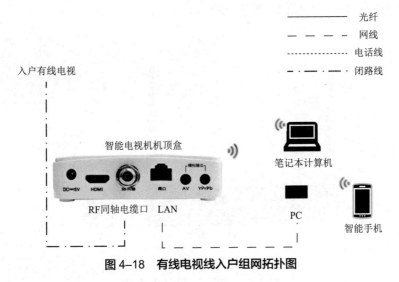

图 4-18　有线电视线入户组网拓扑图

图 4-19　光纤入户组网拓扑图

4. 网线入户组网

网线入户是一种局域网接入方式，支持拨号和专线两种接入。无线路由器通过 WAN 口连接的网线接入 Internet，一般都提供如下 3 种与互联网服务提供商 ISP 的连接方式：

① 静态 IP 接入：使用专线，从 ISP 分配固定公网 IP 地址。

② 动态 IP 接入：使用专线，从 ISP 动态分配公网 IP 地址。

③ 虚拟拨号接入：使用 PPPoE 虚拟拨号，从 ISP 动态分配公网 IP 地址，这种方式是常用的上网方式。

网线入户组网，通过无线路由器来实现。无线路由器接口分 WAN/Ethernet（广域网 / 以太网）口和 LAN 口，除网口标注不同外，其颜色也会不同，具体连接拓扑如图 4–20 所示。入户网线直接接入无线路由器的 WAN/Internet 口。通过一根网线连接无线路由器的 LAN 口和 PC 网卡的 LAN 口，为 PC 提供有线局域网接入。打开无线路由器的无线 Wi-Fi 功能，可以为移动智能终端笔记本计算机、智能手机等提供无线 Wi-Fi 接入。

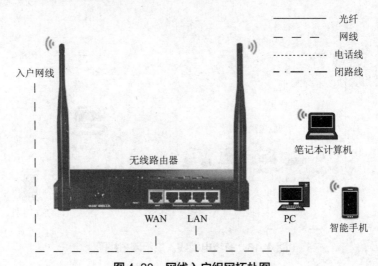

图 4–20   网线入户组网拓扑图

下面以智能无线路由器 D-Link dl–624+A 为例，介绍通过管理笔记本计算机或者管理智能手机对其进行配置的过程。管理笔记本计算机、管理智能手机、无线路由器的配置环境和参数如下：

① 管理笔记本计算机：HP EliteBook 820 G3、Window 7 操作系统、静态 IP 192.168.0.10、子网掩码 255.255.255.0；动态 IP 支持 DHCP。

② 管理智能手机：HUAWEI Mate8、EMUI 8.0.0（Android 8.0.0）操作系统、内置网卡并支持 Wi-Fi 功能；动态 IP 支持 DHCP。

③ 无线路由器：管理 IP 192.168.0.1，子网掩码 255.255.255.0；支持 DHCP、Wi-Fi 功能；Wi-Fi SSID WangYang_68，初始密码 123456；管理用户名 admin，密码 62814968。

首先介绍管理笔记本计算机的配置，包括有线网络配置和无线网络配置；接着介绍智能无线路由器的配置，包括登录、无线网络、WAN、LAN、DHCP 配置。具体配置过程如下：

（1）管理笔记本计算机配置

无线路由器的出厂配置，有的默认启用无线功能，也有的未启用。在启用的情况下，管理笔记本计算机可直接通过 Wi-Fi 连接进行管理；而在未启用的情况下，需要通过有线连接进行管理。所以，下面分别介绍笔记本计算机在有线和无线两种情况下的 TCP/IP 参数配置。

① 有线网络配置：对于 IP 地址配置，若接入设备默认启用 DHCP 动态 IP 分配功能，笔记本计算机的 IP 地址分配可采用动态分配，否则要采用静态 IP 配置。

• 静态 IP 配置：登录操作系统后，右击屏幕右下侧的计算机图标，或者选择 "运行" → "控制面板" → "网络和共享中心" 选项，打开网络和共享中心。单击 "更改适配器设置"，右击 "本地连接"，在弹出的快捷菜单中选择 "属性" → "Internet 协议版本 4（TCP/IP v4）" 命令，单击 "属性" 按钮，选中 "使用下面的 IP 地址" 单选按钮进行静态 IP 地址和子网掩码的配置，分别输入 IP 地址和子网掩码，配置完成后单击 "确定" 按钮即可生效，如图 4-21 所示。

• 动态 IP 配置：单击 "属性" 按钮后，选中 "自动获得 IP 地址" 单选按钮，启用 DHCP 的动态 IP 获取，单击 "确定" 按钮即可，如图 4-22 所示。

图 4-21　有线连接的静态 IP 配置

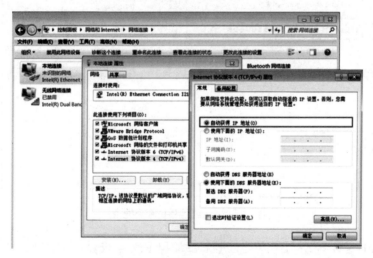

图 4-22　有线连接的动态 IP 配置

• 连通性测试：选择 "开始" → "运行" 命令，输入 cmd 命令，按【Enter】键后打开命令行窗口，输入 ipconfig 命令，确认本地连接配置的 IP 地址和子网掩码生效；输入 ping 192.168.0.1 命令测试笔记本计算机和接入设备的连通性，若有数据包返回，说明连通正常，如图 4-23 所示。

图4-23 参数配置查看和连通性测试

② 无线网络配置：

● 无线网卡启用：登录操作系统后，右击屏幕右下侧的计算机图标，或者选择"运行"→"控制面板"→"网络和 Internet"选项，打开网络和共享中心。双击"更改适配器设置"，右击"无线网络连接"，在弹出的快捷菜单中选择"启用"无线网卡。一般无线网络的优先级高于有线，这时默认使用的网络会自动切换为无线，否则需要禁用"本地连接"。

● 无线网卡参数配置：左击屏幕右下侧的无线图标，选择无线网络 WangYang_68，右击选择"属性"命令，进入属性对话框中的"安全"选项卡配置参数，安全类型选择"WPA2- 个人"、加密类型选择 AES、网络安全密钥输入"123456"，配置完成后单击"确定"按钮，如图 4-24 所示。

图4-24 无线连接的参数配置

● IP 配置和连通性测试：类似前述，进行无线网卡的静态或者动态的 IP 配置及连通性测试。

（2）管理智能手机配置

智能手机只能通过 Wi-Fi 连接到无线路由器，其 Wi-Fi 无线网络连接配置过程如下：

WLAN 启用：启动智能手机，单击屏幕上的"设置"App 图标，打开设置界面，选择 WLAN 选项，打 WLAN 设置界面，滑动 WLAN 右侧的按钮，开启 WLAN，如图 4-25 所示。

图 4-25 智能手机的 WLAN 启用

- 无线 Wi-Fi 参数配置：WLAN 开启后，下方会自动显示可用的 WLAN 列表，单击无线网络 WangYang_68，进入 Wi-Fi 参数配置界面，智能手机自动获取信号强度、加密类型，只需输入安全密钥"123456"。配置完成后单击"连接"按钮，可建立无线 Wi-Fi 连接，如图 4-26 所示。

注意：一般默认采用 DHCP 动态 IP 分配，如果需设置静态 IP，可在 WangYang_68 的 Wi-Fi 参数配置界面，选中下方的"显示高级选项"，可选择和设置"代理、IP"，其中 IP 可选择"DHCP"或者"静态"方式。

- IP 配置和连通性测试：在 WLAN 设置界面，单击屏幕下方的"配置"按钮，打开"配置 WLAN"界面，可在"IP 地址"项查看动态分配的 IP 地址，若在 DHCP 指定的 IP 地址范围，则分配正确，如图 4-26 所示。接入设备间的连通性测试，可通过下面是否能登录无线路由器的管理界面来测试。

图 4-26 智能手机无线参数配置和 IP 地址查看

管理笔记本计算机或智能手机和无线路由器物理连通并配置 TCP/IP 参数后，才能登录接入设备进行管理，修改接入设备的参数和配置，建立移动智能终端接入互联网的无线局域网环境。

（3）登录无线路由器

管理笔记本计算机上或者智能手机上，打开浏览器，输入网址"http://192.168.0.1/"，出现路由器的登录界面，如图 4-27 所示。输入管理用户名 admin，密码 62814968，单击"登录"按钮，进入配置管理界面。

（4）无线网络配置

单击"无线网络"按钮，进入无线网络配置界面，可激活 / 关闭无线、修改无线网络 ID（SSID）、信道数、安全方式、和共享密码（无线 Wi-Fi 密码），修改完成后单击"执行"按钮生效，如图 4-28 所示。

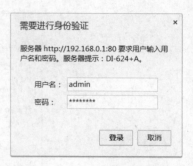

图 4-27　无线路由器的登录界面

图 4-28　无线网络配置界面

（5）WAN 配置

单击 WAN 按钮，进入广域网配置界面，这些参数一般在申请安装宽带网络时，由局方安装人员给出。可修改互联网服务提供者（一般选择 PPPoE）、PPPoE 的名称和密码，如果配置了域名，还可以配置主要 / 次要 DNS 服务器。修改完成后单击"执行"按钮生效，如图 4-29 所示。WAN 参数配置好后，无线路由器加电后会自动通过入户线进行拨号连接。

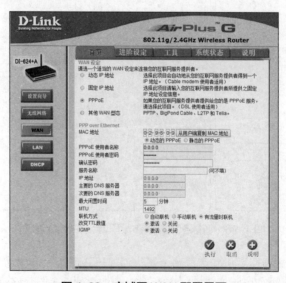

图 4-29　广域网 WAN 配置界面

（6）LAN 配置

单击 LAN 按钮，进入局域网配置界面，用于设置无线路由器的 IP 地址和子网掩码，修改完成后单击"执行"按钮生效，如图 4-30 所示。

注意：LAN 参数中，无线路由器的 IP 地址和子网掩码一般不会修改。

图 4-30　局域网 LAN 配置界面

（7）DHCP 配置

单击 DHCP 按钮，进入 DHCP 服务器配置界面，激活 / 关闭动态 DHCP 服务，并设置 IP 地址范围和租约时间；激活 / 关闭固定 DHCP，并设置特定 MAC 地址终端的 IP 地址；下方是静态 DHCP 和动态 DHCP 用户列表。修改完成后单击"执行"按钮生效，如图 4-31 所示。

智能无线路由器配置完成并生效后，根据新的无线参数（SSID、安全方式、密码）和 DHCP 参数，配置移动智能终端，通过有线 LAN 或者无线 Wi-Fi 接入无线路由器，实现无线上网。

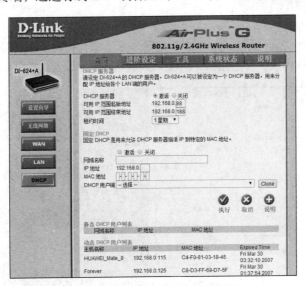

图 4-31　DHCP 服务器配置界面

4.4.3　4G 移动热点接入

智能手机除了无线 Wi-Fi 接入上网，也可通过移动通信系统上网，即通过无线广域网接入互联网。另外，智能手机还可以提供 WLAN 热点，可以把热点分享给其他具备 WLAN 功能的移动智能终端设备，如笔记本计算机、PAD 等。当这些智能终端通过 Wi-Fi 连接到提供热点的智能手机后，再通过智能手机的 4G 移动通信上网功能接入互联网，实现 4G 移动上网。这种 4G 移动热点接入方式在功能上类似无线路由器的接入方式，具体组网拓扑如图 4-32 所示。

图 4-32　智能手机 4G 移动通信组网拓扑图

以 HUAWEI MATE 8 NXT-AL10 为例，智能手机的 4G 移动上网配置过程如下：

1. 开启 4G 移动数据通信功能

在智能手机主界面上找到"设置"App 并点击进入，选择"无线和网络"→"双卡管理"，进入"双卡管理"界面，选择默认的 4G 移动数据 SIM 卡；在智能手机屏幕上，下滑打开"快捷设置"界面，点击"移动数据"按钮，开启 4G 移动数据通信功能，如图 4-33 所示。

图 4-33　开启 4G 移动数据通信功能

2. 设置 WLAN 热点

在智能手机屏幕上，下滑打开"快捷设置"界面，点击"热点"按钮，开启 WLAN 热点功能。找到"设置"App 并点击进入，点击"热点已开启"图标，展开后会显示"便携式 WLAN 热点 HUAWEI Mate 8 已开启，因此关闭了该设备的 WLAN"的默认热点信息，点击该提示进入 WLAN 热点 HUAWEI Mate 8 设置界面，点击"配置 WLAN 热点"，进入热点配置界面，修改和设置"网络名称、加密类型、密码"，点击"保存"按钮生效，设置界面如图 4–34 所示。如果希望进行高级设置，可选中界面下方的"显示高级选项"，可选中和设置"AP 频段、广播信道、最大连接数"。

图 4–34　设置 WLAN 热点

3. Wi-Fi 无线网络连接配置

类似前述管理智能手机的设置，其他移动智能终端可通过"WLAN 启用""无线 Wi-Fi 参数配置"，根据开启的 WLAN 热点 HUAWEI Mate 8 的无线参数"网络名称、加密类型、密码"，配置其 WLAN 接入参数，通过热点共享 4G 移动数据连接，接入互联网。

4.5　实　　训

4.5.1　无线路由器 Wi-Fi 组网／网线入户上网

1. 实训目的

熟悉无线路由器组网拓扑结构，能根据具体的网络，熟练配置无线路由器、笔记本计算机、智能手机，并通过有线 LAN 或无线 Wi-Fi 实现终端和无线路由器连接，接入 Internet。

2. 实训条件

① 无线路由器、笔记本计算机、智能手机支持 Wi-Fi、DHCP 功能。

② 具有类似功能的无线路由器，初始配置参数：

- LAN 参数：IP 192.168.0.1，子网掩码 255.255.255.0。
- 无线 Wi-Fi 功能：开启 Wi-Fi 后的配置参数，SSID Test-××××（×××× 为四位不同

的数字），密码××××（同前面的数字设置），加密方式 WPA2-PSK。
- DHCP 激活：IP 地址范围 192.168.0.88~192.168.0.188。
- Internet 接入方式：WAN 参数 PPPoE 的名称和密码。
③ 笔记本计算机配置：Windows7 环境，配有线网卡和无线网卡。
④ 智能手机：Android/iOS。
⑤ 网线：交叉线。

3. 实训内容
① 根据拓扑图连接笔记本计算机和路由器，进行初始配置。
② 笔记本计算机和智能手机 Wi-Fi 无线连接配置。
③ Internet 接入测试。

4. 实训过程
① 绘制无线路由器组网的网络拓扑图，并通过网线连接笔记本计算机和无线路由器。

② 无线路由器配置：根据无线路由器初始设置，进行笔记本计算机有线网络静态 IP 配置，并成功登录无线路由器；根据需求，完成无线路由器的无线网络配置、广域网 WAN 配置、局域网 LAN 配置、DHCP 配置。

③ 笔记本计算机 Wi-Fi 无线连接配置：无线路由器配置完成并生效后，断开笔记本计算机和无线路由器的网线连接，根据新的 Wi-Fi 参数（SSID、安全方式、密码）和 DHCP 参数，进行笔记本计算机无线网卡的 Wi-Fi 参数配置及动态 IP 配置；运行 cmd 命令后，输入 ipconfig 查看配置的动态 IP 地址、子网掩码；通过 ping 命令测试笔记本计算机和无线路由器间的连通性。

④ 智能手机 Wi-Fi 无线连接配置：开启 WLAN 并进行无线 Wi-Fi 参数配置，查看智能手机的动态 IP，并通过是否能登录管理界面进行连通性测试。

⑤ Internet 接入测试：笔记本计算机和智能手机上，通过 IE 浏览器，分别登录百度网站 https://www.baidu.com/、天猫网站 https://www.tmall.com/。

4.5.2 智能手机 WLAN 热点组网 /4G 移动上网

1. 实训目的
智能手机 4G 移动通信组网，根据具体的智能终端类型，配置笔记本计算机、智能手机等智能终端通过 WLAN 热点，接入具有 4G 移动上网功能的智能手机，连接 Internet。

2. 实训条件
① 支持 4G 移动上网和 WLAN 热点：接入智能手机一部。
② 支持 Wi-Fi 功能的移动智能终端：笔记本计算机、终端智能手机等若干。

3. 实训内容
① 接入智能手机的 4G 移动上网和 WLAN 热点配置。
② 笔记本计算机和终端智能手机 Wi-Fi 无线连接配置。
③ Internet 接入测试。

4. 实训过程
① 绘制智能手机 WLAN 热点 /4G 移动上网的网络拓扑图。智能手机 4G 移动通信组网，笔记本计算机、终端智能手机等移动智能终端通过 Wi-Fi 连接接入智能手机的 WLAN 热点，然后再通过 4G 移动通信网连接到移动通信基站，最后通过移动通信网络接入到 Internet。

② 接入智能手机的 4G 移动上网和 WLAN 热点配置：

首先，找到智能手机的移动通信设置 App，选择具有 4G 移动数据通信功能的 SIM 卡；接着，配置 WLAN 热点，设置热点名称 SSID 为 Test-××××（×××× 为四位不同的数字），密码 ××××（同前面的数字设置），加密方式 WPA2-PSK。

③ 笔记本计算机 Wi-Fi 无线连接配置：开启笔记本计算机无线网卡，根据 WLAN 热点设置的 Wi-Fi 参数（SSID、安全方式、密码），进行笔记本计算机无线网卡的 Wi-Fi 参数配置。

④ 终端智能手机 Wi-Fi 无线连接配置：开启智能手机的 WLAN，根据 WLAN 热点设置的 Wi-Fi 参数（SSID、安全方式、密码），进行智能手机无线 Wi-Fi 参数配置。

⑤ Internet 接入测试：笔记本计算机和终端智能手机上，通过 IE 浏览器，分别登录百度网站 https://www.baidu.com/、天猫网站 https://www.tmall.com/，进行 Internet 连通性测试。

习 题

一、单选题

1. 计算机网络硬件中，如下不属于有线传输介质的是（　　　）。

　　A. 光纤　　　　　　B. 同轴电缆　　　　C. 双绞线　　　　　　D. 无线电波

2. 无线传输介质是指通信设备之间没有任何物理连接，通过空间传输的一种介质。如下不属于无线传输介质的是（　　　）。

　　A. 光纤　　　　　　B. 无线电波　　　　C. 微波　　　　　　D. 红外线

3. 下列关于 IEEE802.11 标准的描述中，错误的是（　　　）。

　　A. 定义了无线节点和无线接入点两种类型设备

　　B. 无线节点的作用是提供无线和有线网络之间的桥接

　　C. 物理层最初定义了 FHSS、DSSS 扩频技术和红外传播 3 个规范

　　D. MAC 层的 CSMA/CA 协议利用 ACK 信号避免冲突的发生

4. 下列关于 IEEE802.11b 协议的描述中，错误的是（　　　）。

　　A. 允许 CSMA/CA 介质访问控制方法

　　B. 允许无线节点之间采用对等通信方式

　　C. 室内环境通信距离最远为 100 m

　　D. 最大传输速率可以达到 54 Mbit/s

5. 在采用对等解决方案建立无线局域网时，仅需要使用的无线设备是（　　　）。

　　A. 无线网卡　　　　B. 无线接入点 AP　　C. 无线网桥　　　　D. 无线路由器

6. 下列关于 IEEE802.11 系列标准的描述中，错误的是（　　　）。

　　A. IEEE802.11 运行在 2.4 GHz ISM 频段，最大传输速率是 1~2 Mbit/s

　　B. IEEE802.11b 运行在 2.4 GHz ISM 频段，最大传输速率是 11 Mbit/s，最大容量是 33 Mbit/s

　　C. IEEE802.11a 运行在 5 GHz UNII 频段，最大传输速率是 54 Mbit/s，最大容量是 162 Mbit/s

D. IEEE802.11g 运行在 2.4 GHz ISM 频段，实际吞吐量是 28~31 Mbit/s

7. 下列关于 IEEE802.11b 无线局域网的描述中，错误的是（　　　）。

A. 采用 IEEE802.11b 标准的对等解决方案，只要给每台计算机安装一块无线网卡即可

B. 在多蜂窝漫游工作方式中，整个漫游过程对用户是透明的

C. 采用直接序列无线扩频技术，经过申请后可使用 2.4 GHz 频段

D. IEEE802.11b 网卡处于休眠模式时，接入点将信息缓冲到客户

8. 3G 是第三代移动通信系统，其标准由欧美及中国制定，其中（　　　）属于中国标准。

A. WCDMA（Wideband Code Division Multiple Access，宽带码分多址接入）

B. CDMA2000（Code Division Multiple Access 2000，码分多址接入）

C. TD-SCDMA（Time Division-Synchronous Code Division Multiple Access，时分同步码分多址接入）

D. GSM（Global System for Mobile Communication，全球移动通信系）

9. Internet 是基于（　　　）协议的网间网，也称为 IP 网络。

A. MAC　　　　　　B. RTP　　　　　　C. SNMP　　　　　　D. TCP/IP

10. 移动互联网的 3 个要素是（　　　）、终端、网络。

A. 移动　　　　　　B. 业务　　　　　　C. 运营　　　　　　D. 安全

二、填空题

1. 移动通信采用的常见多址方式有＿＿＿＿、＿＿＿＿、＿＿＿＿。

2. GSM、CDMA IS95 和 PDC 是属于第＿＿＿＿代移动通信系统的标准。

3. 第二代移动通信的系统结构（GSM 语音）的基站子系统是由＿＿＿＿和＿＿＿＿组成。

4. 第二代移动通信的 GPRS 数据通信系统在 GSM 结构上增加了＿＿＿＿和＿＿＿＿节点。

5. 第三代宽带移动通信系统 3G 的标准有＿＿＿＿、＿＿＿＿、＿＿＿＿。

6. 4G 除了传统的 FDMA、TDMA、CDMA 技术，其关键技术包括：＿＿＿＿、＿＿＿＿、智能天线 SA 技术、软件无线电 SDR 技术、＿＿＿＿。

7. ADSL 一体猫、智能电视机顶盒、光猫一体机、路由器等互联网接入设备可以和＿＿＿＿、＿＿＿＿、＿＿＿＿、＿＿＿＿等入户线连接，内部提供无线局域网的 Wi-Fi 接入功能。

8. WLAN 基础网络结构是一个通过分布式系统 DS 互联的多个＿＿＿＿组成的＿＿＿＿。

9. WLAN 自组织网络结构就是一个＿＿＿＿，是由一些直接互联的对等站构成，这种模式也称＿＿＿＿。

10. 无线局域网的组网形态有不使用接入点 AP、＿＿＿＿、组合方式无线局域网。

三、简述题

1. 什么是移动互联网？

2. 简述无线局域网的两种网络类型。

3. 简述移动智能终端。

第5章

网络规划与设计

知识目标:

- 掌握网络规划及设计的过程。
- 掌握逻辑网络设计的方法和知识。
- 掌握物理网络设计的方法和知识。
- 掌握网络设备部署和测试的方法和知识。

能力目标:

- 具备网络方案的规划设计能力。
- 具备网络设备选型的能力。
- 具备网络设备部署的能力。
- 具备网络设备测试的能力。

5.1 网络工程规划与设计

5.1.1 网络工程概述

计算机网络系统是一个有机整体,由许多相互作用的部分组成,从而实现网络系统的功能。设计与规划一个计算机网络系统的过程是一个工程设计与规划的过程。网络工程实质上是将工程化的技术和方法应用于计算机网络系统中,系统、规范和可度量地进行网络系统的设计、构造和维护的全过程。

网络工程是指从整体出发,合理规划、设计、实施和运用计算机网络的工程技术,它根据网络组建需求,综合应用计算机科学和管理科学中的思想和方法,对网络系统的结构、要素、功能、应用等进行分析,达到最优化设计、实施和管理的过程。

网络工程是一个阶段性的系统工程,它需要根据一定的生命周期来进行。具体来说,可以分为筹备阶段(立项和可行性分析)、设计阶段、实施阶段、系统测试和工程验收阶段、系统管理和维护升级阶段。每一个阶段都涉及一定的技术和设计工作。网络工程的规划设计过程,首先进行立项,并且论证其可行性,接下来要设计项目招投标的相关工作,要对整个工程项目进行详细准确的需求调查与分析,再进行网络工程项目的设计,将设计方案向社会招投标,征集最优的解决方案。当项目按照设计方案实施完成后,对项目进行测试和验收,接下来就是在使用过程中对工程本身不断地进行管理维护和升级改进。

5.1.2 网络工程分析

实施网络工程设计的首要工作是分析和规划，深入细致地分析和规划是成功设计网络的前提。网络工程分析的主要任务是对业务需求、网络规模、网络结构、网络管理需要、网络增长预测、网络安全要求和与外部网络的互联等方面给出尽可能准确的定量或者定性分析和估计。

网络工程分析是在网络设计过程中用来获取和确定系统需求的方法。在需求分析阶段，应该确定客户有效完成工作所需要建设的网络服务和性能水平。需求分析是网络规划设计过程的基础。首先，从企业高层管理者开始收集商业需求；其次，收集客户群体的需求；最后收集支持客户和客户应用的网络需求。

1. 业务需求分析

业务需求分析的目标是明确组建网络的网络类型、应用系统软件的种类，以及网络功能指标。业务需求是进行网络规划与设计的基本依据。通过分析，主要要明确以下几点：

① 网络需要具有哪些功能？现有网络的功能需要如何改进？

② 网络需要实现哪些应用和服务？

③ 是否需要上网？

④ 网络需要多大的带宽范围？需要什么样的数据共享模式？

⑤ 是否需要网络升级？

2. 管理需求分析

网络管理是对网络资源进行监视、测试、配置、分析、评价和控制，如掌握实时运行性能、服务质量等。另外，当网络出现故障时能及时报告和处理，并协调、保持网络系统的高效运行等。网络管理需求分析主要围绕以下问题：

① 谁来负责管理网络？

② 是否需要远程管理？

③ 需要哪些管理功能？例如，是否需要计费、是否要为网络建立域、选择什么样的域模式等。

④ 选择哪个供应商的管理软件，是否有详细的评估？

⑤ 选择哪个供应商的网络设备，设备的管理性如何？

⑥ 如何跟踪、分析和处理网络运行和管理信息？

⑦ 如何更新网络管理策略？

3. 网络规模分析

明确网络的规模也就是明确网络建设的范围。网络规模一般分为 4 种：工作组或小型办公室局域网、部分局域网、骨干网络、企业级网络。明确网络的规模便于制定合适的方案，选购合适的设备。确定网络的规模主要考虑的问题如下：

① 哪些部门需要接入网络？

② 哪些资源需要上网？

③ 有多少网络用户？

④ 采用什么性能的设备？

⑤ 网络及终端设备的数量有多少？

⑥ 如何划分子网？

4. 网络安全分析

计算机网络的高速发展，给企业带来更多的利益和发展空间，网络安全日益成为网络正常运行的重要保证。网络安全是指网络系统的硬件、软件及其系统中的数据受到保护，不受偶然的或者恶意的原因而遭到破坏、更改、泄露，系统连续可靠正常地运行，网络服务不中断。企业网络安全性分析主要包括以下几方面：

① 企业的敏感性数据及其分布情况。

② 网络用户的安全级别。

③ 可能存在的安全漏洞。

④ 网络设备的安全功能要求。

⑤ 网络系统软件的安全评估。

⑥ 应用系统的安全要求。

⑦ 防火墙技术方案。

⑧ 网络采用的杀毒软件。

⑨ 网络遵循的安全规范和达到的安全级别。

5. 外部联网分析

规划和设计的计算机网络实际上都是一个大的局域网，它需要与外部的互联网连接，才能实现信息的采集与共享。对于一个大型的园区网络来说，需要考虑互联网服务提供商、路由器、路由协议以及接入方式等方面。具体可以考虑以下方面：

① 是否与互联网联网？

② 采用什么形式上网？光纤接入还是租用专线等。

③ 带宽多少？

④ 是否与专用网络连接？

⑤ 上网用户如何授权和计费？

6. 环境分析

环境分析是指了解企业和部门的信息环境基本情况，如地理位置、建筑物等，办公自动化情况、网络设备和终端的数量配置和分布、技术人员专业技能和工作经验情况等。通过环境分析，可以对网络实施有个初步的认识，便于开展后续工作。环境需求分析需要明确以下指标：

① 网络园区内的建筑群位置布局。

② 建筑物内的弱电井位置和配电房位置。

③ 各部门办公区的分布情况。

④ 各工作区的信息点数目和布线规模。

7. 网络扩展性分析

网络的扩展性有两层含义：其一是指新的部门能够简单地接入现有网络；其二是指新的应用能够无缝地在现有网络上运行。可见，在规划网络时，不但要分析网络当前的技术指标，还要估计网络未来的增长，以满足新的需求，保证网络的稳定性，保护企业的投资。扩展性分析要明确以下指标：

① 企业需求的新增长点有哪些？

② 网络节点和布线的预留比率是多少？

③ 哪些设备适于网络扩展？

④ 带宽的增长估计。

⑤ 主机设备的性能。

⑥ 操作系统平台的性能等。

8. 网络冗余分析

冗余分析强调设备的可靠性，即不允许设备有单点故障。所谓单故障点是指其故障能导致隔离用户和服务的任意设备、设备上的接口或连接。冗余提供备用连接以绕过那些故障点，还提供安全的方法以防止服务丢失。但是，如果缺乏恰当的规划和实施，冗余的连接和连接点会削弱网络的层次性和降低网络的稳定性。冗余分析主要明确以下指标：

① 冗余链路与网状型拓扑结构的选择。

② 组件冗余。

③ 热交换组件。

④ 分层结构网络中规划冗余。

⑤ 路由的冗余。

⑥ 备份硬件。

5.1.3 网络工程设计

1. 网络工程规划的目标与准则

（1）网络工程规划目标

网络的建设关系到将来用户网络信息化水平和所开展业务的成败，因此在设计前掌握确立网络总体目标的方法，对主要设计原则进行选择和平衡，并排定其在方案设计中的优先级，对网络的设计和工程实施具有指导性的意义。

网络规划总体目标要明确采用哪些网络技术和网络标准，构筑一个满足哪些应用的多大规模的网络。如果网络工程分期实施，应明确分期工程的目标、建设内容、所需工程费用、时间和进度计划等。

① 明确网络规划项目范围。决定网络规划的项目范围是网络设计的另一个重要步骤。要明确是设计一个新网络还是修改现有的网络，是针对一个网段、一个（组）局域网、一个广域网，还是远程网络或一个完整的企业网。设计一个全新、独立的网络的可能性非常小，即使是为一座新建筑物或一个新的园区设计网络，或者用全新的网络技术来代替旧的网络，也必须考虑与Internet 相连的问题。在更多的情况下，需要考虑现有网络的升级问题，以及升级后与现有网络系统兼容的问题。

② 明确客户的网络应用。网络应用是网络存在的真正原因，要使网络能发挥好作用，需要搞清客户现有的应用及新增加的应用。

（2）网络工程规划准则

网络的规划除了应满足上述目标外，还应遵循以下的规划准则。

① 实用性原则。服务器设备和网络设备在技术性能逐步提升的同时，其价格却在逐年下降，没必要实现所谓"一步到位"。所以，网络方案设计中应把握"够用"和"实用"原则，网络系统应采用成熟可靠的技术和设备，达到实用、经济和有效的结果。

② 开放性原则。网络系统应采用开放的标准和技术，如 TCP/IP 协议、IEEE 802 系列标准等，其目的是有利于未来网络系统扩充；有利于在需要时与外部网络互通等。

③ 高可用性 / 可靠性原则。对于证券、金融、铁路和民航等行业的网络系统，应确保很高的平均无故障时间和尽可能低的平均故障率。在这些行业的网络方案设计中，高可用性和系统可靠性应优先考虑。

④ 安全性原则。在企业网、政府行政办公网、国防军工部门内部网、电子商务网站以及 VPN 等网络方案设计中，应重点体现安全性原则，确保网络系统和数据的安全允许。在社区网、城域网和校园网中，安全性的考虑相对较弱。

⑤ 先进性原则。建设一个现代化的网络系统，应尽可能采用先进而成熟的技术，应在一段时间内保证其主流地位。网络系统采用当前较先进的技术和设备，符合网络未来发展的潮流，但太新的技术会存在不成熟、标准不完备、不统一、价格高、技术力量跟不上等问题。

⑥ 易用性原则。整个网络系统必须易于管理、安装和使用。网络系统具有良好的可管理性，并且在满足现有网络应用的同时，为以后的应用升级奠定基础。网络系统还应具有很高的资源利用率。

⑦ 可扩展性原则。网络总体设计不仅要考虑近期目标，也要为网络的进一步发展留有扩展的余地，因此需要统一规划和设计。

2. 网络工程规划设计的一般方法

一个大规模的网络系统通常被分为若干个较小的部分，它们之间既相互独立又互相联系，这种化整为零的网络设计方法就是分层网络设计。通常包括 3 个层次：核心层、汇聚层和接入层。

核心层用于连接服务器集群、各建筑物子网交换路由器，以及与城域网连接的出口；汇聚层用于将分布在不同位置的子网连接到核心层网络，实现路由汇聚的功能；接入层用于将终端用户计算机接入到网络之中。整个网络系统的主干部分是核心层网络，它是设计与建议的重点，目前应用于核心层网络的技术标准是 GE/10GE，核心设备是高性能交换路由器，连接核心路由器的是具有冗余链路的光纤。整个网络流量的 40%~60% 都需要由核心层网络来承载。汇聚层是核心层和接入层之间的分界点。当网络规模一般时，为了增加端口密度，可采用多个并行的 GE/10GE 交换机堆叠的方式，由一台交换机使用光端口通过光纤向上级联，将汇聚层与接入层合并成为一层。接入层的主要目的是提供一种设备连接到网络的方式，控制哪些设备允许在网络上通信。

5.1.4　网络拓扑的规划与设计

1. 工作组级网络拓扑的设计

工作组级网络一般指在一个空间或者附近几个空间内处理同一类型业务的人员使用的办公网络系统，虽然人数较少，但相互之间业务联系密切且信息流较大。

工作组网络是企业中最基础的网络单元，企业的信息流和数据流都从工作组级网络产生。不同的工作组级网络可能对网络的要求有较大的差别，组内和组间的联系紧密程度不一样。

工作组级网络的设计要求和设计思路如下：

① 确定网络设备总数。
② 确定交换机端口类型和端口数。
③ 确定可连接工作站总数。
④ 保留一定的网络扩展的余地。
⑤ 整个网络没有性能瓶颈。

工作组级网络一般都设有专用的工作组交换机，其目的是便于工作组成员之间方便、快捷地进行内部交流。这样使得每个工作组的数据通信都在内部进行，不必占用主干网络，节省了主干网络的带宽。

2. 部门级网络拓扑的设计

部门级网络一般指企业中位于同一楼宇内的局域网或小型企业的"企业级"网络。

部门级网络是由部门内部业务联系密切的工作组级网络互联建立的。其主要目标是资源共享，如激光打印机、彩色绘图仪、高分辨率扫描仪的共享，还包括系统软件资源、数据库资源、公用网络资源的共享。

部门级网络的设计要求、设计思路如下：

① 采用自上而下的分层结构设计。

② 关键设备冗余连接在两台核心交换机上。

③ 核心交换机能够提供负载均衡和荣誉配置。

④ 结构图中标识清楚各主要设备所连接端口的类型和传输介质的类型。

⑤ 各设备所连接交换机要适当，不要出现超过双绞线网段距离的 100 m 限制。

⑥ 通常与外部网络连接的防火墙或路由器直接连在核心交换机上。

部门级网络也可以设部门级服务器。部门级服务器和部门内的工作组交换机都接入部门汇聚层交换机中。一些外设如打印机、扫描仪、传真机等，也都在部门级网络内部共享。

3. 园区级网络拓扑的设计

园区级网络是指整个企业范围内由企业中各部门网络互联组成的网络，考虑的重点是带宽较高的干线网。园区级网络有与广域网络的连接部分，包括与企业的局域网间的互联、接入本地区公用网络的连接以及进入全球性网络的互联体系等。

园区级网络中的技术问题较为复杂，管理任务较为繁重，因此网络管理中心的建设尤为重要。网络管理中心除了要提供企业级服务器资源外，还应对整个网络的日常运行和安全进行管理，如记录和统计网络运行的有关技术参数，及时发现和处理网络运行中影响全局的问题，同时根据对全网运行统计资料的定期分析，调整和改进园区网络的拓扑和网络设备等。

园区级网络的设计要求和设计思路如下：

① 根据需求划分子网，各个子网之间既要保持相对独立，又要允许有权限的用户能够互相访问。

② 结构图清晰标注各主要设备以及连接的传输介质类型。

③ 部署各机房和终端的位置。

④ 设计各部分交换机要预留一定的交换端口，以备扩展。

⑤ 整个网络设计的性价比要高。

4. 企业级网络拓扑的设计

企业级网络适用于一些大型企业，其分布可能覆盖全国或全世界，它是由分布在各地的局域网络（园区级网络或较大的部门级网络）互联而成的，各地的局域网络之间通过专用线路或公用数据网络互联。

企业级网络中包括多种网络系统，应当设置企业级网络支持中心，由其来实施对整个企业级网络的管理。企业级网络支持中心应配置大型企业级服务器，支持企业业务应用中的大型应用系统和数据库系统。

企业级网络的设计要求、设计思路如下：

① 确定在主干网络中各楼的核心交换机的光纤总线连接。

② 核心交换机通过两个双绞线千兆位端口，采用链路聚合技术和汇聚交换机连接。

③ 汇聚层的交换机可采用堆栈技术连接，进一步扩展端口实际可用的带宽。

④ 核心交换机和汇聚交换机都要留有可扩展端口。

⑤ 连接工作站和打印机等设备。

⑥ 连接外网。

⑦ 网络中的所有设备都必须用上，尽可能地保障负载均衡，无性能瓶颈。

图 5-1 所示为基本的网络拓扑结构图。

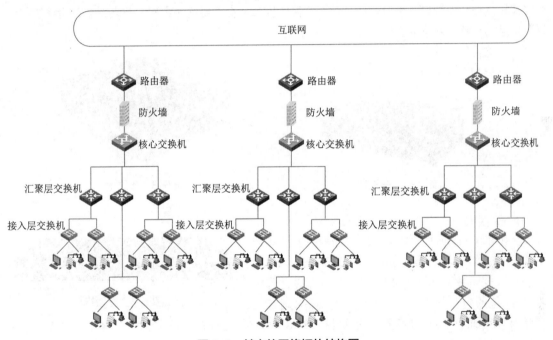

图 5-1　基本的网络拓扑结构图

5.2　网络互联设备及智能化发展

5.2.1　网络互联设备

为了实现网络更大范围的数据通信和资源共享，需要将若干局域网连接形成一个互联网络。将网络互相连接起来使用的中间设备，称为网络互联设备。常用的网络互联设备有中继器、交换机、路由器和网关等。它们工作所在的协议层不同，实现的功能也不相同。中继器实现物理层协议转换、在电缆间转换二进制信号，交换机实现物理层和数据链路层协议转换，路由器实现网络层和以下各层协议转换。

1. 中继器

中继器（Repeater）工作于 OSI 的第一层（物理层），如图 5-2 所示。中继器是最简单的网络互联设备，连接同一个网络的两个或多个网段，主要完成物理层的功能，负责在两个网络节点的物理层上按位传递信息，完成信号的复制、调整和放大功能，以此增加信号传输的距离，延长网络的长度和覆盖区域，支持远距离的通信。中继器只将任何电缆段上的数据发送到另一段电缆上，并不管数据中是否有错误数据或不适于网段的数据。

2. 集线器

集线器（Hub）工作在 OSI 的第一层（物理层），如图 5-3 所示。集线器可以对接收到的信号进行再生整形放大后传输到其他节点，是星型结构以太网的中心连接设备，所有节点通过非屏蔽双绞线与它连接。集线器内部采用"总线"方式，因此在一个使用集线器组成的局域网中，所有的主机和集线器都应该使用相同的速率。

每个集线器内部构成一个冲突域，当集线器接到某个节点发送的帧时，立即将数据帧以广播方式转发到其他端口，不管这些端口所连接的设备是否需要这些数据。节点越多，集线器"广播"量越大，整个网络的性能也越差。

图 5-2　中继器

图 5-3　集线器

3. 交换机

交换机（Switch）顾名思义以交换为主要功能，工作在 OSI 第二层（数据链路层），根据 MAC 地址进行数据转发，如图 5-4 所示。交换机通过分析 Ethernet 包的包头信息（其中包含了源 MAC 地址、

图 5-4　交换机

目标 MAC 地址、信息长度等），取得目标 MAC 地址后，查找交换机中存储的地址对照表（MAC 地址对应的端口），确认具有此 MAC 地址的网卡连接在哪个端口上，然后将数据包发送到对应端口，能够有效地抑制 IP 广播风暴，并且数据传输于并行状态，效率较高。

交换机的转发延迟非常小，主要得益于其硬件设计机理非常高效，为了支持各端口的最大数据传输速率，交换机内部转发数据包的背板带宽都必须远大于端口带宽，具有强大的整体吞吐率，才能为每台工作站提供更高的带宽和更高的网络利用率，才能满足大型网络环境大量数据并行处理的要求。

4. 路由器

路由器（Router）与交换机不同，是工作在 OSI 的第三层（网络层），根据 IP 进行寻址转发数据包。图 5-5、图 5-6 所示路由器是一种可以连接多个网络或网段的网络设备，能将不同网络或网段之间的数据信息进行转换，并为数据包传输分配最合适的路径，使它们之间能够进行数据传输，从而构成一个更大的网络。

路由器具有最主要的两个功能：数据通道功能和控制功能。数据通道功能包括转发决定、背板转发以及输出链路调度等，一般由特定的硬件来完成；控制功能一般用软件来实现，包括与相邻路由器之间的信息交换、系统配置、系统管理等。

图 5-5　家用路由器

图 5-6　企业级路由器

5. 网关

网关（Gateway）又称协议转换器，它是一种逻辑设备，只要实现了网关功能的设备就称为网关。而上面所述的中继器、交换机、路由器等属于物理设备，两者不是一类问题，但是为了方便参考还是放到这里一并介绍。

网关是一种复杂的网络连接设备，可以支持不同协议之间的转换，实现不同协议网络之间的互联。网关具有对不兼容的高层协议进行转换的能力，为了实现异构设备之间的通信，网关需要对不同的链路层、专用会话层、表示层和应用层协议进行翻译和转换。所以，网关兼有路由器、交换机、中继器的特性。

若要使两个完全不同的网络（异构网）连接在一起，一般使用网关，在 Internet 中两个网络也要通过一台称为网关的计算机实现互联。这台计算机能根据用户通信目标计算机的 IP 地址，决定是否将用户发出的信息送出本地网络，同时，它还将外界发送给属于本地网络计算机的信息接收过来，它是一个网络与另一个网络相联的通道。为了使 TCP/IP 协议能够寻址，该通道被赋予一个 IP 地址，这个 IP 地址称为网关地址。

所以，网关的作用就是将两个使用不同协议的网络段连接在一起，对两个网络段中使用不同传输协议的数据互相进行翻译与转换。在互联设备中，由于协议转换的复杂性，一般只能进行一对一地转换，或者少数几种特定应用协议的转换。

5.2.2　智能路由器

智能路由器就是智能化管理的路由器，相比于普通路由器，它更像一台个人计算机，具有独立的操作系统，自带存储，可以由用户自行安装各种应用软件，可以通过手机 App 远程连接控制，自行控制带宽、自行控制在线人数、自行控制浏览网页、自行控制在线时间、拥有 USB 外接硬盘等一系列功能，还可以限制不良网页、远程下载、远程开关机、实现 VPN、自动休眠和唤醒，是真正做到网络和设备智能化管理的一种路由器设备。

目前，针对路由器的市场分析和围绕路由器未来发展的探讨正在进行，其中最让普通用户充满期待的是智能路由器在家庭方面的应用。

智能路由器的优势有以下几点：

1. 智能路由器设置更方便

普通路由器设置往往较为复杂，初次安装设置需要借助计算机，然后登录路由器管理界面，将上网账号等信息填写进去，然后完成设置。

而智能路由器使用更加简单，不仅可以通过计算机完成初次配置，还可以通过智能手机、平板计算机等设备完成设置，并且设置步骤更加简洁，支持一键操作。

2. 智能路由器具备强大的扩展性

普通路由器扩展性非常有限，无法安装应用软件，无法附加硬盘等存储设备，而智能路由器可以安装第三方应用软件，实现更加丰富的功能。

3. 智能路由器更加针对移动化

普通路由器最初针对的是计算机上网，对智能手机等移动设备并没有考虑到，而随着智能手机以及平板计算机等设备日益流行起来，智能路由器针对移动智能设备更加友好，联合移动设备推出了更多的功能。

4. 智能路由器传输速度更快

如今很多智能路由器均配备 2.4 GHz 频段和 5GHz 频段双 Wi-Fi 传输，由于 11.ac 支持 5 GHz 频段，所以在内网可以快速进行数据传输，可以满足高清电影等大宽带需求设备无线使用。

智能路由器在智能家居规划中起到中枢和桥梁作用，智能路由器市场也成为了厂商争夺的重点。小米在强化智能路由器现有功能的同时，开始在智能家居领域布局路由器的控制中心功能。如今，小米路由器已经进化到了第四代，增加了 MiNet 功能，小米或米家的智能设备一键即可完成联网。华为路由器通过"芯－端－云"的协同，实现智能家居生态的连接。华为路由器成为其 HiLink 智能家居的核心设备、家居设备物联的"枢纽"。生产厂家在强化智能路由器现有功能的同时，开始在智能家居领域布局路由器的控制中心功能。通过联网实现家居产品的互通互联，以及路由器对家居产品的智能控制与管理。

5.2.3 智能光纤网络设备

在万物互联、光进铜退的大背景之下，光纤网络发展迅猛，日益扩大规模的同时也给电网光纤的管控带来了巨大挑战，故障排查、状态监测、光纤沉降等问题屡见不鲜，随之而来的是资源上的巨大浪费，成为能源行业发展的隐忧。

智能光纤网络是在光选路和信令控制下完成自动交换连接功能的新一代光网络，一种具备标准化智能的光传送网。利用独立的自动交换传送网／自动交换光网络控制通过各种传送网。智能光纤网络可以实现：按需带宽业务、波长批发、波长出租、分级的带宽业务、动态波长分配租用业务、带宽交易、光拨号业务、动态路由分配、光层虚拟专用网（OVPN）等，促使传统的传送网向业务网方向演进。智能光纤网络的优势在于：

① 允许将网络资源动态地分配给路由，缩短了业务层升级扩容时间，增加了业务层节点的业务量负荷。

② 具有可扩展的信令能力集。

③ 具有快速提供和拓展业务的能力。

④ 可降低维护管理运营费用。

⑤ 具有光层的快速业务恢复能力。

⑥ 减少了用于新技术配置管理的运行支持系统软件的需要。

国际电信联盟电信标准分局（ITU-T）、光互联论坛（OIF）和互联网工程任务组（IETF）参与了智能光网络标准工作。智能光网络在广域网或城域网的应用已经开始实施。

智能光纤配线架是智能光纤网络重要的一个部件，该系统由操作系统、机架控制单元（Rack Control Unit，RCU）（见图 5-7）、面板控制单元（Panel Control Unit，PCU）（见图 5-8）等部件构成，可以无线识别智能跳接系统。RCU 是智能光纤配线架的中央处理系统，最多可以支持

42 个 PCU 运行，可进行数据分析、存储、处理、转换，实现现场监控、识别、远程管理等运用；PCU 是 RCU 运行的子单元，安装 RJ–45 模块，运用无线射频识别（RadioFrequecyIdetificatio，RFID）技术实现无线识别功能，RFID 扫描器可以识别和读取带 RFID 应答器的跳线，及时监控端口的状态，连接或者断开，LED 指示灯亮为连接良好，灯灭为连接断开，灯闪烁连接错误。PCU 扫描器（见图 5-9）可以记录和读写应答器的数据，例如电缆的型号、类别、长度等。RCU 的 BUS 线为 PCU 的 RFID 扫描模块提供能源。

图 5-7　机架控制单元

图 5-8　面板控制单元

图 5-9　PCU 扫描器

5.3　交换机的配置

5.3.1　交换机的工作原理

交换机（Switch）是在网桥的基础上发展出来的，是集线器的升级替代产品。集线器是多端口的中继器，主要功能和中继器一样，也是对接收到的信号进行再生整形放大。集线器采用广播方式发送，当它要向某节点发送数据时，不是直接把数据发送到目的节点，而是把数据发送到与集线器相连的所有节点。它是多节点共享的信道，即共享集线器的背板总线带宽。自 1994 年以后，局域网内基本不再采用通过集线器组建共享式网络，而是采用交换机组建交换式网络。与集线器不同，交换机能够直接对目的节点发送数据帧，其中关键技术就是交换机可以识别连在网络上的节点的 MAC 地址，并把它们放到 MAC 地址表中。这个 MAC 地址表存放于交换机的缓存中，当需要向目的地址发送数据时，交换机就可以在 MAC 地址表中查找这个 MAC 地址的节点位置，直接向这个位置的节点发送。这种方式只是对目的地址发送数据，不易产生网络阻塞，提高了转发效率；另一方面保障了数据安全，发送数据时其他节点很难侦听到所发送的信息。

1. 交换机与集线器的区别

① 在 OSI 参考模型中的工作层次不同：交换机和集线器在 OSI 参考模型中对应的层不一样，

集线器工作在物理层，交换机一般工作在第二层，级别较高的交换机可以工作在网络层和传输层。

② 数据传输方式不同：集线器的数据传输方式是共享信道广播方式，交换机的数据传输是有目的的，数据只对目的节点发送，只是在自己的 MAC 地址表中找不到目的 MAC 地址的情况下才使用泛洪方式发送，交换机具有 MAC 地址学习功能，MAC 地址表添加完成之后，就不需要再泛洪发送。

③ 带宽占有方式不同：集线器所有端口是共享集线器的总带宽，交换机的每个端口都有自己的带宽。例如，购买了一台 100 Mbit/s 的集线器，所有端口共享 100 Mbit/s 的背板总线带宽；而如果购买了一台 100 Mbit/s 的交换机，交换机的每个端口都可以提供 100 Mbit/s 的带宽。这样交换机的传输速度比集线器要快很多。

2. 交换机的冲突域与广播域

在以太网中，如果某个 CSMA/CD 网络上的两台计算机在同时通信时会发生冲突，那么这个 CSMA/CD 网络就是一个冲突域（Collision Domain)。广播是一种信息的传播方式，指网络中的某一设备同时向网络中所有的其他设备发送数据，这个数据所能广播到的范围即为广播域 (Broadcast Domain)。集线器所有端口共享一个冲突域，共享一个广播域。交换机能缩小冲突域的范围，交换机的每一个端口就是一个冲突域，所有端口共享一个广播域。

5.3.2 交换机的配置方式

以太网交换机的配置方式最常用的是 Console 口配置和 Telnet 远程登录配置。

1. Console 口配置方式

通过 Console 口连接交换机，一般首次配置网络设备都会采用这种方式，配置的时候需要直连设备。用一根一头 RJ-45、一头 COM 口的 Console 配置线连接交换机和计算机。计算机上需要安装 HyperTerminal 超级终端程序。Windows 7 及以上系统需要下载安装。运行超级终端程序，连接口设置为串口，根据实际连接的 COM 口进行设置，如果是 COM1 就设置成 COM1，大多数的交换机 Console 的比特率是 9 600，参数设置完成之后就可以进入交换机的配置界面。

2. Telnet 远程登录配置方式

如果通过 Telnet 配置计算机，用一根网线的一端连接交换机的以太网口，另一端连接到 PC 的网卡接口上。

① 通过 Telnet 客户端软件使用 Telnet 协议登录到交换机进行管理。

② 通过 SSH 客户端软件使用 SSH 协议登录到交换机进行管理。

③ 通过 Web 浏览器使用 HTTP 协议登录到交换机进行管理。

④ 通过网络管理软件（如 Cisco Works）使用 SNMP 协议对交换机进行管理。

是否支持这些管理方式，需要根据不同厂商的不同产品而定。

5.3.3 交换机的配置模式

交换机的命令行接口（Command-Line Interface, CLI）界面由网络设备的操作系统（Internetworking Operating System, IOS）提供，它由一系列配置命令组成，根据这些命令在配置管理交换机时所起的作用不同，IOS 将这些命令分类，不同类别的命令对应不同的配置模式，如表 5-1 所示。

表 5–1　交换机配置模式及相应命令

工 作 模 式		提 示 符	输 入 命 令
用户模式		Switch>	开机自动进入
特权模式		Switch#	Switch>enable
全局模式		Switch(config)#	Switch#configure terminal
子模式	VLAN 模式	Switch(config–vlan)#	Switch(config)#vlan 100
	接口模式	Switch(config–if)#	Switch(config)#interface fa0/1
	线程模式	Switch(config–line)#	Switch(config)#line console 0

5.3.4　常用交换机的配置命令

1. clock set

特权配置模式命令，用于设置系统日期和时钟。可以使用 show clock 查看系统日期时钟。

例如：设置交换机当前日期为 2019 年 12 月 1 日 17 时 01 分 10 秒。

```
Switch#clock set 17:01:10 1 December 2019
Switch#show clock
*17:1:40.429 UTC Sun Dec 1 2019
```

2. hostname

全局配置模式命令，用于设置设备的名称，即出现在交换机 CLI 提示符中的名字。

例如：设置交换机的名称为 cisco2960。

```
Switch(config)#hostname cisco2960
cisco2960(config)#
```

3. enable password

全局配置模式命令，用于设置交换机的 enable 密码，即从一般用户模式进入特权用户模式时，需要输入的密码，使用 enable password 配置时此密码没有加密。配置 enable 密码，可以防止非特权用户的非法进入，建议网络管理员在首次配置交换机时就设置 enable 密码。系统默认的特权用户密码为空。

例如：设置交换机的 enable 密码（非加密）为 abc。

```
Switch(config)# enable password abc
```
配置完成后如果从一般用户配置模式进入到特权配置模式，会提示输入密码，显示如下：

```
Switch>enable
Password:
Switch#
```

输入正确的 enable 密码才能进入特权配置模式。

4. enable secret

全局配置模式命令，用于设置交换机的 enable 密码，也就是从一般用户模式进入特权用户模式时，需要输入的密码，使用 enable secret 配置时此密码会以 MD5 加密。如果 enable password 和 enable secret 均设置了密码，以 enable secret 设置的加密密码有效。

例如：设置交换机的 enable 密码（加密）为 cisco。

```
Switch(config)#enable secret cisco
```

5. shutdown

接口配置模式命令，用于临时将某个端口关闭，当执行此命令后，系统会在终端控制台显示信息，通知端口转换为关闭状态，使用 no shutdown 命令可以启动该端口。

例如：关闭交换机的 fastethernet0/1 端口。

```
Switch(config)#interface fastethernet 0/1
Switch(config-if)#shutdown
%LINK-5-CHANGED: Interface FastEthernet0/1, changed state to administratively
down
Switch(config-if)#no shutdown
%LINK-5-CHANGED: Interface FastEthernet0/1, changed state to down
Switch(config-if)#
```

6. erase startup–config

特权配置模式命令，用于删除启动配置文件。注意：删除启动配置文件后，对交换机所作的配置内容均丢失。

例如：删除启动配置文件。

```
Switch#erase startup-config
Erasing the nvram filesystem will remove all configuration files!
Continue? [confirm]Y[OK]
Erase of nvram: complete
%SYS-7-NV_BLOCK_INIT: Initialized the geometry of nvram
Switch#
```

7. reload

特权配置模式命令，用于重新启动交换机（热启动）。输入 y 或 n 可以进行重启或取消重启。

例如：重启交换机。

```
Switch#reload
Proceed with reload? [confirm]YC2960 Boot Loader (C2960-HBOOT-M) Version
12.2(25r)FX, RELEASE SOFTWARE (fc4)
Cisco WS-C2960-24TT (RC32300) processor (revision C0) with 21039K bytes of
memory.
2960-24TT starting...
Base ethernet MAC Address: 0060.475A.4660
Xmodem file system is available.
Initializing Flash...
flashfs[0]: 1 files, 0 directories
flashfs[0]: 0 orphaned files, 0 orphaned directories
flashfs[0]: Total bytes: 64016384
flashfs[0]: Bytes used: 4414921
flashfs[0]: Bytes available: 59601463
flashfs[0]: flashfs fsck took 1 seconds.
...done Initializing Flash.

Boot Sector Filesystem (bs:) installed, fsid: 3
Parameter Block Filesystem (pb:) installed, fsid: 4
```

```
Loading "flash:/c2960-lanbase-mz.122-25.FX.bin" ...
################################################################### [OK]
                        Restricted Rights Legend

Use, duplication, or disclosure by the Government is
subject to restrictions as set forth in subparagraph
(c) of the Commercial Computer Software - Restricted
Rights clause at FAR sec. 52.227-19 and subparagraph
(c) (1) (ii) of the Rights in Technical Data and Computer
Software clause at DFARS sec. 252.227-7013.
                        cisco Systems, Inc.
                    170 West Tasman Drive
                San Jose, California 95134-1706
Cisco IOS Software, C2960 Software (C2960-LANBASE-M), Version 12.2(25)FX,
RELEASE SOFTWARE (fc1)
Copyright (c) 1986-2005 by Cisco Systems, Inc.
Compiled Wed 12-Oct-05 22:05 by pt_team
Image text-base: 0x80008098, data-base: 0x814129C4


Cisco WS-C2960-24TT (RC32300) processor (revision C0) with 21039K bytes of
memory.
24 FastEthernet/IEEE 802.3 interface(s)
2 Gigabit Ethernet/IEEE 802.3 interface(s)


63488K bytes of flash-simulated non-volatile configuration memory.
Base ethernet MAC Address : 0060.475A.4660
Motherboard assembly number : 73-9832-06
Power supply part number : 341-0097-02
Motherboard serial number : FOC103248MJ
Power supply serial number : DCA102133JA
Model revision number : B0
Motherboard revision number : C0
Model number : WS-C2960-24TT
System serial number : FOC1033Z1EY
Top Assembly Part Number : 800-26671-02
Top Assembly Revision Number : B0
Version ID : V02
CLEI Code Number : COM3K00BRA
Hardware Board Revision Number : 0x01


Switch    Ports    Model          SW Version    SW Image
------    -----    -------------  ----------    ---------------
  1        26      WS-C2960-24TT  12.2          C2960-LANBASE-M


Cisco IOS Software, C2960 Software (C2960-LANBASE-M), Version 12.2(25)FX,
RELEASE SOFTWARE (fc1)
Copyright (c) 1986-2005 by Cisco Systems, Inc.
Compiled Wed 12-Oct-05 22:05 by pt_team


Press RETURN to get started!
```

8. ping

特权配置模式命令，用来测试设备间的连通性。感叹号"！"表示 ping 通，而点号"．"表示没有 ping 通。

例如：ping 192.168.1.1 通，ping 192.168.1.254 不通。

```
Switch#ping 192.168.1.1
Type escape sequence to abort.
Sending 5, 100-byte ICMP Echos to 192.168.1.1, timeout is 2 seconds:
!!!!!
Success rate is 100 percent (5/5), round-trip min/avg/max = 0/1/5 ms
Switch#ping 192.168.1.254
Type escape sequence to abort.
Sending 5, 100-byte ICMP Echos to 192.168.1.254, timeout is 2 seconds:
...
Success rate is 0 percent (0/5)
Switch#
```

9. write 或 copy running-config startup-config

特权配置模式命令，用于将当前运行配置文件保存到 NVRAM 中并成为启动配置文件。当用户完成一组配置，并且已经达到预定功能时，应将当前配置保存到 NVRAM 中，即保存当前运行配置文件 running-config 为启动配置文件 startup-config，以便因不慎关机或断电时，系统可以自动恢复到原先保存的配置。使用 write 或 copy running-config startup-config 命令均可。

例如：保存运行配置文件为启动配置文件。

```
Switch#copy running-config startup-config
Destination filename [startup-config]?
Building configuration...
[OK]
Switch#write
Building configuration...
[OK]
Switch#
```

10. show arp

特权配置模式命令，用于显示交换机上当前 ARP 缓冲区的内容。

例如：显示交换机的 ARP 缓冲区。

```
Switch#show arp
Protocol Address Age (min) Hardware Addr Type Interface
Internet 192.168.1.1 0 000C.8596.EA3C ARPA Vlan1
Internet 192.168.1.10 - 000C.8506.E91C ARPA Vlan1
Switch#
```

11. show mac-address-table

特权配置模式命令，用于显示交换机上的 MAC 地址表的内容。

例如：显示交换机的 MAC 地址表。

```
Switch#show mac-address-table
Mac Address Table
-------------------------------------------
```

```
Vlan        Mac Address          Type        Ports
----        -----------          --------    -----

   1        000c.8596.ea3c       DYNAMIC     Fa0/1
Switch#
```

12. show flash

特权配置模式命令，用于显示保存在 FLASH 中的文件及大小。

例如：显示交换机 FLASH 中的文件。

```
Switch#show flash
Directory of flash:/

1   -rw-    4414921    <no date>    c2960-lanbase-mz.122-25.FX.bin
2   -rw-    1043       <no date>    config.text

64016384 bytes total (59600420 bytes free)
Switch#
```

13. show interface

特权配置模式命令，用于显示交换机的端口信息，包括交换机物理端口、VLAN 虚接口等。

例如：显示 F0/1 的端口信息，以下只给出显示的部分内容，要注意交换机端口的状态信息为 up 或者 down。

```
Switch#show interface fastethernet 0/1
FastEthernet0/1 is up, line protocol is up (connected)
Hardware is Lance, address is 00d0.bc5c.0101 (bia 00d0.bc5c.0101)
BW 100000 Kbit, DLY 1000 usec,
reliability 255/255, txload 1/255, rxload 1/255
Encapsulation ARPA, loopback not set
Keepalive set (10 sec)
Full-duplex, 100Mb/s
...
Switch#
```

14. show running-config

特权配置模式命令，显示当前状态下生效的交换机运行配置文件。当用户完成一组配置后，需要验证是否配置正确，则可以执行这个命令查看当前生效的参数。

15. show startup-config

特权配置模式命令，显示当前运行状态下写在 NVRAM 中的交换机启动配置文件，通常也是交换机下次加电启动时所用的配置文件。show running-config 和 show startup-config 命令的区别在于，当用户完成一组配置之后，通过 show running-config 可以看到配置的内容增加，而通过 show startup-config 却看不出配置内容的变化。但若用户通过 write 命令，将当前生效的配置保存到 FLASH 中时，show running-config 的显示与 show startup-config 的显示结果一致。

16. show version

特权配置模式命令，显示交换机版本信息。通过查看版本信息可以获知硬件和软件所支持的功能特性。

5.3.5 交换机的常用配置

1. 交换机的管理安全配置

交换机在网络中作为一个中枢设备，它与许多工作站、服务器、路由器相连接。大量的业务数据也要通过交换机来进行传送转发。如果交换机的配置内容被攻击者修改，很可能造成网络的工作异常，因此网络管理员要对交换机进行管理安全配置，保证其运行安全。

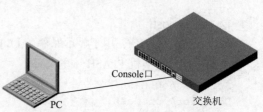

图 5-10　连接交换机的 Console 口

（1）Console 口管理安全配置

以图 5-10 作为示例图，对交换机连接 Console 口方式进行介绍。

① 用户从 Console 口连接到交换机一般用户配置模式时，要求检查用户名和密码。配置内容如下：

```
Switch>enable
// 从一般用户配置模式进入到特权配置模式
Switch#configure terminal
// 从特权配置模式进入到全局配置模式
Switch(config)#username jsj  password white
// 定义一个本地的用户名 jsj，密码为 white
Switch(config)#line console 0
// 进入 Console 线路配置模式
Switch(config-line)#login local
//Console 口登录时验证本地配置的用户名和密码
Switch(config-line)#exec-timeout 10
```
// 设置退出特权用户配置模式超时时间为 10 min。为确保交换机使用的安全性，防止非法用户的恶意操作，当用户在做完最后一项配置后，开始计时，到达设置时间值时，如果用户没有任何操作，系统就自动退出特权用户配置模式。用户如果想再次进入特权用户配置模式，需要再次输入特权用户密码
```
Switch(config-line)#exit
// 从 Console 线路配置模式退出到全局配置模式
Switch(config)#exit
// 从全局配置模式退出到特权配置模式
Switch#write
// 保存运行配置文件为启动配置文件
Switch#reload
```
// 交换机重新热启动，通过 Console 口登录时，显示内容如下，需要输入用户名 jsj 和密码 white
```
User Access Verification
Username: jsj
Password: *****
Switch>
```

② 用户从 Console 口进入到交换机一般用户配置模式时，只检查密码。配置内容如下：
```
Switch(config)#line console 0
Switch(config-line)#password gray
// 设置 Console 密码为 gray。
Switch(config-line)#login
//Console 口登录时验证设置的密码
Switch(config-line)#exit
Switch(config)#exit
```

```
Switch#write
Switch#reload
// 通过 Console 口登录时，显示内容如下，只需要输入密码 gray
User Access Verification
Password:****
Switch>
```

说明：如果在 Console 线路配置模式下，使用 login local 则采用第一种验证方法，即验证用户名和密码，使用 login 则采用第二种验证方法，即只验证密码。

（2）Telnet 方式管理安全配置

以图 5-11 作为示例图，对交换机远程管理 Telnet 方式进行介绍。

① 配置要求：用户 Telnet 登录进入到交换机一般用户配置模式时，要求检查用户名和密码。配置内容如下：

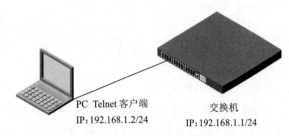

PC Telnet 客户端　　　　　　　交换机
IP：192.168.1.2/24　　　　　　IP：192.168.1.1/24

图 5-11　Telnet 远程连接交换机

```
Switch>enable
Switch#configure terminal
Switch(config)#interface vlan 1
// 进入管理 VLAN1 虚接口配置模式，交换机出厂时默认管理 VLAN 为 1。在进行远程管理之前必须
通过本地管理即 Console 口方式配置交换机的 IP 地址
Switch(config-if)#ip address 192.168.1.1 255.255.255.0
// 配置交换机的 IP 地址为 192.168.1.1，子网掩码为 255.255.255.0
Switch(config-if)#no shutdown
// 启动接口
Switch(config-if)#exit
// 退出接口配置模式
Switch(config)#ip default-gateway 192.168.1.254
// 设置交换机的默认网关为 192.168.1.254。为了使网络管理人员可以在不同的 IP 网段管理此交
换机，可以设置默认网关地址，此地址实际是和交换机某个端口相连的路由器以太网接口的 IP 地址
Switch(config)#username  jsj  password  red
// 定义一个本地的用户名 jsj，密码为 red
Switch(config)#line vty 0  4
// 进入虚拟终端线路配置模式，编号为 0、1、2、3、4 共 5 个虚拟终端，0~4 表示可以同时打开 5
个会话，即同时可以有 5 个 Telnet 客户端登录到交换机上
Switch(config-line)#login local
//Telnet 登录时验证本地配置的用户名和密码
Switch(config-line)#exit
Switch(config)#
```

按照以上完成交换机配置以后，配置 Telnet 客户端 IP 地址为 192.168.1.2，进入 Windows 命令提示符下，输入 telnet 192.168.1.1，显示内容如下所示，输入正确的用户名 jsj 和密码 red，成功地进入交换机的 CLI 配置界面。

```
C:>telnet 192.168.1.1
Trying 192.168.1.1...Open
User Access Verification
Username:jsj
Password:***
```

```
Switch>
```

② 配置要求：用户 Telnet 登录进入交换机一般用户配置模式时，只检查密码。首先完成交换机的管理 IP 地址配置之后，不需要配置本地用户，即不需要使用 username 命令，进行以下配置内容：

```
Switch(config)#line vty  0  4
Switch(config-line)#password  blue
// 设置 vty 密码为 blue
Switch(config-line)#login
//vty 登录时验证设置的密码
Switch(config-line)#exit
Switch(config)#
```

按照以上完成交换机配置以后，在 Telnet 客户端的命令提示符下，输入 telnet 192.168.1.1，显示内容如下所示，只需要输入正确的密码 blue，即可成功地进入到交换机的 CLI 配置界面。

```
C:>telnet 192.168.1.1
Trying 192.168.1.1...Open
User Access Verification
Password:
Switch>
```

说明：如果在虚拟终端（vty）线路配置模式下，使用 login local 则采用第一种验证方法，即不但验证用户名同时还验证密码，使用 login 则采用第二种验证方法，即只验证密码。

另外，如果交换机没有设置 enable 密码，则远程管理虚拟终端 Telnet 方式只能进入一般用户配置模式，而无法进入特权配置模式。

（3）Enable 密码配置

参见常用的交换机配置命令 enable password 和 enable secret。

（4）SSH 方式管理安全配置

Telnet 服务在本质上是不安全的，因为 Telnet 在网络上使用明文传送口令且数据网络攻击者可以截获这些口令和数据，这样就会造成对网络设备安全性的威胁。

SSH 的英文全称是 Secure Shell。通过使用 SSH，可以把所有传输的数据进行加密，所以 SSH 是交换机远程管理的优选方法。

示例如图 5-12 所示，完成以下配置内容。

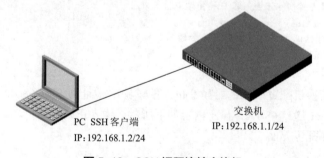

PC SSH 客户端
IP:192.168.1.2/24

交换机
IP:192.168.1.1/24

图 5-12　SSH 远程连接交换机

```
Switch>enable
Switch#configure terrninal
Switch(config)#interface vlan 1
```

```
Switch(config-if)#ip address 192.168.1.1 255.255.255.0
Switch(config-if)#no shutdown
Switch(config-if)#ip domain-name myzone.com
```
// 设置交换机所在的域为 myzone.com
```
Switch(config)#crypto key generate rsa
```
// 根据交换机的名称 switch.myzone.com 产生 SSH 所需的密钥
```
The name for the keys will be:Switch.myzone.com
Choose the size of the key modulus in the range of 360 to 2048 for your
General Purpose Keys.Choosing a key modulus greater than 512 may take a few
minutes.
How many bits in the modulus[512]:2048
```
// 提示确定密钥的长度，默认为 512，推荐为 1024 或 2048
```
%Generating 2048 bit RSA keys,keys will be non-exportable...[OK]
Switch(config)#username jsj password yellow
```
// 定义一个本地的用户名 jsj，密码为 yellow
```
Switch(config)#line vty  0  4
Switch(config-line)#transport  input  ssh
```
// 设置虚拟终端的接入为 SSH 接入，默认为 transport input telnet，即默认情况虚拟终端
允许 Telnet 接入
```
Switch(config-line)#login local
Switch(config-line)#exit
Switch(config)#
```

完成以上配置内容后，用户端无法再通过虚拟终端 Telnet 方式接入交换机，只能通过虚拟终端 SSH 方式接入交换机，比较出名的 SSH 客户端软件为 SecureCRT。

2. 交换机配置文件、IOS 的备份和 IOS 的升级

对交换机做好相应的配置之后，网络管理员会把正确的配置从交换机上下载并保存在稳妥的地方，防止日后如果交换机出了故障导致配置文件丢失的情况发生。有了保存的配置文件，直接上传到交换机上，就会避免重新配置的麻烦。同时也需要将交换机的 IOS 进行备份，以备交换机 IOS 出现（网络操作系统）故障后可以进行恢复。

下面就介绍一种目前较流行的上传和下载的方法——采用 TFTP 服务器。

在使用 TFTP 服务器上传和下载配置文件之前，要使得 TFTP 服务器与交换机是互相 ping 通的，如图 5-13 所示。

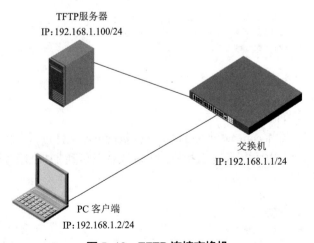

TFTP服务器
IP:192.168.1.100/24

交换机
IP:192.168.1.1/24

PC 客户端
IP:192.168.1.2/24

图 5-13 TFTP 连接交换机

（1）交换机配置文件的上传和下载

交换机配置文件上传是将交换机的当前运行配置文件 running-config 或启动配置文件 startup-config 保存到 TFTP 服务器上做备份。交换机配置文件下载是从 TFTP 服务器下载以前备份的文件到交换机上，作为启动配置文件。

① 在交换机上完成以下配置后，将把交换机的启动配置文件 startup-config 保存到 TFTP 服务器的根目录中，文件名为 Backupstart。配置内容和显示结果如下：

```
Switch#copy startup-config tftp:
// 复制启动配置文件到 TFTP 服务器上
Address or name of remote host[]?192.168.1.100
// 提示输入远程 TFTP 服务器的 IP 地址或主机名
Destination filename[Switch-confg]?Backupstart
// 提示输入目的文件名
!!
[OK-1143 bytes]
1143 bytes copied in 0.042 secs(27000 bytes/sec)
Switch#
```

② 在交换机上完成以下配置后，将把交换机的运行配置文件 running-config 保存到 TFTP 服务器的根目录中，文件名为 Backupruning。配置内容和显示结果如下：

```
Switch#copy running-config tftp:
// 复制运行配置文件到 TFTP 服务器上
Address or name of remote host[ ]?192.168.1.100
Destination filename[Switch-confg]?Backuprunning
!!
[OK-1143 bytes]
1143 bytes copied in 0.014 secs(81000 bytes/sec)
Switch#
```

③ 把 TFTP 服务器的根目录上备份的文件保存为交换机的启动配置文件 startup-config。配置内容和显示结果如下：

```
Switch#copy tftp: startup-config
// 复制 TFTP 服务器上文件为启动配置文件
Address or name of remote host[]?192.168.1.100
Source filename[]?Backupstart
// 提示输入源文件名
Destination filename[startup-config]?startup-config
Accessing tftp://192.168.1.100/backupstart...
Loading backupstart from 192.168.1.100:!
[OK-1143 bytes]
1143 bytes copied in 0.004 secs(285750 bytes/sec)
Switch#
```

（2）交换机 IOS 文件的备份

同样使用 TFTP 服务器和 copy 命令也可以对交换机的 IOS 文件进行上传和下载。

在交换机上完成以下配置后，将把交换机的 IOS 文件备份到 TFTP 服务器的根目录上。配置内容和显示结果如下：

```
Switch#show flash
System flash directory:
File Length Name/status
```

```
3 8662192 c3560-advipservicesk9-mz.122-37.SE1.bin
2 28282sigdef-category.xml
1 227537 sigdef-default.xml
[8918011 bytes used,55098373 available,64016384 total]
63488K bytes of processor board System flash(Read/Write)
Switch#copy flash: tftp:
```
// 复制 FLASH 中文件到 TFTP 服务器上
```
Source filename[]?c3560-advipservicesk9-mz.122-37.SE1.bin
Address or name of remote host[]?192.168.1.100
Destination filename[c3560-advipservicesk9-mz.122-37.SEl.bin]?bk3560ios
!!!!!!!!!!!!!!!!!!!!!!!!!!!!!!!!!!!!!!!!!!!!!!!!!!!!!!!!!!!!!!!!!!!!!!!!!!!
!!!!!!!!!!!!!!!!!!!!!!
       !!!!!!!!!!!!!!!!!!!!!!!!!!!!!!!!!!!!!!!!!!!!!!!!!!!!!!!!!!!!!!!!!!!!
!!!!!
[OK-8662192 bytes]
8662192 bytes copied in 0.713 secs(12148000 bytes/sec)
Switch#
```

（3）交换机 IOS 文件的升级

交换机的 IOS 文件升级过程很简单，首先将新的 IOS 文件复制到 FLASH 中，然后再配置交换机在下次重新启动时加载新的 IOS 文件即可，而原有的 IOS 文件，网络管理员保留或者删除。

例如：将 Cisco C2960–24TT 交换机的原来 IOS（C2960–lanbase–mz.122–25.1FX.bin）升级为新的 IOS（C2960–lanbase–mz.122–25.SEE1.bin），并设置 C2960–24TT 下次启动时，加载新的 IOS。配置过程和显示内容如下：

```
Switch#show flash:
Directory of flash:/
1 -rw-4414921
<no date> c2960-lanbase-mz.122-25.FX.bin
64016384 bytes total(59601463 bytes free)
Switch#copy tftp: flash:
Address or name of remote host[]? 192.168.1.100 agunoonolii moianizotl
Source filename[]?c2960-lanbase-mz.122-25.SEE1.bin
Destination filename[c2960-lanbase-mz.122-25.SEE1.bin]?
Accessing tftp://192.168.1.100/c2960-lanbase-mz.122-25.SEE1.bini
Loading c2960-lanbase-mz.122-25.SEE1.bin from 192.168.1.100: iyofcpog
satvd Clir
!!!!!!!!!!!!!!!!!!!!!!!!!!!!!!!!!!
[OK-4670455 bytes]
!!!!!!!!!!!!!!!!!!
4670455 bytes copied in 0.574 secs(654159 bytes/sec)
Switch#show flash:
Directory of flash:/MNN
1-rw-4414921<no date> c2960-lanbase-mz.122-25.FX.bin
2 -rw-4670455<no date> c2960-lanbase-mz.122-25.SEE1.bin
64016384 bytes total(54931008 bytes free)
Switch#config t
Switch(config)#boot system c2960-lanbase-mz.122-25.SEE1.bin
```
// 设定交换机启动时加载的 IOS 为 c2960-lanbase-mz.122-25.SEEI.bin。
```
Switch(config)#exit
Switch#write
Switch#delete flash:
```

```
Delete filename[]?c2960-lanbase-mz.122-25.FX.bin
Delete flash:/c2960-lanbase-mz.122-2.TLNA
Switch#
```

5.3.6　虚拟局域网

1.　VLAN 技术简介

交换机的另一应用就是可以划分虚拟局域网（Virtual Local Area Network，VLAN）。虚拟局域网是一组逻辑上的设备和用户，这些设备和用户并不受物理位置的限制，可以根据功能、部门及应用等因素将它们组织起来，相互之间的通信就好像它们在同一个网段中一样。

VLAN 技术工作在 OSI 参考模型的第二层和第三层，一个 VLAN 就是一个广播域，VLAN 之间的通信是通过具备路由功能的网络设备来完成的。IEEE 于 1999 年颁布了用于标准化 VLAN 实现方案的 802.1Q 协议标准草案。VLAN 技术的出现，使得管理员根据实际应用需求，把同一物理局域网内的不同用户逻辑地划分成不同的广播域，每一个 VLAN 都包含一组有着相同需求的计算机工作站，与物理上形成的 LAN 有着相同的属性。由于它是从逻辑上划分，而不是从物理上划分，所以同一个 VLAN 内的各个工作站没有限制在同一个物理范围中。由 VLAN 的特点可知，一个 VLAN 内部的广播和单播流量都不会转发到其他 VLAN 中，从而有助于控制流量、减少设备投资、简化网络管理、提高网络的安全性。

总的来说，VLAN 的优点如下：

① 控制网络流量：一个 VLAN 内部的通信（包括广播通信）不会转发到其他 VLAN 中，从而有助于控制广播风暴，减小冲突域，提高网络带宽的利用率。

② 提高网络的安全性：可以通过配置 VLAN 之间的路由来提供广播过滤、安全流量控制等功能。不同 VLAN 之间的通信受到限制，这样就提高了企业网络的安全性。

③ 灵活的网络管理：VLAN 机制使得工作组的划分可以突破地理位置的限制，根据管理功能来划分。基于工作流的分组模式简化了网络规划和重组的管理功能。如果根据 MAC 地址划分 VLAN，用户可以在任何地方接入交换网络，实现移动办公。如果更改用户所属的 VLAN，则不必更换端口和连线，只需改变软件配置即可。

2.　VLAN 划分方式

在交换机进行 VLAN 的配置时通常采用如下几种方式：

（1）基于端口的 VLAN

基于端口的 VLAN 是根据以太网交换机的端口来划分的。通过软件将交换机的端口分别设置到相应的 VLAN 中，处于同一个 VLAN 中的交换机端口所连接的设备属于同一个广播域，可以互相访问；处于不同 VLAN 中的交换机端口所连接的设备属于不同的广播域，不能直接互访。这样通过 VLAN 的划分分解了广播域，隔离了广播风暴。

优点：定义 VLAN 成员时非常简单，只需指定交换机的端口属于哪一个 VLAN 即可，和与端口相连的设备无关。

缺点：如果某用户离开了原来的端口，到了一个新的交换机端口，就必须重新定义新端口属于哪一个 VLAN。

（2）基于 MAC 地址的 VLAN

基于 MAC 地址的 VLAN 是根据连接在交换机上主机的 MAC 地址来划分的。根据每台主机的 MAC 地址来设置相应的 VLAN，将不同的主机划分到相应的 VLAN 中。这样每台主机属于哪个 VLAN 只和其 MAC 地址有关，与所连接的交换机端口或者 IP 地址没有关系。

优点：当用户改变物理位置（改变接入端口）时，不用重新配置。

缺点：当主机数量较多时，针对每台主机进行 VLAN 配置会使配置量增大。当用户 MAC 地址变化时（如笔记本计算机用户更换网络接口卡），常会迫使交换机更改原有配置。另外，用 MAC 地址来确定 VLAN 比较耗费时间，因此，这种方法现在很少使用。

（3）基于协议的 VLAN

基于协议的 VLAN 是根据网络中主机使用的网络协议（如 IP 协议和 IPX 协议）来划分的。由于目前大部分主机都使用 IP 协议，所以很难将广播域划分得更小，因此，这种划分方法在实际中应用得非常少。目前，基于端口划分 VLAN 是使用最普遍的一种方法，也是目前所有交换机都支持的一种 VLAN 划分方法。

3. VLAN 的基本配置

（1）单交换机 VLAN 的配置

现在以 Cisco 公司的 Catalyst 2960 系列交换机 C2960-24TT 为例，介绍 VLAN 的划分方法。

① 在没有进行 VLAN 配置的情况下，使用 show vlan 命令查看 VLAN 情况。

```
Switch#show vlan
VLAN  Name       Status   Ports
----  --------   ------   ------------------------------
  1   default    active   Fa0/1,  Fa0/2,   Fa0/3,   Fa0/4
                          Fa0/5,  Fa0/6,   Fa0/7,   Fa0/8
                           Fa0/9,  Fa0/10,  Fa0/11,  Fa0/12
                           Fa0/13,  Fa0/14,  Fa0/15,  Fa0/16
                           Fa0/17,  Fa0/18,  Fa0/19,  Fa0/20
                           Fa0/21,  Fa0/22,  Fa0/23,  Fa0/24
                           Gig0/1,  Gig0/2
1002  fddi-default       act/unsup
1003  token-ring-default act/unsup
1004  fddinet-default    act/unsup
1005  trnet-default      act/unsup
...
Switch#
```

从上可以看出，初始状态下，交换机所有的端口都属于 VLAN1。

② 创建 VLAN 的操作命令如下：

```
Switch(config)#
Switch(config)#vlan 100
// 创建 VLAN100，并进入 VLAN 配置模式，no vlan 100 为删除 VLAN100
Switch(config-vlan)#name JSJ
// 为 VLAN 指定名称为 JSJ
Switch(config-vlan)#
```

③ 将交换机端口成员添加到对应的 VLAN 操作命令如下：

```
Switch(config-vlan)#interface range fastethernet 0/1-4
// 从全局配置模式进入端口范围配置模式
Switch(config-if-range)#switchport access vlan 100
// 设置交换机端口 f0/1、f0/2、f0/3、f0/4 允许访问 VLAN100，即 1~4 号端口添加到 VLAN100 中
```

④ 通过以上配置以后，使用 show vlan 命令来查看 VLAN 配置情况，显示如下：

```
Switch#show vlan
```

```
VLAN  Name            Status     Ports
----  --------------  --------   ------------------------------
1     default         active     Fa0/5,   Fa0/6,   Fa0/7,   Fa0/8
                                 Fa0/9,   Fa0/10,  Fa0/11,  Fa0/12
                                 Fa0/13,  Fa0/14,  Fa0/15,  Fa0/16
                                 Fa0/17,  Fa0/18,  Fa0/19,  Fa0/20
                                 Fa0/21,  Fa0/22,  Fa0/23,  Fa0/24
                                 Gig0/1,  Gig0/2
100   JSJ             active     Fa0/1,   Fa0/2,   Fa0/3,   Fa0/4
1002  fddi-default    act/unsup
1003  token-ring-default  act/unsup
1004  fddinet-default act/unsup
1005  trnet-default   act/unsup
...
Switch#
```

（2）跨交换机 VLAN 的配置

① IEEE802.1Q 帧。VLAN 可以通过交换机进行扩展，这意味着不同交换机上可以定义相同的 VLAN，可以将有相同 VLAN 的交换机通过 Trunk 端口互联，处于不同交换机、但具有相同 VLAN 定义的主机将可以互相通信，Trunk 链路是干道链路，该链路上可以运载多个 VLAN 信息。

这种实现跨交换机的 VLAN 技术采用帧标记法。网络管理的逻辑结构可以完全不受实际物理连接的限制，极大地提高了组网的灵活性。要使交换机能够分辨不同 VLAN 的报文，需要在报文中添加标识 VLAN 信息的字段。IEEE 802.1Q 协议规定，在以太网数据帧的目的 MAC 地址和源 MAC 地址字段之后、协议类型字段之前加入 4 字节的 VLAN 标签（又称 VLAN Tag，简称 Tag），用于标识数据帧所属的 VLAN。传统的以太网数据帧结构如图 5–14 所示，VLAN 标签在 VLAN 数据帧中的位置如图 5–15 所示。

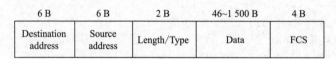

图 5–14　传统的以太网数据帧结构（无标记帧 Untagged）

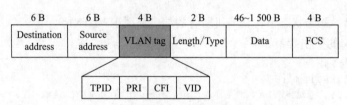

图 5–15　标签在 VLAN 数据帧中的位置（有标记帧 Tagged）

VLA 标签各字段含义如表 5–2 所示。

表 5–2　VLAN 标签各字段含义

字　段	长　度	含　义	取　值
TPID	2 B	Tag Protocol Identifier（标签协议标识符），表示数据帧类型	取值为 0x8100 时表示 IEEE 802.1Q 的 VLAN 数据帧。如果不支持 802.1Q 的设备收到这样的帧，会将其丢弃

字 段	长 度	含 义	取 值
PRI	3 bit	Priority，表示数据帧的 802.1Q 优先级	取值范围为 0 ~ 7，值越大优先级越高。当网络阻塞时，交换机优先发送优先级高的数据帧
CFI	1 bit	Canonical Format Indicator（标准格式指示位），表示 MAC 地址在不同的传输介质中是否以标准格式进行封装，用于兼容以太网和令牌环网	CFI 取值为 0 表示 MAC 地址以标准格式进行封装，为 1 表示以非标准格式封装。在以太网中，CFI 的值为 0
VID	12 bit	VLAN ID，表示该数据帧所属 VLAN 的编号	VLAN ID 取值范围是 0 ~ 4 095。由于 0 和 4 095 为协议保留取值，所以 VLAN ID 的有效取值范围是 1 ~ 4 094

以太网链路包括接入链路（Access Link）和干道链路（Trunk Link）。接入链路用于连接交换机和用户终端（如用户主机、服务器等），只可以承载 1 个 VLAN 的数据帧。干道链路用于交换机间互连或连接交换机与路由器，可以承载多个不同 VLAN 的数据帧。在接入链路上传输的帧都是 Untagged 帧，在干道链路上传输的数据帧都是 Tagged 帧。交换机内部处理的数据帧一律都是 Tagged 帧。从用户终端接收无标记帧后，交换机会为无标记帧添加 VLAN 标签，重新计算帧校验序列（FCS），然后通过干道链路发送帧；向用户终端发送帧前，交换机会去除 VLAN 标签，并通过接入链路向终端发送无标记帧。

② 多交换机 VLAN 配置。下面以图 5-16 为例，进行跨交换机 VLAN 的配置，并进行验证。

如图 5-16 所示，连接到交换机 A 上的 PC1 和交换机 B 上的 PC4 属于 VLAN10，连接到交换机 A 上的 PC2 和交换机 B 上的 PC3 属于 VLAN20。现在 PC1 给 PC4 发送数据帧，PC1 发送出来的数据帧并没有携带所属 VLAN 信息，交换机 A 会给该数据帧添加 VLAN 标签，标识该数据帧是 VLAN10 的数据帧，然后通过 Trunk 链路将该数据帧转发给交换机 B，当交换机 B 收到该数据帧后，识别并且去掉 VLAN 标签，并且根据 MAC 地址表将该数据帧转发给 PC4。

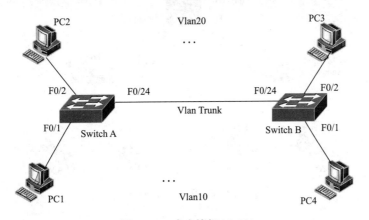

图 5-16 多交换机 VLAN

交换机 A 上配置内容如下：

```
SwitchA(config)#vlan 10
SwitchA(config-vlan)#exit
SwitchA(config)#vlan 20
```

```
SwitchA(config-vlan)#exit
SwitchA(config)#interface f0/1
SwitchA(config-if)#switchport access vlan 10
SwitchA(config-if)#exit
SwitchA(config)#interface f0/2
SwitchA(config-if)#switchport access vlan 20
SwitchA(config-if)#exit
SwitchA(config)#int f0/24
SwitchA(config-if)#switchport mode trunk
```
// 设置交换机的端口 Trunk 模式。工作在 Trunk 模式下的端口称为 Trunk 端口，可以通过多个
VLAN 的流量实现不同交换机上相同 VLAN 的互通；工作在 Access 模式下的端口称为 Access 端口，
Access 端口同时只能分配一个 VLAN。端口默认情况下为 Access 模式

交换机 B 上配置内容如下：
```
SwitchB(config)#vlan 10
SwitchB(config-vlan)#exit
SwitchB(config)#vlan 20
SwitchB(config-vlan)#exit
SwitchB(config)#interface f0/1
SwitchB(config-if)#switchport access vlan 10
SwitchB(config-if)#interface f0/2
SwitchB(config-if)#switchport access vlan 20
SwitchB(config-if)#exit
SwitchB(config)#int f0/24
SwitchB(config-if)#switchport mode trunk
```
完成以上配置之后，在相同 VLAN 中的 PC 能够互相 ping 通，在不同 VLAN 中的 PC 不能 ping 通。

③ 不同 VLAN 之间通信的配置。下面以图 5–17 为例，进行不同 VLAN 之间通信的配置，并
进行验证。

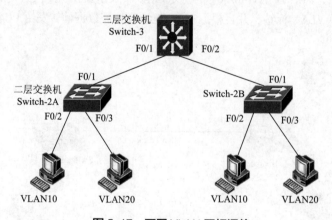

图 5–17　不同 VLAN 互相通信

图 5–17 中有两个虚拟局域网 VLAN10 和 VLAN20，三层交换机可以实现两个 VLAN 之间的
互访。在三层交换机上分别设置 VLAN10 的虚接口 IP 地址 172.16.10.1/24 和 VLAN20 虚接口 IP
地址 172.16.20.1/24，VLAN10 中计算机的网关为三层交换机 VLAN10 的虚接口 IP 地址，VLAN20
中计算机的网关为三层交换机上的 VLAN20 的虚接口 IP 地址。不同 VLAN 应该规划为不同 IP 子网。

// 设置 VLAN10 虚接口 IP 地址

```
Switch-3(config)#vlan 10
Switch-3(config-vlan)#vlan 20
Switch-3(config-vlan)#interface vlan 10
// 设置 VLAN20 虚接口 IP 地址
Switch-3(config-if)#ip address 172.16.10.1 255.255.255.0
Switch-3(config-if)#interface vlan 20
Switch-3(config-if)#ip address 172.16.20.1 255.255.255.0
Switch-3(config-if)#exit
// 设置中继端口
Switch-3(config)#interface range f0/1-2
Switch-3(config-if-range)#switchport trunk encapsulation dot1q
Switch-3(config-if-range)#switchport mode trunk
Switch-3(config-if-range)#exit
// 启用路由功能
Switch-3(config)#ip routing
// 查看三层交换机上的路由表
Switch-3#show ip route
...
C 172.16.10.0 is directly connected, Vlan10
C 172.16.20.0 is directly connected, Vlan20
```

5.4　路由器的配置

5.4.1　路由器的工作原理

路由器是用于连接多个逻辑上分开的网络，所谓逻辑网络是指一个单独的网络或者一个子网。当数据从一个网络传输到另一个网络时，需要通过路由器来完成。路由器具有判断网络地址和选择路径的功能，它能够使用不同的数据分组和介质访问方式连接各种网络。在数据包传送过程中，往往会经过多个路由器。

路由器的主要工作就是为经过路由器的每个数据包寻找一条最佳传输路径，并将该数据包有效地传送到目的站点，从 A 网络到达 B 网络具有多条路径，这就需要互联网各个网络的路由器在多条路径中选择一条最佳传输路径。选择最佳路径的策略即路由算法。为了完成这项工作，在路由器中保存着各种传输路径的相关数据，它们都存放在路由表（Routing Table）当中。而交换机转发数据帧是根据 MAC 地址表进行的。

路由表中保存着网络的网络 ID、路径的度量值和下一个路由器的 IP 地址等内容。路由表可以由系统管理员固定设置好，也可以由路由器系统自动创建并且动态维护。路由表可以通过静态路由方式和动态路由方式创建。

① 静态路由表：由系统管理员逐条设置，固定的路由表称为静态路由表。它不会随着网络状况的改变而改变。

② 动态路由表：动态路由表是路由器根据互联网络系统的运行情况，自动创建、调整和维护的路由表，并且能够根据链路和节点的变化适时地进行自动调整。路由器根据动态路由协议，自动学习和记忆网络运行情况，在需要时自动计算数据包传输的最佳路径，并去创建动态路由表。

路由器的功能主要集中在两个方面：路由寻址和协议转换。

路由寻址主要包括为数据包选择最优路径并进行转发，同时学习并维护网络的路径信息（即路由表）。协议转换主要包括连接不同通信协议网段（如局域网和广域网）、过滤数据包、拆分大数据包、进行子网隔离等。

1. 数据包转发

在网络之间接收 IP 数据包，然后根据数据包中的目的 IP 地址，对照自己缓存中的路由表，把 IP 数据包转发到目的网络，这是路由器最主要、最基本的功能。

2. 路由选择

为网络间通信选择最合理的路径，这个功能其实是上述路由功能的一个扩展。如果有几个网络通过各自的路由器连在一起，则一个网络中的用户要向另一个网络的用户发送数据包，如果存在多条路径，路由器就会分析目的地址中的网络 ID 号，找出一条最佳的通信路径进行转发。

3. 不同网络之间的协议转换

目前多数路由器具有多通信协议支持的功能，这样就可以起到连接两个不同通信协议网络的作用。由于在广域网和广域网之间、局域网和广域网之间可能会采用不同的协议栈，这些网络的互联都需要靠路由器来进行相应的协议转换。可以通过路由器进行网络之间的协议转换而实现相互通信，这也就是常说的异构网络互联。

4. 拆分和包装数据包

有时在数据包转发过程中，由于网络带宽等因素，若数据包过大，很容易造成网络阻塞，这时路由器就要把大的数据包根据对方的网络协议、网络带宽的状况拆分成小的数据包，到了目的网络的路由器后，目的网络的路由器就会再把拆分的数据包组装成一个原来大小的数据包。

5. 解决网络拥塞问题

网络拥塞是指在分组交换网络中传送分组的数目太多时，由于存储转发节点的资源有限而造成网络传输性能下降的情况。当网络发生拥塞时，一般会出现数据丢失，时延增加，吞吐量下降，严重时甚至会导致"拥塞崩溃"。通常情况下，当网络负载过度增加致使网络性能下降时，就会发生网络拥塞。而路由器之间可以通过拥塞控制、负载均衡等方法解决网络拥塞问题。

6. 网络安全控制

目前许多路由器都具有防火墙功能（如简单的包过滤防火墙），它能够起到基本的防火墙功能，可以实现屏蔽内网 IP 地址、根据安全策略实施访问控制等功能，使网络更加安全。

5.4.2 路由器的接口类型

路由器具有非常强大的网络连接和路由功能，它可以与各种各样不同的网络进行物理连接，这就决定了路由器的接口技术非常复杂，越是高档的路由器其接口种类也就越多，因为它所能连接的网络类型越多。

路由器的接口归纳起来主要有以下 3 类：

① 局域网接口：主要用来和内部局域网连接。

② 广域网接口：主要用来和外部广域网连接。

③ 配置接口：主要用来对路由器进行配置。

1. 路由器局域网接口

常见的局域网接口主要有 AUI、BNC 和 RJ-45 接口，还有 FDDI、ATM、千兆以太网等都有相应的网络接口，下面分别介绍几种主要的局域网接口。

① RJ-45 接口：它是最常见的双绞线以太网接口，根据接口的速率不同，可分为 10 Mbit/s、

100 Mbit/s、1 000 Mbit/s 接口几种。其中 10 Mbit/s 接口在路由器中通常是标识为 ETH，而 100 Mbit/s 接口则通常标识为 FE、TX、TP 等，具体情况可参阅生产厂商的产品说明。

②SC 接口：就是常说的光纤接口，用于与光纤的连接。路由器光纤接口通常是不直接连接至工作站，而是通过光纤连接到快速以太网或千兆以太网等具有光纤接口的核心交换机。这种接口通常以 FX 标注。

2．路由器的广域网接口

路由器不仅能实现局域网之间的连接，更重要的应用还是在于局域网与广域网、广域网与广域网之间的连接。但是因为广域网规模大，网络环境复杂，所以也就决定了路由器用于连接广域网的接口类型较多。除了以上路由器的 AUI 接口、RJ-45 接口以外，还有以下一些广域网接口类型。

①同步串行接口：在路由器的广域网连接中，应用最多、最广泛的接口是同步串行接口。所谓同步串行接口即连接双方具有相同的接口时钟频率。这种接口主要用于连接目前应用非常广泛的 DDN、帧中继 Frame Relay、X.25 等网络连接模式。在企业网之间有时也通过 DDN 或 X.25 等广域网技术进行专线连接。这种同步接口传输速率较高，一般来说通过这种接口所连接的网络两端都要求实时同步。

②异步串行接口：异步串行接口主要应用于连接 Modem 或 Modem 池。异步串行接口并不要求连接双方具有相同的接口时钟频率，它主要用于实现远程计算机通过公用电话网接入网络。

③ISDN BRI 接口：因 ISDN 这种互联网接入方式连接速度上有它独特的一面，所以在 ISDN 刚兴起时，在互联网的连接方式上得到了充分的应用。ISDN 有两种速率连接接口：一种是 ISDN 基本速率接口 BRI，另一种是 ISDN 基群速率接口 PRI。ISDN BRI 接口采用 RJ-45 标准，因此路由器与 ISDN NT1 接口的连接使用 RJ-45 to RJ-45 直通线。

3．路由器配置接口

路由器的配置接口有两个，分别是 Console 和 AUX。

①Console 接口：使用配置专用连线直接连至计算机的串口，利用终端仿真程序（如 Windows 下的"超级终端"）进行路由器本地配置。路由器的 Console 接口多为 RJ-45 接口。

②AUX 接口：异步接口，可用于通过与 Modem 进行连接，这样远程的路由器可以通过电话线路实现配置。

5.4.3　路由器的管理方式

路由器的管理方式基本上与交换机的管理方式相同，主要有以下几种：

①通过 Console 接口管理路由器。

②通过 AUX 接口管理路由器。

③通过 Telnet 虚拟终端管理路由器。

④通过安装有网络管理软件的网管工作站管理路由器。

其中主要是依靠 Console 口和 Telnet 两种方式对路由器进行管理。TFTP 服务器主要用于路由器文件的上传和下载。

5.4.4　路由器的基本配置模式

路由器配置模式基本上与交换机的配置模式相类似，主要区别在于路由器多了路由协议配置模式。

以下介绍路由器的一些常用配置模式。

成功登录到路由器后，首先看到提示符为 Router>。此时路由器的配置模式称为普通用户模式，这种模式是一种只读模式，用户可以浏览关于路由器的某些信息，但不能进行任何配置修改。

在用户模式下输入 enable 指令，并按提示输入 enable 密码（前提是配置了 enable 密码）后将进入特权模式，此时路由器的提示符为 Router#，在此配置模式下可以查看路由器的详细信息，还可以执行测试和调试命令。

在特权模式下输入 config terminal 指令后可以进入全局配置模式，此时的路由器提示符为 Router(config)#。在全局配置模式下可以配置路由器的全局参数。

在全局配置模式下，通过输入 interface 命令可以进入接口配置模式，此时的路由器提示符为 Router(config-if)#。接口配置模式主要用来对路由器各个接口的参数进行配置。

在全局配置模式下，通过输入 Line 命令可以进入线路配置模式，此时的路由器提示符为 Router(config-line)#。线路配置模式主要用来对 Console 线路、虚拟终端线路等参数进行配置。

在全局配置模式下，通过输入命令 route rip，可以进入 RIP 路由协议配置模式，输入命令 router ospf，可以进入 OSPF 路由协议配置模式，输入命令 router eigrp，可以进入 EIGRP 路由协议配置模式。

5.4.5　路由协议

路由协议（Routing Protocol）是一种指定数据包转送方式的网上协议。路由协议主要运行于路由器上，工作在网络层。路由协议用来确定到达的路径，起到地图导航、负责找路的作用。路由协议分为静态路由协议和动态路由协议。

1. 静态路由协议

静态路由协议路由项由手动配置，而非动态决定。静态路由是固定的，不会改变，即使网络状况已经改变或者重新被组态。一般来说，静态路由是由网络管理员逐项加入路由表。

使用静态路由的另一个好处是网络安全保密性高。动态路由因为需要路由器之间频繁地交换各自的路由表，网络出于安全方面的考虑也可以采用静态路由。因为静态路由不会产生更新流量，所以不占用网络带宽。

大型和复杂的网络环境通常不宜采用静态路由。一方面，网络管理员难以全面地了解整个网络的拓扑结构；另一方面，当网络的拓扑结构和链路状态发生变化时，路由器中的静态路由信息需要大范围地调整，这一工作的难度和复杂程度非常高。当网络发生变化或网络发生故障时，不能重选路由，很可能使路由失败。

静态路由的配置方式如下：

（1）第一种方式

```
ip route 目的网络 子网掩码 本路由器输出接口
```

例如：ip route 192.168.1.0 255.255.255.0 S0/0/0。

该配置命令的含义是：当 IP 包的目的网络为 192.168.1.0 时，路由器就将这个数据包从接口 S0/0/0 中转发出去。

（2）第二种方式

```
ip route 目的网络 子网掩码 下一跳路由器的 IP 地址
```

例如：ip route 192.168.1.0 255.255.255.0 192.168.2.1。

该配置命令的含义是：当 IP 包的目的网络为 192.168.1.0 时，路由器就将这个数据包往下一跳地址方向转发出去。

2. 动态路由协议

当网络拓扑结构改变时动态路由协议可以自动更新路由表，并负责决定数据传输最佳路径。在动态路由中，管理员不再需要与静态路由一样，手工对路由器上的路由表进行维护，而是在每台路由器上运行一个路由协议。这个路由协议会根据路由器上接口的配置（如 IP 地址的配置）及所连接的链路的状态，生成路由表中的路由表项。

动态路由机制的运作依赖路由器的两个基本功能：路由器之间适时的路由信息交换，对路由表的维护。

（1）路由器之间适时的路由信息交换

动态路由之所以能根据网络的情况自动计算路由、选择转发路径，是由于当网络发生变化时，路由器之间彼此交换的路由信息会告知对方网络的这种变化，通过信息扩散使所有路由器都能得知网络变化。

（2）对路由表的维护

路由器根据某种路由算法（不同的动态路由协议算法不同）把收集到的路由信息加工成路由表，供路由器在转发 IP 报文时查阅。

在网络发生变化时，收集到最新的路由信息后，路由算法重新计算，从而可以得到最新的路由表。

需要说明的是，路由器之间的路由信息交换在不同的路由协议中的过程和原则是不同的。交换路由信息的最终目的在于通过路由表找到一条转发 IP 报文的"最佳"路径。每一种路由算法都有其衡量"最佳"的一套原则，大多是在综合多个特性的基础上进行计算，这些特性有：路径所包含的路由器节点数、网络传输费用、带宽、延迟、负载、可靠性和最大传输单元（Maximum Transmission Unit，MTU）。

常见的动态路由协议有 RIP、OSPF、IS-IS、BGP、IGRP/EIGRP。每种路由协议的工作方式、选择路径原则等都有所不同。

其中，路由信息协议（Routing information Protocol，RIP）是应用较早、使用较普遍的内部网关协议，RIP 协议是基于距离向量算法，此算法 1969 年被用于计算机网络路由选择，正式协议首先是由施乐公司于 1970 年开发的，当时是作为施乐公司的 Networking Services（NXS）协议族的一部分。

RIP 现有 v1 和 v2 两个版本，无论 v1 还是 v2 版本，RIP 协议都是一个是基于 UDP 协议的应用层协议。RIPv1 是一种有类路由协议，不支持 VLSM，不支持不连续子网规划；而 RIPv2 是一种无类路由协议，支持 VLSM，支持不连续的子网规划。RIPv2 使用非常广泛，它简单、可靠、便于配置，但是只适用于小型的同构网络。

RIPv2 的配置方法如下：

```
route rip
version 2
network    直连网络
```

例如：

```
route rip
version 2
network 192.168.1.0
```

```
network 192.168.2.0
```

该配置命令的含义是：首先通过 route rip 命令进入 RIP 配置模式，再启用 RIPv2 版本，该版本支持可变长子网掩码，接着使用 network 命令在路由器接口上启用 RIP，在每 30 s 一次的 RIP 路由更新中向其他路由器通告 192.168.1.0 和 192.168.2.0 这两个指定网络。

3. 配置实例

图 5–18 所示为一个小型网络拓扑结构图。在该环境中，分别采用静态路由和动态路由 RIPv2 来进行配置。默认已经完成路由器接口和 IP 地址的相关配置。

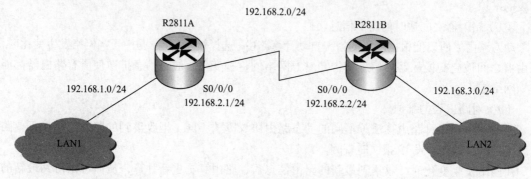

图 5–18 静态（动态）路由配置

（1）用静态路由配置网络

① 路由器 R2811A 上静态路由配置内容和说明如下：

```
R2811A(config)#ip route 192.168.3.0 255.255.255.0 192.168.2.2
// 在路由器 R2811A 上指定，目的地址是 192.168.3.0/24 网络的 IP 数据包将发送给 IP 地址为
192.168.2.2 的下一跳路由器
```

② 路由器 R2811B 上静态路由配置内容和说明如下：

```
R2811B(config)#ip route 192.168.1.0 255.255.255.0 192.168.2.1
// 在路由器 R2811B 上指定，目的地址是 192.168.1.0/24 网络的 IP 数据包将发送给 IP 地址为
192.168.2.1 的下一跳路由器
```

③ 在正确配置完相应的静态路由后，可以回到路由器的特权模式下使用 show ip route 命令，查看配置后的静态路由信息。

```
R2811A#show ip route
...
C 192.168.1.0/24 is directly connected, FastEthernet0/0
C 192.168.2.0/24 is directly connected, Serial0/0/0
S 192.168.3.0/24 [1/0] via 192.168.2.2
R2811A#
```

④ R2811B 上 show ip route 运行结果部分内容如下：

```
R2811B#show ip route
...
S 192.168.1.0/24 [1/0] via 192.168.2.1
C 192.168.2.0/24 is directly connected, Serial0/0/0
C 192.168.3.0/24 is directly connected, FastEthernet0/0
R2811B#
```

其中，路由表中的 S（Static）表示这条路由是通过静态路由协议添加进路由表的。

（2）用动态路由 RIPv2 配置网络

① 路由器 R2811A 上动态路由 RIPv2 配置内容和说明如下：

```
R2811A(config)#route rip
R2811A(config-router)#version 2
R2811A(config-router)#network 192.168.1.0
R2811A(config-router)#network 192.168.2.0
```

② 路由器 R2811B 上动态路由 RIPv2 配置内容和说明如下：

```
R2811B(config)#route rip
R2811B(config-router)#version 2
R2811B(config-router)#network 192.168.2.0
R2811B(config-router)#network 192.168.3.0
```

③ 在正确配置完相应的动态路由 RIPv2 后，可以回到路由器的特权模式下使用 show ip route 命令，查看配置后的动态路由信息。

```
R2811A#show ip route
...
C 192.168.1.0/24 is directly connected, FastEthernet0/0
C 192.168.2.0/24 is directly connected, Serial0/0/0
R 192.168.3.0/24 [120/1] via 192.168.2.2, 00:00:22, Serial0/0/0
```

④ R2811B 上 show ip route 运行结果部分内容如下：

```
R2811B#show ip route
...
R 192.168.1.0/24 [120/1] via 192.168.2.1, 00:00:17, Serial0/0/0
C 192.168.2.0/24 is directly connected, Serial0/0/0
C 192.168.3.0/24 is directly connected, FastEthernet0/0
```

其中，路由表中的 R（RIP）表示这条路由是通过动态路由协议添加进路由表的。

5.5 实训

组建公司的小型局域网

某公司有 100 台计算机，在一栋大楼内。其分布的情况为：1 楼 10 台，2~4 楼各 30 台。大楼已经完成了综合布线系统，主干采用光纤布线，楼层需要百兆交换到桌面。企业的需求主要是内部文件共享、邮件和办公自动化系统。

该企业设有财务部、技术部、人力资源部等部门，这 3 个部门需要独立的网络、其他各部门没有特殊的要求。

本实训需要完成网络部分的组建和配置。

1. 实训目的

掌握网络组建和基本流程，包括需求分析、规划、设计、实施、测试等环节。

2. 实训条件

网络规划及配置模拟软件 Cisco Packet Tracer 6.2。

3. 实训内容

根据企业对网络的需求，首先确定网络采用的拓扑结构和层次结构。其次，进行设备选型，一般会根据性价比优的原则，并且考虑到项目的延伸性。接着，对设备名称、IP 地址、VLAN 等信息进行规划。在此基础上，在设备上进行配置实施。配置完成后，进行全网测试，并且提出验收申请。

4. 实训过程

（1）绘制拓扑图

根据公司的需求，网络结构采用两层架构，分别为接入层和核心层。拓扑结构采用星型拓扑，如图 5-19 所示。

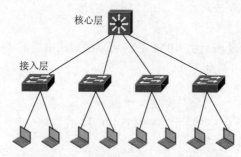

图 5-19　实训网络拓扑图基本架构

（2）设备选型

根据性价比优的原则，并且考虑到项目的延伸性，设备参考选型如表 5-3 所示。

表 5-3　设备参考选型表

名　称	型　号	数　量	图　片	参　数
核心层交换机	CISCO WS-C3560-24TS-E	1		24 个以太网 10/100 端口，2 个小型 SFP 千兆位以太网端口；1 个机架单元（1RU），安装了增强多层软件镜像（EMI），提供高级 IP 路由
接入层交换机	Cisco Catalyst 2960 WS-C2960-48TC-L	8		24 个以太网 10/100 Mbit/s 端口，2 个固定以太网 10/100/1 000 Mbit/s 上行端口，1RU 固定配置、提供入门级企业智能服务，智能以太网设备
PC 机	DELL 成就 5090	100		英特尔酷睿 i5 高性能商用办公台式计算机，23.6 英寸

（3）IP 地址规划

IP 地址规划如表 5-4 所示。

表 5-4　IP 地址规划表

部　　门	IP 地址
财务部	172.16.10.0/24
技术部	172.16.20.0/24
人力资源部	172.16.30.0/24
其他部门	172.16.40.0/24

（4）VLAN 规划

VLAN 规划如表 5-5 所示。

表 5-5　VLAN 规划表

部　　门	VLAN	网关地址
财务部	VLAN10	172.16.10.1/24
技术部	VLAN20	172.16.20.1/24
人力资源部	VLAN30	172.16.30.1/24
其他部门	VLAN40	172.16.40.1/24

（5）网络配置

根据拓扑图 5-20 的架构，进行配置。

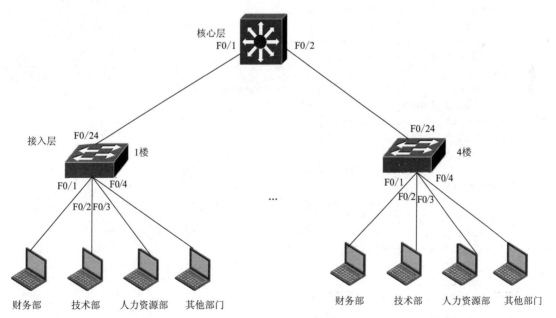

图 5-20　实训网络拓扑图

① 接入层交换机配置（以 1 楼为例）：

```
Switch#configure terminal
```

```
Enter configuration commands, one per line. End with CNTL/Z.
Switch(config)#
Switch(config)#hostname Switch-1floor
Switch-1floor (config)#vlan 10
Switch-1floor (config-vlan)#name finance
Switch-1floor (config-vlan)#vlan 20
Switch-1floor (config-vlan)#name technical
Switch-1floor (config-vlan)#vlan 30
Switch-1floor (config-vlan)#name human-resource
Switch-1floor (config-vlan)#vlan 40
Switch-1floor (config-vlan)#name other
Switch-1floor (config)#interface f0/1
Switch-1floor (config-if)#switchport mode access
Switch-1floor (config-if)#switchport access vlan 10
Switch-1floor (config-if)#interface f0/2
Switch-1floor (config-if)#switchport mode access
Switch-1floor (config-if)#switchport access vlan 20
Switch-1floor (config-if)#interface f0/3
Switch-1floor (config-if)#switchport mode access
Switch-1floor (config-if)#switchport access vlan 30
Switch-1floor (config-if)#interface f0/4
Switch-1floor (config-if)#switchport mode access
Switch-1floor (config-if)#switchport access vlan 40
```

② 核心层交换机配置：

```
Switch(config)#hostname Core-switch
Core-switch (config-vlan)#vlan 10
Core-switch (config-vlan)#name finance
Core-switch (config-vlan)#vlan 20
Core-switch (config-vlan)#name technical
Core-switch (config-vlan)#vlan 30
Core-switch (config-vlan)#name human-resource
Core-switch (config-vlan)#vlan 40
Core-switch (config-vlan)#name other
Core-switch (config-vlan)#exit
Core-switch (config)#int vlan 10
Core-switch (config-if)#ip address 172.16.10.1 255.255.255.0
Core-switch (config-if)#int vlan 20
Core-switch (config-if)#ip address 172.16.20.1 255.255.255.0
Core-switch (config-if)#int vlan 30
Core-switch (config-if)#ip address 172.16.30.1 255.255.255.0
Core-switch (config-if)#int vlan 40
Core-switch (config-if)#ip address 172.16.40.1 255.255.255.0
Core-switch (config-if)#exit
Core-switch (config)#ip routing
```

③ 中继链路配置。

• 核心交换机：

```
Core-switch#configure terminal
Core-switch(config)#interface f0/1-24
Core-switch(config-if)#switchport trunk encapsulation dot1q
```

```
Core-switch(config-if)#switchport mode trunk
```

● 接入层交换机：

```
Switch-1floor#configure terminal
Switch-1floor(config)#int range f0/1-24
Switch-1floor(config-if)#switchport mode trunk
```

（6）测试

因为网络规模比较小，可以通过 ping 命令测试网络的连通性。配置完成之后，几个部门的 PC 互相能够 ping 通。如果 ping 不通，则通过逐点 ping 的方法，找到故障所在的位置，进行修改或重新配置。

习　题

一、单选题

1. 分层网络设计中的（　　）是整个网络系统的主干部分，其中高可用性和冗余性是该层的关键。

　　A. 接入层　　　　　B. 汇聚层　　　　　C. 核心层　　　　　D. 网络层

2. 分层网络设计中的（　　）提供了将设备接入网络的途径并控制允许哪些设备通过网络进行通信。

　　A. 应用层　　　　　B. 接入层　　　　　C. 汇聚层　　　　　D. 核心层

3. 分层设计中的（　　）使用策略来控制网络流量的流动并通过在虚拟局域网（VLAN）之间执行路由功能来划定广播域的边界。

　　A. 物理层　　　　　B. 接入层　　　　　C. 汇聚层　　　　　D. 核心层

4. （　　）是工作在 OSI 的第三层（网络层），根据 IP 进行寻址转发数据包。

　　A. 中继器　　　　　B. 交换机　　　　　C. 集线器　　　　　D. 路由器

5. （　　）以交换为主要功能，工作在 OSI 第二层（数据链路层），根据 MAC 地址进行数据转发。

　　A. 中继器　　　　　B. 交换机　　　　　C. 集线器　　　　　D. 路由器

6. （　　）命令可以成功测试网络。

　　A. Router> ping 192.5.5.0　　　　　　B. Router# ping 192.5.5.30

　　C. Router> ping 192.5.5.256　　　　　D. Router# ping 192.5.5.255

7. 路由器下，由一般用户模式进入特权用户模式的命令是（　　）。

　　A. enable　　　　　B. config　　　　　C. interface　　　　　D. router

8. 能够在路由器的（　　）模式使用 ping 命令。

　　A. 用户模式　　　　B. 特权模式　　　　C. 全局配置模式　　　D. 接口配置模式

9. 交换机上 VLAN 的功能描述中，正确的是（　　）。

　　A. 可以减少广播域的个数　　　　　　B. 可以减少广播对网络性能的影响

　　C. 可以减少冲突域的个数　　　　　　D. 可以减小冲突域的容量

10. 路由器上激活端口的命令是 (　　　)。

    A. shutdown   B. no shutdown   C. up   D. no up

二、填空题

1. 校园网按照分层结构设计，学院机房的计算机连接到校园网的_____实现互联网的访问。

2. 交换机能缩小冲突域的范围，交换机的每一个端口就是一个_____，所有端口共享一个_____。

3. 以太网交换机的配置方式最为常用的是 Console 口配置和_____配置。

4. SSH 的英文全称是_____。通过使用 SSH，可以把所有传输的数据进行加密，所以 SSH 是交换机远程管理的优选方法。

5. 交换机进行 VLAN 配置时，通常采用 3 种方式:_____、_____、_____。

6. 路由协议分为_____协议和_____协议。

7. 常见的动态路由协议有:_____、_____、IS-IS、BGP、IGRP/EIGRP。

8. 在特权模式下输入_____指令后可以进入全局配置模式，此时的路由器提示符为 Router(config)#。

9. ip route 172.16.10.0 255.255.255.0 172.16.20.0

该配置命令的含义是:当 IP 包的目的网络为_____时，路由器就将这个数据包转发到_____网段上。

10. 在网络发生变化时，收集到最新的路由信息后，_____重新计算，从而可以得到最新的路由表。

三、操作题

按照如图 5-21 所示的拓扑图，在交换机上划分 VLAN，将 PC1 和 PC2 添加进 VLAN10，PC3 和 PC4 添加进 VLAN20。PC1、PC2、PC3、PC4 分别连接交换机的端口 f0/1、f0/2、f0/3、f0/4。

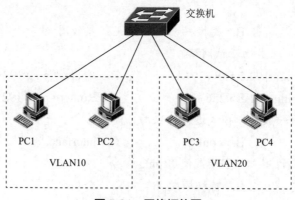

图 5-21　网络拓扑图

第6章

计算机网络服务与应用

知识目标：

- 了解计算机网络的主要服务内容和应用领域。
- 掌握应用服务器的基本原理。
- 了解工业网络的特点、重要技术及网络架构。
- 了解大数据、云计算、云服务的基本概念和关键技术。
- 了解云机器人及应用领域。

能力目标：

- 掌握 Web 服务器的安装、配置与管理。
- 掌握 DNS 服务器的安装、配置与管理。
- 掌握 DHCP 服务器的安装、配置与管理。
- 掌握 FTP 服务器的安装、配置与管理。
- 掌握 Winmail 服务器的安装、配置与管理。

网络服务（Web Services）是指一些在网络上运行的、面向服务的、基于分布式程序的软件模块，网络服务采用 HTTP 和 XML 等互联网通用标准，使人们可以在不同的地方通过不同的终端设备访问 Web 上的数据，如网上订票、查看订座情况。典型的网络服务有 DHCP、DNS、FTP、WWW、Telnet、Winmail 等。网络服务在电子商务、电子政务、公司业务流程电子化等应用领域有广泛的应用。

6.1 域名系统

6.1.1 概述

要想找到网络中的计算机，必须要知道这台计算机的 IP 地址。但是，数字形式的 IP 地址很难记忆，如果用具有一定意义的名字来标识计算机，会大大方便人们的记忆与使用。最初，Internet 使用的是集中式管理的主机表。1971 年 9 月 20 日公布的 RFC266 "主机辅助记忆标准化"是目前可以搜索到的第一个关于分配主机名的文档。早期的主机名到地址的映射是存储在斯坦福研究院 SRI 的网络信息中心（Network Information Center，NIC）的一个主机文件（hosts.txt）中，主机名到 IP 地址的解析需要将 hosts.txt 文件传送到各个主机来实现。随着 Internet 上主机数目的快速增长，使用 hosts.txt 已经不能满足需求，在 20 世纪 80 年代中期，域名系统开始投入使用。域名系统（Domain Name System，DNS）是 Internet 的一项核心服务，DNS 服务器端使用的公用端口号为 53。

域名系统是 Internet 命名主机的系统，Internet 定义了很多域，主机按照它所属的域来命名，称为域名。域名是 Internet 中主机按照一定的规则，用自然语言（英文或中文）表示的名字，用于替代主机的 IP 地址。例如，百度的域名是 www.baidu.com，查询百度服务器时只需要输入域名，而不用输入 IP 地址。

6.1.2 域名空间结构

DNS 采用"域"和"子域"的层次结构，域名中的数据存放在一个大型的、分布式数据库中。域名空间的层次结构可以表示为如图 6-1 所示的树状结构。最上面的是根域，根域之下被分为几百个顶级域，每个顶级域又进一步被划分为若干个子域，子域还可以划分为更小的子域。根不代表任何具体的域，树叶则代表没有子域的域，但是它们可以包含一台主机或者成千上万台主机。不同子域由不同层次的机构分别进行命名和管理。

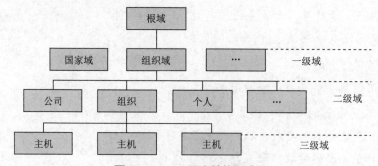

图 6-1　DNS 层次结构示意图

顶级域名分为三类：一是国家和地区顶级域名（Country Code Top-Level Domains，ccTLDs），目前 200 多个国家都按照 ISO3166 国家代码分配了顶级域名，例如中国是 cn，日本是 jp 等；二是通用顶级域名（Generic Top-Level Domains，gTLDs），例如表示工商企业的 .com，表示网络提供商的 .net，表示非营利组织的 .org 等。三是新顶级域名（New gTLD），如通用的 .xyz、代表"高端"的 .top、代表"红色"的 .red、代表"人"的 .men 等一千多种。

部分国家域名如表 6-1 所示。

表 6-1　部分国家域名

国 家 域 名	国 家 名 称	国 家 域 名	国 家 名 称
au	澳大利亚	es	西班牙
be	比利时	fr	法国
br	巴西	it	意大利
ca	加拿大	kr	韩国
cn	中国	jp	日本
ch	瑞士	uk	英国
de	德国	us	美国

通用顶级域名最初有 8 个，如表 6-2 所示。

表 6-2　顶级域名

通用顶级域	含　　义	通用顶级域	含　　义
com	商业机构	org	专业团体
edu	教育及研究机构	mil	军事部门
gov	政府机构	net	网络服务机构
top	商业公司	int	国际组织

当一个组织获得一个域的管理权之后，可以继续进一步划分层次。因此，顶级域可以继续划分二级子域，二级域可以划分三级子域。域名由若干子域构成，子域和子域之间以圆点相隔，最右边的子域是最高层域，由右向左层次逐渐降低，最左边的子域是主机的名字。这种树状层次结构的命名方法，使得任何一个连接到的主机都有一个唯一的域名。例如，www.baidu.com，其顶级域名 / 一级域名是 com，二级域是 baidu.com，www 是主机名。每一个相同顶级域名中的二级域名注册都是独一无二的，不可重复，但不同顶级域名中的二级域名可以是相同的。例如，baidu 这个二级域名可以在 .com 中注册，也可以在 .cn 中注册。在网络上域名是一种相对有限的资源，它的价值随着注册企业和个人用户的增多而逐步为人们所重视。

6.1.3　域名注册

Internet 的 IP 地址、域名、协议号码是由非营利性国际组织 ICANN（Internet Corporation for Assigned Names and Numbers，因特网名称与数字地址分配机构）负责分配和管理的，它管理着域名根服务器。随着网络的发展，出现了新顶级域名。审批新顶级域名也由 ICANN 负责，通过审批的顶级域名通过共享注册系统（Shared Registration System，SRS）注册。

国家级域名下注册的二级域名由各国自己确定。中国互联网信息中心（CNNIC）负责管理我国的顶级域。国内域名的 DNS 必须在 CNNIC 注册。域名注册原理大致相同，具体过程会有一些不同。

域名注册的步骤如下：

① 准备申请资料：com 域名无须提供身份证、营业执照等资料，cn 域名已开放个人申请注册，所以申请则需要提供身份证或企业营业执照。

② 寻找域名注册网站：如谷谷互联，由于 .com、.cn 域名等不同后缀均属于不同注册管理机构所管理，如要注册不同后缀域名则需要从注册管理机构寻找经过其授权的顶级域名注册服务机构。例如，com 域名的管理机构为 ICANN，cn 域名的管理机构为 CNNIC。若注册商已经通过ICANN、CNNIC 双重认证，则无须分别到其他注册服务机构申请域名。

③ 查询域名：在域名注册查询网站注册用户名成功后并查询域名，选择要注册的域名并注册。

④ 正式申请：查到想要注册的域名，并且确认域名为可申请的状态后提交注册，并缴纳年费。

⑤ 申请成功：正式申请成功后，即可开始进入 DNS 解析管理、设置解析记录等操作。

6.1.4　域名解析

在域名注册商那里注册了域名之后如何才能看到自己的网站内容，专业术语叫"域名解析"。

域名注册好之后，只说明对这个域名有了使用权，如果不进行域名解析，域名是无法使用的，经过解析的域名，可以用来作为网址访问自己的网站，也可以作为电子邮箱的后缀，这都离不开域名解析这个环节。域名解析是把域名指向网站空间 IP，让人们通过注册的域名可以方便地访问主机的一种服务。域名解析就是域名到 IP 地址的转换过程，域名的解析工作由 DNS 服务器完成。DNS 协议使用了 TCP 和 UDP 的 53 端口。

　　DNS 服务器指一组相互独立又相互协作的域名服务器，这些服务器之间有着与各个子域对应的层次关系。一般情况下，每个域都有自己的域名服务器，在该服务器的数据库中存放本域的名字和 IP 地址对应的记录，即"资源记录"。子域之间都有相互的域名服务器的地址记录。通过这些记录使整个域名系统中的各个服务器连接在一起，互相协作，完成域名解析任务。根据域名服务器所起的作用，可以分为 4 种类型：

1. 根域名服务器

　　根域名服务器对于 DNS 的运行具有重要的作用，目前有 13 个 DNS 根域名服务器。大多数根域名服务器由一个服务器集群组成，有的根域服务器是由分布在不同地理位置的多台镜像 DNS 服务器组成。

2. 顶级域名服务器

　　顶级域名服务器负责管理在顶级域名注册的二级域名。当收到 DNS 请求时，会给出相应的回答，可能是最终结果，也可能是下一步应该查询的域名服务器的 IP 地址。

3. 权限域名服务器

　　一个服务器的管辖范围称为区 zone。各个单位根据具体情况来划分自己管辖范围的区，一个域内可以划分为一个区，也可以划分两个及以上的区。每个区设有一个权限域名服务器。

4. 本地域名服务器

　　当一台主机发出 DNS 请求时，这个请求报文就发给本地域名服务器。一所学校或者企业，也可以拥有一个或多个本地域名服务器，本地域名服务器离用户较近，当所查询的主机也属于相同的 ISP（因特网服务提供商），本地域名服务器立即就能把查询的结果返回给主机。本地域名服务器不在树状结构的域名系统中，但是它非常重要。

　　域名解析是将域名转换为对应 IP 地址的过程。域名解析有两种方式：递归解析和反复解析。

　　主机向本地域名服务器的查询一般都是采用递归查询。在递归查询中，当主机提出域名解析请求时，如果本地域名服务器没有该记录项，那么本地服务器将查询的结果返回，并且向它的上层域名服务器提出请求，如果上层域名服务器也没有需要的信息，那么它向本地域名服务器返回一个可能解析域名的服务器，上层域名服务器继续向这个服务器提出解析请求。直到查询到所需要的 IP 地址，或者报错（表示无法查询到所需要的 IP 地址）。

　　反复查询也称迭代查询。本地域名服务器如果不能返回最终的解析结果，那么它把可以解析的域名服务器的 IP 地址返回给客户端，本地域名服务器继续向这个域名服务器提出解析请求，如果还是没有需要的结果，本地域名服务器会反复向下一个域名服务器提出查询请求操作，直到获得最终的查询结果或者无法查询。

　　DNS 递归查询和迭代查询如图 6-2 所示。

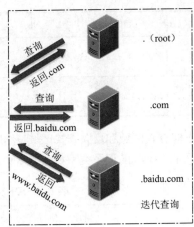

图 6-2　DNS 递归查询和迭代查询

例如，如果用户希望访问 www.sppc.edu.cn 的服务器，客户解析程序首先向本地域名服务器发出查询请求。如果本地域名服务器有所要解析的域名信息，那么本地域名服务器将直接返回结果。如果本地域名服务器查不到，则由本地域名服务器继续向上层域名服务器提出请求，一直获得查询结果或者查询不到，最终由本地服务器将解析结果返回客户，并且把该网址的映射关系保存在本地解析器的缓存中。表 6-3 所示为递归查询（客户机端）。

表 6-3　递归查询（客户机端）

源地址	目的地址	协议	说明
192.168.3.105	192.168.3.1	DNS	query A www.sppc.edu.cn
192.168.3.1	192.168.3.105	DNS	Query response A www.sppc.edu.cn

表 6-4 是简化的迭代查询（服务器端）过程。客户端 222.199.224.95 向本地域名服务器 202.4.136.132 发出请求，本地域名服务器没有解析的记录，就向它的上层域名服务器 192.42.93.30 发出请求，上层域名服务器也不能完成解析任务，就向本地域名服务器返回它认为能够解析这个域名的 IP 地址（114.134.80.144），本地域名服务器 202.4.136.132 再向 114.134.80.144 发出请求，如此反复，直到本地域名服务器得到 www.sina.com 的 IP 地址是 66.102.252.33。本地域名服务器就将最终结果返回给客户机。

表 6-4　迭代查询（服务器端）

源地址	目的地址	协议	说明
222.199.224.95	202.4.136.132	DNS	Query A www.sina.com
202.4.136.132	192.42.93.30	DNS	Query A www.sina.com
192.42.93.30	202.4.136.132	DNS	Query response A www.sina.com NS ns1.sina.com.cn···
202.4.136.132	114.134.80.144	DNS	query A www.sina.com
114.134.80.144	202.4.136.132	DNS	Query response A www.sina.com CNAME us.sina.com.cn···
202.4.136.132	202.112.180.166	DNS	Query A us.sina.com.cn

续表

源地址	目的地址	协议	说明
202.112.180.166	202.4.136.132	DNS	Query response A www.sina.com CNAME us.sina.com.cn A 66.102.252.33…
202.4.136.132	222.199.224.95	DNS	Query response A www.sina.com CNAME www.sina.com.cn A 66.102.252.33…

DNS 分为正向查找区域和反向查找区域，然后再分为主要、辅助、存根区域，在这些区域里，又存在着很多记录。DNS 的记录类型如表 6-5 所示。

表 6-5　DNS 的记录类型

类　型	含　　义	说　　明
A 记录	主机记录，使用最广泛。A 记录是指定域名和 IP 地址的映射关系	默认值是对应域名的 IP 地址。例如，www.abc.com 对应的 IP 地址是 192.168.1.1
AAAA 记录	主机记录，是一个指向 IPv6 地址的记录	
NS 记录	名称服务器记录，用于说明这个区域有哪些 DNS 服务器负责解析	默认值域中主机 IP 地址的权威 DNS 服务器的主机名
SOA 记录	起始授权机构记录，用于说明了在众多 NS 记录里哪一台是主要的服务器	
MX 记录	邮件交换记录，用于邮件服务器	例如，A 用户向 B 用户发送一封邮件，那么他需要向 DNS 查询 B 的 MX 记录，DNS 在定位到了 B 的 MX 记录后反馈给 A 用户，然后 A 用户把邮件转到 B 用户的 MX 记录服务器里
CNAME 记录	别名记录，该记录能够向请求主机提供一个主机名对应的规范主机名	默认值是主机别名对应的规范主机名。例如，一个网站 a.com 在发布时，可以建立一个别名记录，把 B.com 发布出去，这样不容易被外在用户所察觉
PTR 记录	指针记录，PTR 记录是 A 记录的逆向记录，作用是把 IP 地址解析为域名。DNS 的反向区域负责从 IP 到域名的解析，因此如果要创建 PTR 记录，必须在反向区域中创建	

6.2　动态主机配置协议

6.2.1　基本概念和功能

DHCP（动态主机配置协议）是一个局域网的网络协议，是一种流行的客户机/服务器（C/S）协议。服务器可以设置指定的 IP 地址范围，客户机登录服务器时就可以自动获得服务器分配的 IP 地址和子网掩码，而不需要管理员手工添加 IP 地址。默认情况下，DHCP 作为 Windows Server 的一个服务组件不会被系统自动安装，还需要管理员手动安装并进行必要的配置。

DHCP 的设计基于一种早期协议——Internet 引导程序协议（Bootstrap Protocol，BOOTP）。BOOTP 用于无盘工作站的局域网中，可以让无盘工作站从一个中心服务器上获得 IP 地址，但是要求主机的硬件地址必须被手工输入到 Bootp 表中。BOOTP 可以看成是简单版的 DHCP，是对主机的静态配置，而 DHCP 可以依据一些策略对主机进行动态配置，并且使用租用的概念来扩展 BOOTP 模型，两者都使用 UDP/IP，客户机使用端口 68，服务器使用端口 67。

几乎所有常用的客户端操作系统和大量的嵌入式设备（如网络打印机和 VoIP 电话）都支持 DHCP。这些设备通常使用 DHCP 获得 IP 地址、子网掩码、路由器的 IP 地址、DNS 服务器的 IP 地址。其他服务的相关信息（如使用 VoIP 的 SIP 服务器）也可通过 DHCP 传输。实际上 DHCP 的更准确说法应该是 DHCPv4，因为 DHCP 的最初设想是供 IPv4 使用，而 IPv6 使用的 DHCP 版本是 DHCPv6。

DHCP 分为两个部分：一个是服务器端（Server），另一个是客户端（Client）。所有客户机的 IP 地址设置都由 DHCP 服务器集中管理，并负责处理客户端的 DHCP 请求；而客户端则会使用从服务器分配下来的 IP 地址。

DHCP 服务器提供 3 种 IP 分配方式：

① 自动分配：自动分配是当 DHCP 客户端第一次成功地从 DHCP 服务器端分配到一个 IP 地址之后，就永远使用这个地址。

② 动态分配：动态分配是当 DHCP 客户端第一次从 DHCP 服务器分配到 IP 地址后，并非永久地使用该地址，每次使用完后，DHCP 客户端就得释放这个 IP 地址，以给其他客户端使用。

③ 手动分配：手动分配是由 DHCP 服务器管理员专门为客户端指定 IP 地址。

6.2.2　工作原理

1. 在客户端第一次登录网络时，获得 IP 地址的步骤

（1）寻找 DHCP Server

当 DHCP 客户机第一次登录网络时（也就是客户机上没有任何 IP 地址数据时），它会通过 UDP 67 端口向网络上发出 DHCP Discover 数据包（包含客户机的 MAC 地址和计算机名等信息）。因为客户机还不知道自己属于哪一个网络，所以源地址为 0.0.0.0，目标地址为 255.255.255.255，然后再附上 DHCP Discover 的信息向网络进行广播。DHCP Discover 的等待时间预设为 1s，当客户机将第一个 DHCP Discover 数据包发出之后，如果在 1s 之内没有得到回应，就会进行第二次广播。若一直没有得到回应，客户机会将这一广播包重新发送四次（以 2 s、4 s、8 s、16 s 为间隔，加上 1~1 000 ms 之间随机长度的时间）。如果都没有得到 DHCP Server 的回应，客户机会从 169.254.0.0/16 这个自动保留的私有 IP 地址中选用一个 IP 地址，并且每隔 5 min 重新广播一次；如果收到某个服务器的响应，则继续 IP 租用过程。

（2）提供 IP 地址租用

当 DHCP Server 监听到客户机发出的 DHCP Discover 广播后，它会从那些还没有租出去的地址中，选择最前面的空置 IP，连同其他 TCP/IP 设置，通过 UDP 68 端口响应给客户机一个 DHCP Offer 数据包（包含 IP 地址、子网掩码、地址租期等信息）。此时还是使用广播进行通信，源 IP 地址为 DHCP Server 的 IP 地址，目标地址为 255.255.255.255。同时，DHCP Server 为此客户保留它提供的 IP 地址，从而不会为其他 DHCP 客户分配此 IP 地址。

（3）接受 IP 租约

如果客户机收到网络上多台 DHCP 服务器的响应，只会挑选其中一个 DHCP Offer（一般是最先到达的那个），并且会向网络发送一个 DHCP Request 广播数据包（包含客户端的 MAC 地址、接受的租约中的 IP 地址、提供此租约的 DHCP 服务器地址等），告诉所有 DHCP Server 它将接收哪一台服务器提供的 IP 地址，所有其他的 DHCP 服务器撤销它们的提供，以便将 IP 地址提供

给下一次 IP 租用请求。此时，由于还没有得到 DHCP Server 的最后确认，客户端仍然使用 0.0.0.0 为源 IP 地址，255.255.255.255 为目标地址进行广播。

（4）租约确认

当 DHCP Server 接收到客户机的 DHCP Request 之后，会广播返回给客户机一个 DHCP ACK 数据包，表明已经接受客户机的选择，并将这一 IP 地址的合法租用以及其他的配置信息都放入该广播包发给客户机。如果网络上没有其他主机使用此 IP 地址，则客户机的 TCP/IP 使用租约中提供的 IP 地址完成初始化，从而可以和其他网络中的主机进行通信。DHCP 数据发送过程如图 6-3 所示。

图 6-3　DHCP 数据发送过程

2. 客户端第二次登录网络时，获得 IP 地址的步骤

一旦 DHCP 客户端成功地从服务器那里获得 DHCP 租约之后，除非其租约已经失效并且 IP 地址也重新设置为 0.0.0.0，否则就无须再发送 DHCP Discover 信息，客户端会直接使用已经租用的 IP 地址向之前的 DHCP 服务器发送 DHCP Request 信息，DHCP 服务器会尽量让客户端使用原来的 IP 地址。如果没有问题，直接响应 DHCP ACK 确认即可。

如果该地址已经失效或已经被其他机器使用，服务器会响应一个 DHCP NACK 封包给客户端，要求其重新执行 DHCP Discover。

6.2.3　DHCP 主要参数

1. 作用域

作用域是网络上 IP 地址的完整连续范围。作用域通常定义为接受 DHCP 服务的网络上的单个物理子网。

2. 排除范围

排除范围是指从 DHCP 作用域中排除出去的、有限的 IP 地址。使用排除范围，可以保证服务器不将这些范围内的地址分配给 DHCP 客户机。

3. 地址池

在定义了作用域和排除范围后，剩余的、可用的地址就构成了地址池。服务器可将地址池内的 IP 地址动态分布给 DHCP 客户机。

4. 保留

可使用"保留"创建 DHCP 服务器指派的永久地址租约，可以保留一些特定的 IP 地址供 DHCP 客户机永久使用，确保子网上指定的设备始终使用相同的 IP 地址。保留地址可以使用作用域地址范围内的任何一个 IP 地址，即使该 IP 地址处于排除范围之内。

5. 租约

租约是由 DHCP 服务器指定的一段时间，在此时间段客户机可使用自拍的 IP 地址。租约期满后，客户机需要向服务器更新指派给它的地址租约。租约期决定了租约何时期满以及客户机需要向服务器进行更新的频率。

6. 选项

选项是 DHCP 服务器在向 DHCP 客户机提供租约时可指派的其他客户机配置参数。例如，一些常用选项包括 DNS 服务器的 IP 地址、默认网关等。通常为每个作用域启用并配置这些选项类型。

6.2.4　DHCP 中继

DHCP Relay，称为 DHCP 中继，也称为 DHCP 中继代理。当 DHCP 客户端与服务器不在同一个子网上时，就必须由 DHCP 中继来转发 DHCP 请求和应答消息。DHCP 中继代理的数据转发，与通常路由转发是不同的，通常的路由转发相对来说是透明传输的，设备一般不会修改 IP 包内容。而 DHCP 中继代理接收到 DHCP 消息后，重新生成一个 DHCP 消息，然后转发出去。在 DHCP 客户端看来，DHCP 中继代理就像 DHCP 服务器；在 DHCP 服务器看来，DHCP 中继代理就像 DHCP 客户端。DHCP 中继代理示意图如图 6-4 所示。

客户端　　　　　　　　DHCP中继代理　　　　　　　DHCP服务器

图 6-4　DHCP 中继代理示意图

6.2.5　DHCP 报文格式和类型

消息格式包括一个固定长度的初始部分和一个可变长度的尾部，如图 6-5 所示。

op（1）	htype（1）	hlen（1）	hops（1）
xid（4）			
secs（3）		flags（2）	
ciaddr（4）			
yiaddr（4）			
siaddr（4）			
giaddr（4）			
chaddr（16）			
sname（64）			
file（128）			
options（variable）			

图 6-5　DHCP 报文格式

各字段内容如下：

① op：报文的操作类型，分为请求报文和响应报文。客户端发送给服务器的包为请求报文，值为 1；服务器发送给客户端的包为响应报文，值为 2。

② htype：DHCP 客户端的 MAC 地址类型。MAC 地址类型其实是指网络类型，htype 值为 1 时表示为最常见的以太网 MAC 地址类型。

③ hlen：硬件地址长度。以太网 MAC 地址长度为 6 字节，即 hlen 值为 6。

④ hops：跳数，DHCP 报文经过的中继数量。每经过一个路由器，该字段就会增加 1。如果没有经过路由器，则值为 0（同一网内）。

⑤ xid：事务 ID。客户端发起一次请求时选择的随机数，用来标识一次地址请求过程。在一次请求中所有报文的 xid 都是一样的。

⑥ secs：DHCP 客户端从获取到 IP 地址或者续约过程开始到现在所过去的时间，以秒为单位。在没有获得 IP 地址前，该字段始终为 0。

⑦ flags：BOOTP 标志位。只使用第 0 位，是广播应答标识位，用来标识 DHCP 服务器应答报文是采用单播还是广播发送。其中，0 表示采用单播发送方式，1 表示采用广播发送方式，其余位尚未使用。

⑧ ciaddr：DHCP 客户端的 IP 地址。仅在 DHCP 服务器发送的 ACK 报文中显示，在其他报文中均显示为 0。这是因为在得到 DHCP 服务器确认前，DHCP 客户端还没有分配到 IP 地址。

⑨ yiaddr：DHCP 服务器分配给客户端的 IP 地址。仅在 DHCP 服务器发送的 Offer 和 ACK 报文中显示，其他报文中显示为 0。

⑩ siaddr：为 DHCP 客户端分配 IP 地址等信息的其他 DHCP 服务器 IP 地址。仅在 DHCP Offer、DHCP ACK 报文中显示，其他报文中显示为 0。

⑪ giaddr：转发代理（网关）IP 地址，DHCP 客户端发出请求报文后经过的第一个 DHCP 中继的 IP 地址。如果没有经过 DHCP 中继，则显示为 0。

⑫ chaddr：DHCP 客户端的 MAC 地址。在每个报文中都会显示对应 DHCP 客户端的 MAC 地址。

⑬ sname：为客户端分配 IP 地址的服务器名称（DNS 域名格式）。只在 DHCP Offer 和 DHCP ACK 报文中显示发送报文的 DHCP 服务器名称，其他报文显示为 0。

⑭ file：DHCP 服务器为 DHCP 客户端指定的启动配置文件名称及路径信息。仅在 DHCP Offer 报文中显示，其他报文中显示为空。

⑮ options：可选选项，格式为"代码 + 长度 + 数据"。

DHCP 共有 8 种报文，分别为 DHCP Discover、DHCP Offer、DHCP Request、DHCP ACK、DHCP NAK、DHCP Decline、DHCP Release、DHCP Inform。

① DHCP Discover：这是 DHCP 客户端首次登录网络时进行 DHCP 过程的第一个报文，用来寻找 DHCP 服务器。

② DHCP Offer：DHCP 服务器用来响应 DHCP Discover 报文，此报文携带了各种配置信息。

③ DHCP Request：此报文用于以下 3 种用途。

- 客户端初始化后，发送广播的 DHCP Request 报文来回应服务器的 DHCP Offer 报文。
- 客户端重启初始化后，发送广播的 DHCP Request 报文来确认先前被分配的 IP 地址等配置信息。
- 当客户端已经和某个 IP 地址绑定后，发送 DHCP Request 报文来延长 IP 地址的租期。

④ DHCP ACK：服务器对客户端的 DHCP Request 报文的确认响应报文，客户端收到此报文后，才真正获得了 IP 地址和相关的配置信息。

⑤ DHCP NAK：服务器对客户端的 DHCP Request 报文的拒绝响应报文，例如，服务器对客户端分配的 IP 地址已超过使用租借期限（服务器没有找到相应的租约记录）或者由于某些原因无法正常分配 IP 地址，则发送 DHCP NAK 报文作为应答（客户端移到了另一个新的网络）。通知 DHCP 客户端无法分配合适 IP 地址。DHCP 客户端需要重新发送 DHCP Discovery 报文来申请新的 IP 地址。

⑥ DHCP Decline：当客户端发现服务器分配给它的 IP 地址发生冲突时会通过发送此报文来通知服务器，并且会重新向服务器申请地址。

⑦ DHCP Release：客户端可通过发送此报文主动释放服务器分配给它的 IP 地址，当服务器收到此报文后，可将这个 IP 地址分配给其他的客户端。

⑧ DHCP Inform：客户端已经获得了 IP 地址，发送此报文的目的是从服务器获得其他的一些网络配置信息，如网关地址、DNS 服务器地址等。

以上 8 种类型报文的格式相同，只是某些字段的取值不同。

6.3　Web 服务

6.3.1　概述

WWW（World Wide Web）简称为 Web，它是建立在 Internet 上的一种网络服务，为浏览者在 Internet 上查找和浏览信息提供了图形化的、易于访问的直观界面，其中的文档及超链接将 Internet 上的信息节点组织成一个互为关联的网状结构。

Web 服务的核心技术是：超文本传送协议（Hyper Text Transfer Protocol，HTTP）、超文本标记语言（Hyper Text Markup Language，HTML）、超链接（Hyperlink）与统一资源定位符（Uniform Resource Locator，URL）。Web 服务基于 TCP 协议，为了能够随时响应客户端的请求，Web 服务器需要监听 80 端口。

HTTP 是 Web 浏览器与服务器交换请求与应答报文的通信协议。HTTP 是应用层协议，同其他应用层协议一样，是为了实现某一类具体应用的协议，并由某一运行在用户空间的应用程序来实现其功能。它定义了浏览器怎样向万维网服务器请求文档，以及服务器怎样把文档传送给浏览器。

HTML（超文本标记语言）是一种制作万维网页面的标准语言。它包括一系列标签，通过这些标签可以将网络上的文档格式统一，使分散的 Internet 资源连接为一个逻辑整体。超文本是一种组织信息的方式，它通过超链接方法将文本中的文字、图表与其他信息媒体相关联。这些相互关联的信息媒体可能在同一文本中，也可能是其他文件，或者地理位置相距遥远的某台计算机上的文件。这种组织信息方式将分布在不同位置的信息资源用随机方式进行连接，为人们查找、检索信息提供方便。

URL 是万维网服务程序上用于指定信息位置的表示方法。它给资源的位置提供一种抽象的识别方法，并用这种方法给资源定位。URL 实际上是在互联网上的资源的地址。标准的 URL 由协议类型、主机、端口和路径四部分组成。协议类型是指使用什么协议来获取该万维网文档，现在最常用的协议是 HTTP，其次是文件传输协议（FTP）。主机是指万维网文档在哪一台主机上，具体指的就是该主机在互联网上的域名。端口和路径可省略，HTTP 的默认端口号是 80，通常可省略，如果不是默认端口号不可省略；路径往往是指发布网站的主页，也可省略。

用超文本标记语言创建的网页存储在 Web 服务器中，用户通过 Web 客户浏览器进程用 HTTP 的请求报文向 Web 服务器发送请求；Web 服务器根据客户请求内存，将保存在 Web 服务器中的页面（通常是主页）以应答报文的方式发送给用户；浏览器在接收到该页面后对其进行解释，最终将图、文、声并茂的画面呈现给用户。用户也可以通过页面中的超链接功能，方便地访问于其他 Web 服务器中的页面，或是其他类型的网络信息资源。

常见的 Web 服务器有以下几种。

① Apache 服务器：Apache 使用广泛、开源，支持多个平台，Apache 的特点是简单、速度快、性能稳定，并可做代理服务器来使用。

② Microsoft IIS 服务器：包括 Web 服务器、FTP 服务器、NNTP 服务器和 SMTP 服务器，要使用它需要购买对应的商业 Window Server 操作系统。

③ Nginx 服务器：俄罗斯的一个站点开发的，相比于 Apache 服务器，Nginx 占用内存小且较稳定。

④ Tomcat 服务器：Tomcat 技术先进、性能稳定，而且免费，因而深受 Java 爱好者的喜爱并得到了部分软件开发商的认可，成为目前比较流行的 Web 应用服务器。

6.3.2　Web 前后端交互

用户在浏览器中看到的一系列网页是网站的前台信息。我们所打开的网站分为前台的和后台的，前台面向用户，后台负责数据的操作（包括数据的存取、计算等）。用户在操作网页的过程中，经常需要在网页的前台和后台之间传输一些数据，前后端交互示意图如图 6-6 所示。

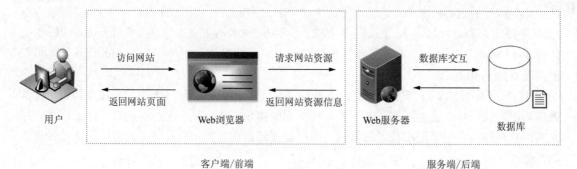

图 6-6　Web 前后端交互示意图

1. 前端开发

前端开发是创建 Web 页面或 App 等前端界面呈现给用户的过程，通过 HTML、CSS、JavaScript 以及衍生出来的各种技术、框架、解决方案，来实现互联网产品的用户界面交互。前端开发从网页制作演变而来，名称上有很明显的时代特征。在互联网的演化进程中，网页制作是 Web 1.0 时代的产物，早期网站主要内容都是静态，以图片和文字为主，用户使用网站的行为也以浏览为主。随着互联网技术的发展和 HTML5、CSS3 的应用，现代网页更加美观，交互效果更好，功能更加强大。

前端开发的主要职能就是把网站的界面更好地呈现给用户。前端技术包括四部分：前端美工、浏览器兼容，CSS、HTML 等这些"传统"技术与 Adobe AIR、Google Gears，以及概念性较强的交互式设计、艺术性较强的视觉设计等。

此外，前端技术还能应用于智能电视、智能手表甚至人工智能领域。

2. 后端开发

后端开发更多的是与数据库进行交互以处理相应的业务逻辑。需要考虑的是如何实现功能、数据的存取、平台的稳定性与性能等。后端开发者编写运行于服务器上的代码。有些情况下，业务逻辑是驻留在客户端的，这时客户端通常以 Web 服务的形式调用数据库的数据。后端开发者更注重构建应用程序的体系结构和内部设计，并且要熟练掌握数据库技术，构建应用程序的服务器端，Web 开发框架的语言有 PHP、JavaScript、ASP.net、Python 等，比较常用的数据库系统有 Oracle、SQL Server、MySQL 等。一个好的后端开发人员要掌握如何使用各种框架和库，如何将它们集成到应用程序中，以及如何构建代码和业务逻辑，用一种使系统更易于维护的方式。

3. 前后端交互技术

随着用户量的不断增大，为了使网页的响应速度更快、性能更高，优化前台与后台数据交互的技术也越来越多，如 AJAX、Iframe、Websocket 等。AJAX 可以在无须重新加载整个网页的情况下，只是更新部分网页。Iframe 利用框架实现部分网页的更新。Websocket 连接允许客户端和服务器端进行全双工通信，任何一方都可以通过建立的连接将数据推送到另一端，而 HTTP 不能实现服务器端主动向客户端发起消息。这些优化技术可以减少数据传输、提升网页加载速度，还可以充分利用资源，提高传输的效率。

6.4 文件传输协议

6.4.1 概述

文件传输协议（File Transfer Protocol，FTP），用于 Internet 上控制文件的双向传输。人们可以在服务器中存放大量的共享软件和免费资源，网络用户可以从服务器中下载文件，或者将客户机上的资源上传至服务器。FTP 就是用来在客户机和服务器之间实现文件传输的标准协议。FTP 的目标是提高文件的共享性，提供非直接使用远程计算机，使存储介质对用户透明和可靠高效地传送数据。

TCP/IP 协议中，FTP 标准命令 TCP 端口号为 21，Port 方式数据端口为 20。FTP 协议的任务是从一台计算机将文件传送到另一台计算机，它与这两台计算机所处的位置、连接的方式，甚至是否使用相同的操作系统无关。

6.4.2 工作原理

FTP 也是一个客户机 / 服务器系统。用户通过一个支持 FTP 协议的客户机程序，连接到在远程主机上的 FTP 服务器程序。用户通过客户机程序向服务器程序发出命令，服务器程序执行用户所发出的命令，并将执行的结果返回到客户机。如果用户要将一个文件从自己的计算机发送到 FTP 服务器上，称为 FTP 的上载（Upload），而更多的情况是用户从服务器上把文件或资源传送到客户机上，称为 FTP 的下载（Download）。所谓的"下载"文件就是从远程主机复制文件至自己的计算机上；"上载"文件就是将文件从自己的计算机中复制到远程主机上。对于 Internet 来说，用户可通过客户机程序向（从）远程主机上载（下载）文件。

使用 FTP 时必须首先登录，在远程主机上获得相应的权限以后，方可上载或下载文件。也就是说，要想同哪一台计算机传送文件，就必须具有哪一台计算机的适当授权。换言之，除非有用户 ID 和口令，否则无法传送文件。这种情况违背了 Internet 的开放性，Internet 上的 FTP 主机何止千万，不可能要求每个用户在每一台主机上都拥有账号。匿名 FTP 就是为解决这个问题而产生的。

匿名 FTP 是这样一种机制，用户可通过它连接到远程主机上，并从其下载文件，而无须成为其注册用户。系统管理员建立了一个特殊的用户 ID，名称为 anonymous，Internet 上的任何人在任何地方都可使用该用户 ID。通过 FTP 程序连接匿名 FTP 主机的方式同连接普通 FTP 主机的方式差不多，只是在要求提供用户标识 ID 时必须输入 anonymous，该用户 ID 的口令可以是任意的字符串。习惯上，用自己的 E-mail 地址作为口令，使系统维护程序能够记录下来谁在存取这些文件。值得注意的是，匿名 FTP 不适用于所有 Internet 主机，它只适用于那些提供了这项服务的主机。

当远程主机提供匿名 FTP 服务时，会指定某些目录向公众开放，允许匿名存取。系统中的其余目录则处于隐匿状态。作为一种安全措施，大多数匿名 FTP 主机都允许用户从其下载文件，而不允许用户向其上载文件，也就是说，用户可将匿名 FTP 主机上的所有文件全部复制到自己的机器上，但不能将自己机器上的任何一个文件复制至匿名 FTP 主机上。即使有些匿名 FTP 主机确实允许用户上载文件，用户也只能将文件上载至某一指定上载目录中。随后，系统管理员会去检查这些文件，会将这些文件移至另一个公共下载目录中，供其他用户下载。利用这种方式，远程主机的用户得到了保护，避免了有人上载有问题的文件，如带病毒的文件。

作为一个 Internet 用户，可通过 FTP 在任何两台 Internet 主机之间复制文件。但是，实际上大多数人只有一个 Internet 账户，FTP 主要用于下载公共文件，例如共享软件、各公司技术支持文件等。Internet 上有成千上万台匿名 FTP 主机，这些主机上存放着数不清的文件，供用户免费复制。实际上，几乎所有类型的信息，所有类型的计算机程序都可以在 Internet 上找到。这是 Internet 吸引人们的重要原因之一。

Internet 中有数目巨大的匿名 FTP 主机以及更多的文件，那么到底怎样才能知道某一特定文件位于哪个匿名 FTP 主机上的哪个目录中呢？这正是 Archie 服务器所要完成的工作。Archie 将自动在 FTP 主机中进行搜索，构造一个包含全部文件目录信息的数据库，使用户可以直接找到所需文件的位置信息。

6.4.3 传输方式

FTP 支持两种模式：一种是 Standard（PORT 方式，主动方式）模式，FTP 的客户端发送 PORT 命令到 FTP Server；另一种是 Passive（PASV 方式，被动方式）模式，FTP 的客户端发送 PASV 命令到 FTP Server。

1. Standard 模式

FTP 客户端首先和 FTP 服务器的 TCP 21 端口建立连接，通过这个通道发送命令，客户端需要接收数据时在这个通道上发送 PORT 命令。PORT 命令包含了客户端用什么端口接收数据，在传送数据时，服务器端通过自己的 TCP 20 端口连接至客户端的指定端口发送数据。 FTP Server 必须和客户端建立一个新的连接用来传送数据。

2. Passive 模式

在建立控制通道时和 Standard 模式类似，但建立连接后发送的不是 PORT 命令，而是 PASV 命令。FTP 服务器收到 PASV 命令后，随机打开一个端口（端口号 1 024~65 535）并且通知客户端在这个端口上传送数据的请求，客户端连接 FTP 服务器此端口，然后 FTP 服务器将通过这个端口进行数据的传送，这时 FTP Server 不再需要建立一个新的和客户端之间的连接。

FTP 客户端和服务器之间需要建立两条 TCP 连接，一条是控制连接，用来发送控制指令，另外一条是数据连接，真正的文件传输是通过数据连接来完成的。对于两种传输模式来说，控制连接的建立过程一样，均为服务器监听 21 端口，客户端向服务器的该端口发起 TCP 连接。两种传输模式的不同之处体现在数据连接的建立，对于数据连接的建立，主动模式中服务器通过控制连接知道客户端监听的端口后，使用自己的 20 端口作为源端口，"主动"发起 TCP 数据连接。而被动模式服务器监听 1 024~65 535 的一个随机端口，并通过控制连接将该端口告诉客户端，客户端向服务器的该端口发起 TCP 数据连接，这种情况下数据连接的建立相当于服务器是"被动"的。

如果 FTP 客户端在私网，FTP 服务器在公网（云主机的应用场景）应该使用被动模式，因为这种应用场景中 FTP 服务器访问不到在私网的 FTP 客户端，而 FTP 客户端可以访问到 FTP 服务器。但是，FTP 服务器的防火墙除了应该放行 21 端口的 TCP 连接，还应放行 FTP 服务器数据连接的 TCP 端口。

在服务器端主被动两种传输模式都支持的前提下，FTP 传输的模式由 FTP 客户端来决定。如果使用软件，可以在软件中进行配置使用哪种传输模式；如果在 Windows 下使用浏览器或者在"我的电脑"地址栏输入 FTP 的 URL 访问 FTP 服务器，可以到浏览器 Internet 选项的高级选项卡中进行配置。

6.4.4　配置与使用 FTP

任何一种服务器的搭建，其目的都是为了应用。FTP 服务也一样，搭建 FTP 服务器的目的就是为了方便用户上传和下载文件。当 FTP 服务器建立成功并提供 FTP 服务后，用户就可以访问。一般主要使用两种方式访问 FTP 站点：一是利用标准的 Web 浏览器；二是利用专门的 FTP 客户端软件，以实现 FTP 站点的浏览、下载和上传文件。

根据 FTP 服务器所赋予的权限，用户可以浏览、上传或下载文件，但使用不同的访问方式，其操作方法也不相同。

1. Web 浏览器或资源管理器的访问

Web 浏览器除了可以访问 Web 网站外，还可以用来登录 FTP 服务器。

匿名访问时的格式为：ftp://FTP 服务器地址。

非匿名访问 FTP 服务器的格式为：ftp:// 用户名 : 密码 @FTP 服务器地址。

登录 FTP 站点以后，就可以像访问本地文件夹一样使用。如果要下载文件，可以先复制一个文件，然后粘贴到本地文件夹中即可；若要上传文件，可以先从本地文件夹中复制一个文件，然后在 FTP 站点文件夹中粘贴，即可自动上传到 FTP 服务器。如果具有"写入"权限，还可以重命名、新建或删除文件或文件夹。

2. FTP 软件访问

大多数访问 FTP 站点的用户都会使用 FTP 软件，因为 FTP 软件不仅方便，而且和 Web 浏览器相比，它的功能更加强大。比较常用的 FTP 客户端软件有 Serv-U、CuteFTP、FlashFXP、LeapFTP 等。

6.5 电子邮件服务

6.5.1 概述

随着网络的发展和普及，电子邮件已经是人们日常工作中不可缺少的部分。电子邮件可以是文字、图像、声音等多种形式。同时，用户可以得到大量免费的新闻、专题邮件，并轻松实现信息搜索。电子邮件的存在极大地方便了人与人之间的沟通与交流，促进了社会的发展。描述电子邮件的第一个文档 RFC196 是 1971 年出现的。为 ARPANET 工作的麻省理工学院博士 Ray Tomlinson 为了测试，发送了第一封电子邮件。Tomlinson 选择 "@" 符号作为用户名与地址的间隔，因为这个符号比较生僻，不会出现在任何一个人的名字当中，而且这个符号的读音也有着 "在" 的含义。电子邮件应用一出现，立即受到用户的欢迎，成为最重要的网络应用之一。

电子邮件的两个最重要的标准是：简单邮件传送协议（Simple Mail Transfer Protocol，SMTP）和互联网文本报文格式。由于互联网的 SMTP 只能传送可打印的 7 位 ASCII 码邮件，因此在 1993 年又提出了通用互联网邮件扩充（Multipurpose Internet Mail Extensions，MIME）。在 MIME 邮件中可以同时传送多种类型的数据，这在多媒体通信的环境中是非常有用的。

电子邮件系统分为邮件服务器端和邮件客户端。在邮件服务器端，包括用来发送邮件的 SMTP 服务器，用来接收邮件的 POP3 服务器或 IMAP 服务器，以及用来存储电子邮件的电子邮箱；在邮件客户端，包括用来发送邮件的 SMTP 代理，用来接收邮件的 POP3 代理，以及为用户提供管理界面的用户接口程序。

6.5.2 SMTP 协议

SMTP 是一种提供可靠且有效的电子邮件传输的协议。SMTP 是建立在 FTP 文件传输服务上的一种邮件服务，主要用于系统之间的邮件信息传递，并提供有关来信的通知。客户在向 SMTP 邮件服务器发送邮件之前需要首先建立 TCP 连接。在完成 TCP 连接建立之后，开始进入 SMTP 会话建立、发送邮件与释放 SMTP 会话，然后再进行释放 TCP 连接，结束 SMTP 工作过程。

SMTP 协议的工作过程如下：

1. 建立连接

在这一阶段，SMTP 客户请求与服务器的 25 端口建立一个 TCP 连接。一旦连接建立，SMTP 服务器和客户就开始相互通告自己的域名，同时确认对方的域名。

2. 邮件传送

利用命令，SMTP 客户将邮件的源地址、目的地址和邮件的具体内容传递给 SMTP 服务器，SMTP 服务器进行相应的响应并接收邮件。

3. 连接释放

SMTP 客户发出退出命令，服务器在处理命令后进行响应，随后关闭 TCP 连接。

SMTP 协议可以将邮件报文封装在邮件对象中，SMTP 协议的邮件对象是由信封和内容两部分组成。信封实际上是一种 SMTP 命令，邮件报文是封装在信封中的邮件内容，报文本身包括报文头和邮件主体两部分。

SMTP 的局限性表现在只能发送 ASCII 码格式的报文，不支持中文、法文、德文等，也不支持语音、视频的数据。通过 MIME 协议，克服了 SMTP 的这些缺点。MIME 使用网络虚拟终端（NVT）标准，允许非 ASCII 码数据通过 SMTP 传输。

6.5.3 POP3 和 IMAP 协议

SMTP 是"推（Push）"的通信方式，SMTP 客户把邮件"推"给 SMTP 服务器端。在接收端，不适合采用推送的方式，采取"拉"的方式更适合，接收方在愿意收取邮件报文时，才去启动接收过程。在邮件交互阶段采用了邮件读取协议，主要用的是邮件读取协议 POP3 协议和 Internet 邮件读取协议 IMAP4。

1. POP3 协议

POP3 协议是目前最流行的邮件读取协议。POP3 客户软件安装在邮件客户机上，POP3 服务器软件安装在邮件服务器上。POP3 协议的会话格式与 SMTP 的会话格式类似。POP3 协议允许客户以离线的方式访问，从 SMTP 邮件服务器下载邮件。客户用 POP3 协议访问 SMTP 邮件服务器时首先要建立 TCP 连接。在建立 TCP 连接之后需要经过 3 个阶段：POP3 会话连接建立阶段、邮件访问阶段与释放 POP3 会话连接阶段。释放了 POP3 会话连接之后，再释放 TCP 连接。

POP 协议支持"离线"邮件处理。其具体过程是：邮件发送到服务器上，电子邮件客户端调用邮件客户机程序以连接服务器，并下载所有未阅读的电子邮件。这种离线访问模式是一种存储转发服务，将邮件从邮件服务器端送到个人终端机器上，一般是 PC 或 MAC。一旦邮件发送到 PC 或 MAC 上，邮件服务器上的邮件将会被删除。但 POP3 邮件服务器大都可以"只下载邮件，服务器端并不删除"，也就是改进的 POP3 协议。

2. IMAP4 协议

IMAP4 协议与 POP3 协议一样，也是规定个人计算机如何访问网上的邮件服务器进行收发邮件的协议，但是 IMAP4 协议同 POP3 协议相比更高级。IMAP4 支持协议客户机在线或者离开访问并阅读服务器上的邮件，还能交互式地操作服务器上的邮件。IMAP4 协议更人性化的地方是不需要像 POP3 协议那样把邮件下载到本地，用户可以通过客户端直接对服务器上的邮件进行操作，例如，在线阅读邮件，在线查看邮件主题、大小、发件地址等信息。用户还可以在服务器上维护自己邮件目录，包括新建、删除、重命名、共享、抓取文本等。IMAP4 协议弥补了 POP3 协议的很多缺陷，由 RFC3501 定义。IMAP4 协议用于客户机远程访问服务器上电子邮件，它是邮件传输协议新的标准。

6.5.4 邮件服务器

邮件服务器构成了电子邮件系统的核心。每个收信人都有一个位于某个邮件服务器上的邮箱（Mailbox）。邮件服务器与其他程序协同工作用于组成消息系统的内容。消息系统包括所有必要的应用程序来保证电子邮件按照应有的路径传送。当用户发送电子邮件消息时，电子邮件程序（如 Outlook 或 Eudora）发送消息到用户的邮件服务器，再依次发送到其他邮件服务器或同一服务器的保存区，然后再发送出去。作为一个规则，该系统使用 SMTP 来发送电子邮件，使用 POP3 或 IMAP 来接收电子邮件。

企业可以组建自己的 Internet 邮件服务器，从使用的角度来看，拥有自己的邮件服务器，可以为自己的员工设置电子邮箱，还可以根据需要设置不同的管理权限等，并且，除了一般的终端邮件程序方式（如 Outlook、Foxmail）收发 E-mail 之外，还可以实现 Web 方式收发和管理邮件，比一般 ISP 提供的电子邮箱和虚拟主机提供的信箱更方便。

许多企业采用 Exchange、Lotus Domino 作为公司内部的邮件服务器。一些 ISP 采用 Sendmail（一个著名的 UNIX/Linux 系统上的邮件服务器软件）或者其他的一些基于 Linux 系统的邮件服务器，如 Qmail 和 Postfix 提供邮件服务。Winmail Server 也是公司企业、大专院校、中小学校、集团组织、政府部门的企业邮局系统架设软件。Winmail Server 是一个低成本的运行于 Windows 系统上的邮件服务器软件，运行和维护成本低廉、稳定，性能高，有非常友好的管理界面。本章节的实训部分将针对 Winmail Server 进行安装和配置。

6.6 远程登录服务

6.6.1 概述

远程登录是指本地计算机通过 Internet 连接到一台远程计算机上，登录成功后本地计算机完全成为对方主机的一个远程仿真终端用户。这时本地计算机和远程主机的普通终端一样，能够使用的资源和工作方式取决于该主机的系统。

Telnet 协议是 Internet 远程登录服务的标准协议和主要方式。Telnet 协议为用户提供了在本地计算机上完成远程主机工作的能力。Telnet 协议是 1969 年在 ARPAnet 演示的第一个应用程序。专门定义 Telnet 协议的 RFC97 文档时在 1971 年 2 月公布的。

起初，它只是让用户的本地计算机与远程计算机连接，从而成为远程主机的一个终端。它的一些较新的版本在本地执行更多的处理，于是可以提供更好的响应，并且减少了通过链路发送到远程主机的信息数量。Telnet 是基于客户机 / 服务器模式的服务系统，它由客户软件、服务器软件以及 Telnet 通信协议三部分组成。远程计算机又称为 Telnet 主机或服务器，本地计算机作为 Telnet 客户机来使用，它起到远程主机的一台虚拟终端的作用，通过它用户可以与主机上的其他用户一样共同使用该主机提供的服务和资源。当用户使用 Telnet 登录远程主机时，该用户必须在这个远程主机上拥有合法的账号和相应的密码，否则远程主机将会拒绝登录。Telnet 默认端口是 23。

Telnet 命令格式：Telnet [选项] IP 地址或域名。

出于安全考虑，Windows 7 已经禁用了 Telnet 这一功能，重新开启 Telnet 服务的具体操作步骤如下：

① 选择"控制面板"→"程序"→"打开或关闭 Windows 功能"，可以看到许多服务项，选择"Telnet 服务器"和"Telnet 客户端"确定即可。

② 选择"控制面板"→"管理工具"→"服务"或者 services.msc 进入服务项列表之后，找到 Telnet，可以看到它是被禁用的，此时需要在"禁用"处右击选择"属性"命令，将"禁用"改为"手动"，然后再启动状态栏右键选择"启动"。

③ 出于安全考虑，Windows 下很多服务必须将相应的用户添加到组中才能使用，否则无法使用。因此，需要通过"计算机"→"管理"→"本地用户和组"→"组"→"TelnetClients"→

"添加"将用户添加进去。

④ 要确保 Telnet 能通过防火墙，端口默认是 23。

⑤ 选择"开始"→"运行"命令，输入 cmd，输入 Telnet IP 地址（如 10.148.22.22)，回车后，输入用户名和密码，即可连接。

6.6.2　工作过程

Telenet 远程登录服务采用典型的客户 / 服务器模式，分为以下 4 个过程：

① 本地与远程主机建立连接。该过程实际上是建立一个 TCP 连接，用户必须知道远程主机的 IP 地址或域名。

② 将本地终端上输入的用户名和口令及以后输入的任何命令或字符以 NVT（Net Virtual Terminal，网络虚拟终端）格式传送到远程主机。NTV 是一种统一的数据表示方式，以保证不同硬件、软件与数据格式的终端与主机之间通信的兼容性。该过程实际上是从本地主机向远程主机发送一个 IP 数据包。

③ 将远程主机输出的 NVT 格式的数据转化为本地所接受的格式送回本地终端，包括输入命令回显和命令执行结果。

④ 本地终端对远程主机进行撤销连接。该过程是撤销一个 TCP 连接。

Telnet 已经成为 TCP/IP 协议集中一个最基本的协议。E–MAIL、FTP 与 Web 服务都是建立在 Telnet NVT 基础上的。

6.7　工业网络应用

6.7.1　工业网络概述

随着计算机技术和网络通信技术的发展，在工业领域也越来越多地使用计算机并构成网络，以消除信息孤岛现象，让工业现场数据不仅仅为生产服务，还为管理、经营等其他部门服务。工业网络在工业生产中也是常见的应用，工业网络也是计算机网络，同样由多个网络节点组成，节点间交换数据和控制信息。

在办公环境中，许多客户机与一台服务器通信，客户机之间没有交叉连接。当有太多客户机同时访问服务器时，此时的数据传输就会在建立通信链路时产生瓶颈并导致延迟。而在工业环境中，这种数据传输瓶颈对于自动化来讲是不可接受的，因为循环处理程序需要使用最新输入的数据来向组件发出相应的控制命令。面对这一要求，无论是工业领域还是能源领域的工厂，无论是交通系统还是基础设施，都必须对应用程序、通信关系和网络结构进行单独调整。此外，还必须优化利用网络容量以及工厂和机器设备，并最大限度地减少停机时间。

工业网络所处环境与办公环境有着本质的区别。工业网络所使用的环境很有可能会出现极端温度、高粉尘、潮湿、机械振动、电磁干扰等情况不利于设备正常运行的条件，尤其是车间级和现场级网络。并且，由于工业网络对实时性、可靠性和确定性的要求，导致工业网络的网络通信协议层次结构简单，与民用网络协议有着较大区别。工业网络结构也有其特点，一般而言，工业通信网络可以划分为三级：企业级、车间级和现场级，如图 6-7 所示。

1. 企业级通信网络

企业级网络用于企业的上层管理，为企业提供生产、经营、管理等数据，通过信息化的方式优化企业的资源，提高企业的管理水平。这个层次的网络，覆盖全厂，与民用或商业网络类似或直接使用民用 / 商用网络。

2. 车间级通信网络

车间级通信网络介于企业级与现场级之间。该级网络的主要任务是解决车间范围内各个需要协调工作的不同工艺段之间的通信，从通信需求角度来看，要求通信网络能够高速传递大量测量信息和少量控制数据，同时具有较强的实时性。该层次网络主要采用工业以太网技术。

3. 现场级通信网络

现场级通信网络位于工业网络系统的最底层，直接连接现场的各种设备，包括各种传感器、执行机构、变送器、变频与驱动等装置，由于连接的设备千变万化，因此所使用的通信方式也比较复杂。而且，由于现场级通信网络直接连接现场设备，网络上传递的主要是测控信号，对网络的实时性和确定性有很高的要求。该层次网络主要使用现场总线技术。

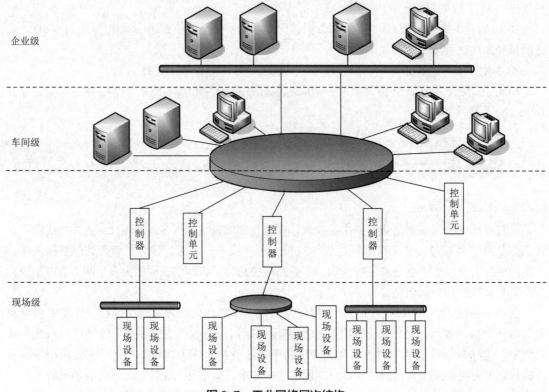

图 6-7　工业网络层次结构

6.7.2　现场总线技术

现场总线是安装在制造或过程区域的现场设备与控制室内的自动化控制装置之间的数字式、串行、多点通信的数据总线。现场总线的最主要特征就是采用数字通信方式取代设备级的 4~20 mA（模拟量）/24 VDC（数字量）信号。

现场设备是指安装在现场的工作设备如传感器、变送器、执行器、控制器等。具体来说有开关、阀门、气缸、电机、灯光、温度、压力、流量等方面的信号检测和参量控制。随着计算机技术的发展，给每一台现场设备置入通用或专用微处理器，使它们具有数字计算和数字通信能力，当现场总线智能化以后，整个自动控制系统结构发生了彻底变化，导致了现场总线的诞生。

由于技术、利益和适用行业不同的缘故，国际上存在着几十种现场总线标准，比较常见的主要是 PROFIBUS、基金会现场总线（FF）、CAN、Modbus、HART、CC-Link、DeviceNet 等现场总线。

1. PROFIBUS 总线

PROFIBUS 是过程现场总线（Process Field Bus）的缩写，它是目前世界上通用的现场总线标准之一，以其独特的技术特点、严格的认证规范、开放的标准而得到众多厂商的支持和不断的发展。PROFIBUS 广泛应用在制造业、楼宇、过程控制和电站自动化，尤其 PLC 的网络控制，是一种开放式、数字化、多点通信的底层控制网络。

PROFIBUS 是令牌主从访问机制，连接在 PROFIBUS 子网上的站点，根据它们的站地址顺序组成逻辑令牌环，令牌从低地址到高地址顺序循环传递，得到令牌的主站可在它拥有令牌期间对属于它的站点进行发送或读取数据。

PROFIBUS 总线主要由三部分组成：PROFIBUS-DP、PROFIBUS-PA 和 PROFIBUS-FMS。其中，DP 是 Decentralized Periphery（分布式外围设备）的缩写，PA 是 Process Automation（过程自动化）的缩写，FMS 是 Field Message Specification（现场总线报文规范）的缩写。PROFIBUS-DP 主要用于制造业自动化系统中单元级和现场级通信，它是一种高速低成本通信，特别适合 PLC 与现场级分布式 I/O 设备之间的快速循环数据交换，是 PROFIBUS 中应用最广的通信方式。PROFIBUS-PA 用于 PLC 与本质安全系统过程自动化的现场传感器和执行器的低速数据传输，特别适合于过程工业使用。PROFIBUS-PA 功能集成在启动执行器、电磁阀和测量变送器等现场设备中。PROFIBUS-FMS 用于系统级和车间级不同供应商的自动化系统之间交换数据，处理单元级（PLC 和 PC）的多主站数据通信。

PROFIBUS 协议结构有四层：包括 OSI 七层模型中的物理层、数据链路层和应用层，另外增加了用户层。用户层主要定义了行规、功能和接口等内容。

2. 基金会现场总线

基金会现场总线（Foundation Fieldbus，FF）是在过程自动化领域得到广泛支持和具有良好发展前景的技术，是一种全数字、串行、双向通信协议，用于智能现场设备的互联。两大集团（以美国 Fisher-Rousemount 公司为首，联合 Foxboro、横河、ABB、西门子等 80 家公司制定的 ISP 协议和以 Honeywell 公司为首，联合欧洲等地的 150 家公司制定的 WordFIP 协议）于 1994 年 9 月合并，成立了现场总线基金会，致力于开发出国际上统一的现场总线技术。

FF 由两部分组成：H1 低速现场总线和 HSE 高速现场总线。H1 的通信速率为 31.25 kbit/s，通信距离可达 1 900 m（可加中继器延长），可支持总线供电，HSE 的通信速率为 100 Mbit/s（H2 的通信速率为 1 Mbit/s 及 2.5 Mbit/s，其通信距离为 750 m 和 500 m）。H1 与 HSE 通过 FF 的连接设备连接，物理传输介质可支持双绞线、光缆和无线发射。

基金会现场总线的核心部分之一是实现现场总线信号的数字通信。为了实现系统的开放性，其通信模型参考了 ISO/OSI 参考模型，基金会现场总线的参考模型只具备了 ISO/OSI 参考模型七层中的三层，即物理层、数据链路层和应用层，并按照现场总线的实际要求，把应用层划分为两个子层——总线访问子层（FAS）与总线报文规范子层（FMS），省去了中间的 3 ~ 6 层，即不具备网络层、传输层、会话层与表示层。不过它又在第七层应用层之上增加了新的一层（用户层），这样可以将通信模型视为四层。

3. CAN 总线

CAN（CONTROLLER AREA NETWORK）即控制器局域网络，最初是为汽车监测、控制系统而设计的，由于其卓越性能现已广泛应用于工业自动化、多种控制设备、交通工具、医疗仪器以及建筑、环境控制等众多部门。

CAN 采用 OSI 的三层网络结构——物理层、数据链路层和应用层。CAN 总线的数据通信具有突出的可靠性、实时性和灵活性。其主要特点如下：

① CAN 为多主方式工作，网络上任一节点均可在任意时刻主动地向网络上其他节点发送信息，而不分主从，节点间可以自由通信。

② CAN 采用非破坏性总线仲裁技术，当多个节点同时向总线发送信息时，优先级较低的节点会主动地退出发送，而最高优先级的节点可不受影响地继续传输数据，有效避免了总线冲突。

③采用短帧结构，每一帧的有效字节数为 8 个，传输时间短。

④每帧信息都有 CRC 校验及其他检错措施，保证了数据出错率极低。

⑤ CAN 的直接通信距离最远可达 10 km（通信速率 5 kbit/s 以下）；通信速率最高可达 1 Mbit/s（此时通信距高最长为 40 m）。

⑥ CAN 节点在错误严重的情况下具有自动关闭输出功能，以使总线上其他节点的操作不受影响。

⑦ CAN 具有完善的通信协议。

4. Modbus 协议

Modbus 协议是位于 OSI 模型第 7 层的应用层消息传送协议，是莫迪康（Modicon）公司在 1979 年发布的，莫迪康被施耐德（Schneider）收购以后，施耐德将 Modbus 作为中高端设备的标准配置广泛应用于现场中。由于 Modbus 协议简单易用，可以在串行链路上或 TCP/IP 上实现，因此在工业领域得到了广泛应用，已成为标准通信协议之一，也是我国的国家标准。

Modbus 是以主从方式进行数据传输，在传输过程中主站发出数据请求报文到从站，从站返回响应报文，该协议只允许主站和从站之间通信，不允许从站间直接通信。主站还能以广播方式和所有从站通信，但从站不返回响应报文。Modbus 在串行链路上有 Modbus RTU 和 Modbus ASCII 两种传输方式。它们的主要区别在于 Modbus RTU 是以 RTU（远程终端单元）模式通信，消息中传送的是数字；而 Modbus ASCII 是以 ASCII（美国标准信息交换代码）模式通信，消息中传送的是 ASCII 字符。

6.7.3 工业以太网

随着生产管理水平的提高和优化上下游产品供应管理，用户要求企业从现场控制层到管理层能实现全面无缝的信息集成，而原先的现场总线技术无法很好地满足这些要求，使用 TCP/IP 和以太网结合工业现场特点形成新型的基于以太网的现场总线技术，即工业以太网。所谓工业以太网，就是基于以太网技术和 TCP/IP 技术开发出来的一种工业通信网络。工业以太网是按工业控制的要求，制定适用的应用层和用户层协议，使以太网和 TCP/IP 技术真正能应用到工业现场，而不是以太网在工业现场的应用。常见的工业以太网有 PROFINET、EtherCAT、Modbus TCP/IP、HSE、Ethernet/IP 等。

与普通的办公室网络和控制级的工业以太网不同，在现场级网络中传输的往往都是工业现场的 I/O 信号以及控制信号，从控制安全的角度来说，系统对这些来自现场传感器的 I/O 信号要能够及时获取，并及时做出响应，将控制信号及时准确地传递到相应的动作单元中，因此，现场级通信网络对通信的实时性和确定性有极高的要求。这也正是普通的工业以太网技术在现场级通信网络中难以和现场总线技术抗衡的重要原因。

1. PROFINET

PROFINET 是由 PROFIBUS & PROFINET International 推出的开放式工业以太网标准,为自动化通信领域提供了一个完整的网络解决方案,囊括了诸如实时以太网、运动控制、分布式自动化、故障安全以及网络安全等当前自动化领域的热点话题,并且,作为跨供应商的技术,能完全兼容工业以太网和现有的现场总线(如 PROFIBUS)技术。

PROFINET 支持在工厂自动化和运动控制中的解决方案方便实现。

2. EtherCAT

EtherCAT(以太网控制自动化技术)是一个开放架构、以以太网为基础的现场总线系统,其名称中的 CAT 为控制自动化技术(Control Automation Technology)字首的缩写。EtherCAT 是确定性的工业以太网,最早是由德国的 Beckhoff 公司研发。

一般工业网络各节点传送的数据长度不长,多半都比以太网帧的最小长度要小。而每个节点每次更新数据都要送出一个帧,造成带宽的低利用率,网络的整体性能也随之下降。EtherCAT 利用一种称为"飞速传输"的技术改善以上问题。

在 EtherCAT 网络中,当数据帧通过 EtherCAT 节点时,节点会复制数据,再传送到下一个节点,同时识别对应此节点的数据,则会进行对应的处理,若节点需要送出数据,也会在传送到下一个节点的数据中插入要送出的数据。每个节点接收及传送数据的时间少于 1μs,一般而言只用一个帧的数据就可以供所有的网络上的节点传送及接收数据。

EtherCAT 通信协定是针对程序数据而进行优化,利用标准的 IEEE 802.3 以太网帧传递,Ethertype 为 0x88a4。其数据顺序和网站上设备的实体顺序无关,定址顺序也没有限制。主站可以和从站进行广播及多播等通信。若需要 IP 路由,EtherCAT 通信协定可以放入 UDP/IP 数据包中。

EtherCAT 使用全双工的以太网实体层,从站可能有 2 个或 2 个以上的埠。若设备没有侦测到其下游有其他设备,从站的控制器会自动关闭对应的埠并回传以太网帧。由于上述特性,EtherCAT 几乎支持所有网络拓扑,包括总线型、树型或是星型。

EtherCAT 的拓扑可以用网络线、分支或是短线(stub)作任意的组合。有 3 个或 3 个以上以太网接口的设备就可以当作分接器,不一定要用网络交换器。由于使用 100BASE-TX 的以太网物理层,2 个设备之间的距离可以到 100 m,一个 EtherCAT 区段的网络最多可以有 65 535 个设备。若 EtherCAT 网络是使用环型拓扑(主站设备需要有 2 个通信埠),则此网络还有缆线冗余的机能。

3. Modbus TCP/IP

该协议由施耐德公司推出,以一种非常简单的方式将 Modbus 帧嵌入到 TCP 帧中,使 Modbus 与以太网和 TCP/IP 结合,成为 Modbus TCP/IP。它除了在物理层和数据链路层用以太网标准以外,在应用层和串行链路上的 Modbus 基本一致,都使用已有的功能代码。其属于设备层中的工业以太网协议。Modbus TCP/IP 采用面向连接的方式,每一个呼叫都要求一个应答,这种呼叫 / 应答的机制与 Modbus 的主 / 从机制相互配合,使交换式以太网具有很高的确定性,利用 TCP/IP 协议,通过网页的形式可以使用户界面更加友好。

施耐德公司已经为 Modbus 注册了 502 端口,这样就可以将实时数据嵌入到网页中,通过在设备中嵌入 Web 服务器,就可以将 Web 浏览器作为设备的操作终端。方便用户使用 Web 浏览器查看设备运行情况。

4. HSE

现场总线基金会于 2003 年发布 Ethernet 规范，称为 HSE(High Speed Ethernet)。HSE 是以太网协议 IEEE802.3、TCP/IP 协议族与 FF 结合体。FF 现场总线基金会明确将 HSE 定位于实现控制网络与 Internet 的集成。

HSE 的物理层与数据链路层采用以太网规范，网络层采用 IP 协议，传输层采用 TCP、UDP协议，应用层采用的是现场设备访问（Field Device Access, FDA)，用户层和 FF H1 一样。FDA 为HSE 提供接口。用户层规定功能模块、设备描述 (DD)、功能文件 (CF) 以及系统管理 (SM)，可实现模块间的互操作并可调用 H1 开发的模块和设备描述。

HSE 技术的一个核心部分就是链接设备（linking device），它是 HSE 体系结构中将 Hl（31.25 kbit/s）设备连接 100 Mbit/s 的 HSE 主干网的关键组成部分，同时也具有网桥和网关的功能。网桥功能用于连接多个 H1 总线网段，使同 H1 网段上的 H1 设备之间能够进行对等通信而无须主机系统的干涉；网关功能允许将 HSE 网络连接到其他的工厂控制网络和信息网络，HSE 链接设备不需要为 H1 子系统作报文解释，而是将来自 H1 总线网段的报文数据集合起来并且将 Hl 地址转化为 IP 地址。

6.7.4 工业互联网

工业互联网作为新一代信息技术与工业深度融合的产物，是实现数字化转型的关键路径，对于未来工业发展产生全方位、深层次、革命性影响。世界各国也将工业互联网作为改造提升传统工业制造的选择，业界已达成广泛共识。2017 年 11 月，国务院印发《关于深化"互联网 + 先进制造业"发展工业互联网的指导意见》，形成了我国工业互联网发展的顶层设计，随后行动计划、实施方案、试点示范、创新工程等政策逐步完善。

杨善林院士提出"工业互联网"的概念是指根据相关的工业信息标准，通过互联网手段将全国各地的各类制造资源与创新资源相互连接，通过多源数据的感知、分析和数据挖掘，实现物理系统和虚拟系统的巧妙融合，从而形成"机机互联、人机互联"的新制造业体系。

工业互联网的核心功能原理是基于数据驱动的物理系统与数字空间融合交互，以及在此过程中的智能分析与决策优化。通过网络、平台、安全三大体系构建，工业互联网基于数据驱动实现物理与数字一体化、IT 与 OT 融合化，并贯通三大体系形成整体。工业互联网的数据功能体系主要包含感知控制、数字模型、决策优化 3 个基本层次，以及一个由自下而上的信息流和自上而下的决策流构成的工业数字化应用优化闭环，如图 6-8 所示。

图 6-8 中实线为信息流，虚线为决策流。

① 感知控制层：构建工业数字化应用的底层"输入—输出"接口，包含感知、识别和控制、执行四类功能。

② 数字模型层：强化资产数据的虚拟映射与管理组织，提供支撑工业数字化应用的基础资源与关键工具，包含数据集成与管理、数据模型和工业模型构建、信息交互三类功能。

③ 决策优化层：聚焦数据挖掘分析与价值转化，形成工业数字化应用核心功能，主要包括分析、描述、诊断、预测、指导及应用开发。

网络是工业互联网发挥作用的基础，由网络互联、数据互通和标识解析三部分组成，如图 6-9所示。

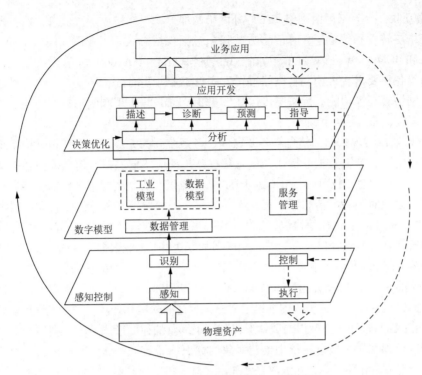

图 6-8　工业互联网功能架构 – 功能原理

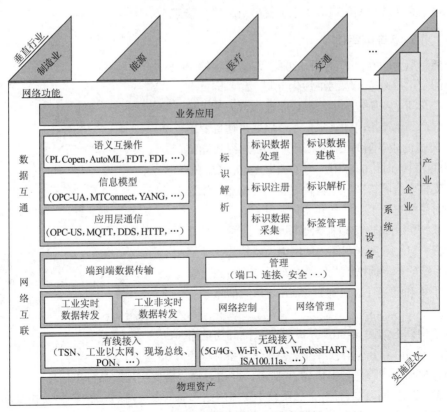

图 6-9　工业互联网功能架构 – 网络体系

① 网络互联：分为工厂内网络和工厂外网络两部分，根据协议层次可自下而上划分为多方式接入、网络层转发和传输层传送。多方式接入包括现场总线、工业以太网、工业 PON、TSN 等有线接入和 5G/4G、Wi-Fi/Wi-Fi6、WIA、WirelessHART、ISA100.1 1a 等无线接入，将工厂内人员、材料等各种要素接入内网；网络层转发实现工业非实时数据转发、工业实时数据转发、网络控制、网络管理等功能；传输层传送基于 TCP、UDP 等实现端到端数据传输、端口管理，以及端到端连接、安全等的管理。

② 数据互通：实现数据和信息在各要素间、各系统间的无缝传递，使得异构系统在数据层面能相互"理解"，产生数据互操作与信息集成，包括应用层通信、信息模型和语义互操作等功能。应用层通信通过 OPC UA、M QTT、HTTP 等协议，实现数据信息传输安全通道的建立、维持、关闭，以及对装备、传感器、远程终端单元、服务器等设备节点的管理；信息模型通过 OPC UA、MTConnect、YANG 等协议，提供完备、统一的数据对象表达、描述和操作模型；语义互操作功能通过 OPC UA、PLCopen、Auto M L 等协议，实现工业数据信息的发现、采集、查询、存储、交互等功能，以及对工业数据信息的请求、响应、发布、订阅等功能。

③ 标识解析：按照功能分为标识数据采集、标签管理、标识注册、标识解析、标识数据处理和标识数据建模六部分。标识数据采集定义标识数据的采集和处理手段，包含标识读写和数据传输两大功能；标签管理定义标识的载体形式和标识编码的存储形式，完成载体数据信息的存储、管理和控制；标识注册在信息系统中创建对象的标识注册数据；标识解析根据标识编码查询目标对象网络位置或者相关信息；标识数据处理定义对采集后的数据进行清洗、存储、检索、加工、变换和传输的过程；标识数据建模构建特定领域应用的标识数据服务模型，基于统一标识建立对象在不同信息系统之间的关联关系，提供对象信息服务。

6.7.5　工业网络应用案例

以智能制造为基础，结合互联网后，制造行业的改变是巨大的。用户通过互联网个性化定制产品，即可直接安排生产车间生产所定制的产品，企业运营人员可在浏览器观察产品生产情况和结果。本节以北京德普罗尔科技有限公司的生产管理信息系统为基础介绍智能制造在"互联网 +"时代的应用，为了突出重点，案例中省略电子支付、合同管理、原料管理、产品配送物流等环节，并对系统进行了抽象化和简化。

整个系统的网络连接拓扑图如图 6–10 所示。工业网络交换机、PLC 等生产车间内的网络设备构成工业网络，信息系统服务器通过工业网络与车间内进行数据交换，智能手机和远程计算机通过 Internet 访问信息系统服务器。

系统架构框图如图 6–11 所示，整个系统分为信息系统和生产车间两部分。信息系统安装在信息系统服务器上，为客户和生产管理者提供 Web 服务，并通过通信模块实现产品订单信息与生产车间的工艺单元 PLC 控制器间数据通信。信息系统主要由网站和通信模块两部分组成。网站由 Web 服务器、PHP 解释器引擎、网页脚本和数据库组成。通信模块的功能是负责将数据库与 PLC 之间的数据

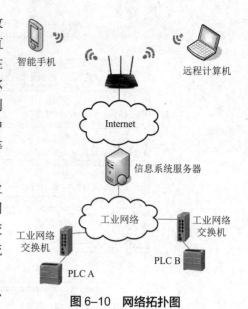

图 6–10　网络拓扑图

完成双向传输。生产车间分为 A 和 B 两个工艺单元，每个工艺单元内的 PLC 作为本单元的主控制器，负责本单元的数据采集、处理和生产控制，控制工艺单元内部生产加工操作。两个工艺单元共同完成一个产品部件的加工和装配工作，其中工艺单元 A 完成原材料 1 的加工，工艺单元 B 完成原材料 1 与原材料 2 的装配。

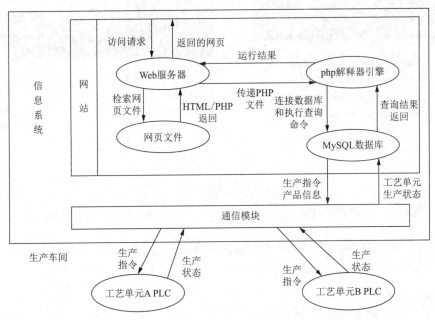

图 6-11　系统架构框图

　　信息系统和生产车间可以在工厂内部局域网内，也可以分别在各自的局域网内，从生产安全角度而言，信息系统往往会位于工厂信息局域网，生产车间往往会位于生产车间局域网。为了安全，两个不同的局域网会采用不同的网段，使两个局域网无法直接访问，避免工厂信息局域网的其余计算机访问生产车间局域网，以免带来安全隐患。通常情况下，生产车间局域网通往防火墙连接到其他网络。为了突出重点，本案例则省略这些，让两个网络直接相连。

　　客户通过智能手机或计算机以浏览网页的形式通过浏览器访问生产管理信息系统服务器，可以根据自己的喜好选择主件及配件的颜色和所需产品数量并下单。用户下单界面如图 6-12 所示。

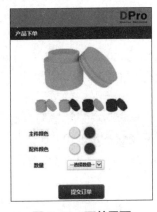

图 6-12　下单界面

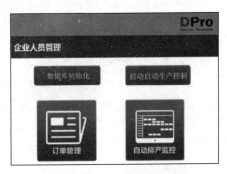

图 6-13　企业人员管理页面

公司生产管理者也同样以浏览网页的形式通过智能手机或计算机访问生产管理信息系统服务器，对系统进行初始化并启动自动生产控制。企业人员管理页面如图 6-13 所示，订单管理页面如图 6-14 所示，自动排产监控界面如图 6-15 所示。

图 6-14　订单管理页面

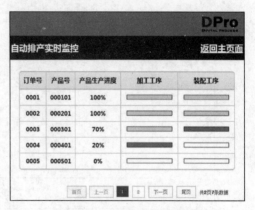

图 6-15　自动排产监控界面

订单确定后即根据选择将相应生产指令发送至相应工艺单元的 PLC 控制器，控制生产过程。管理人员可以通过浏览器查看生产过程情况，产品生产完毕则停止生产。

6.8　智能物联网

6.8.1　物联网概述

1. 物联网起源及发展

物联网作为一种模糊的意识或想法而出现，可以追溯到 20 世纪末。1995 年比尔·盖茨在《未来之路》一书中就已经提及类似于物品互联的想法，只是当时受限于无线网络、硬件及传感设备的发展，并未引起重视。直到 1999 年，美国麻省理工学院 Auto-ID 研究中心的创建者之一的 Kevin Ashton 教授在他的一个报告中首次使用了 Internet of Things 这个短语。Ashton 认为互联网依靠和处理的是人类各种以字节形式存在的信息，而"物"才是与人类生活最相关的东西，物联网的意义就在于借助互联网和各类数据采集手段收集各种"物"的信息以服务于人类。1999—2003 年，物联网方面的工作还只是局限于实验室中，这一时期的主要工作集中在物品身份的自动识别，如何减少识别错误和提高识别效率是人们关注的重点。2003 年，"EPC 决策研讨会"在芝加哥召开。作为物联网方面第一个国际会议，该研讨会得到了全球 90 多个公司的大力支持。从此，物联网相关工作开始走出实验室。

经过工业界与学术界的共同努力，2005 年物联网终于大放异彩。这一年，国际电信联盟（ITU）发布了题为《ITU 互联网报告 2005：物联网》的报告，物联网概念开始正式出现在官方文件中。从此以后，物联网获得跨越式的发展，中国、美国、日本以及欧洲一些国家纷纷将发展物联网基础设施列为国家战略发展计划的重要内容。

（1）美国

2009 年 1 月，在奥巴马就任总统后的首次工商业领袖"圆桌会议"上，IBM 首席执行官彭明盛首次提出了"智慧地球"（Smart Planet）概念，建议政府投资建设新一代的智能基础设施。奥巴马政府积极回应，其经济刺激方案将投资 110 亿美元用于智能电网及相关项目，提出在智能电网、卫生医疗信息技术应用和教育信息技术领域进行大量投资，并推出了《美国创新战略》（*A Strategy for American Innovation*），将物联网确定为国家发展的关键战略。在国家情报委员会发表的《2025 对美国利益潜在影响的 6 种关键技术》（*Six Technologies with Potential Impacts on US Interests out to 2025*）报告中，将物联网列为 6 种关键技术之一。美国在物联网技术开发和应用方面一直居世界领先地位，RFID 技术和无线传感网络都最早服务于美国军方，网格计算技术、智能微机电系统传感器等技术，美国也都处于领先地位。

（2）日本

自 20 世纪 90 年代以来，日本特别重视信息技术并制定了多项发展战略，实现了从 E-Japan（E 为 Electronic，意指电子的）到 U-Japan（U 为 Ubiquitous，意指无处不在的）再到 I-Japan（I 有两个意思：一个 I 指像使用水和空气那样地使用信息技术 Information，另一个 I 指创新 Innovation）的三级跳式的发展。U-Japan 提出于 2004 年，其基本理念是在全国范围内创造更为便利的上网环境，日本是世界上第一个提出"泛在"战略的国家。该战略以基础设施建设和利用为重点，目的是建设泛在网络，以人为本，实现所有人与人、物与物、人与物之间的连接，满足所有人和物的随时随地的网络连接需求。物联网就是一种泛在网络，它将服务于 U-Japan 及后续的信息化战略。

（3）欧盟

2009 年 6 月，欧盟委员会向欧盟议会、理事会、欧洲经济和社会委员会及地区委员会递交了《欧盟物联网行动计划》（*Internet of Things-An action plan for europe*），这是全球首个国家级物联网发展战略规划，该行动计划描绘了物联网的应用前景，指出欧盟政府应加强对物联网的管理，以应对物联网发展中面临的挑战，并提出了 14 点行动计划，目的是使欧洲最大程度上主导世界物联网的构建，并进一步引领世界物联网的发展。该行动建议主要包括：加强物联网管理，完善隐私和个人数据保护，提高物联网的可信度、接受度和安全性等。如今，欧洲在移动定位系统、移动网络、网关服务、数据安全保障技术和短信平台的等技术方面较为发达。

（4）中国

近年来，我国物联网的研究、应用和发展取得了质的突破。2009 年 8 月，温家宝总理视察无锡提出"感知中国"理念，国内开始重视物联网概念；2009 年 11 月，温家宝总理向首都科技界发表了题为《让科技引领中国可持续发展的讲话》，并将物联网列入五大必争制高点之一；2010 年 3 月，温家宝总理在《政府工作报告》中提出"加快物联网的研发应用"，将物联网明确纳入重点产业；2015 年 3 月，李克强总理政府工作报告中提出的"工业 4.0"和"互联网 +"计划也强化了物联网技术的发展与普及。

根据中国经济信息社发布的《2017—2018 年中国物联网年度报告》以及公开资料查询的数据显示，我国物联网产业规模已从 2009 年的 1 700 亿元跃升至 2017 年的 11 500 亿元，年均增长率为 26.9%。预计到 2022 年，中国物联网整体市场规模达 3.1 万亿元，年复合增长率在 22% 左右，并将在智能穿戴设备、无人机等领域出现龙头企业，物联网发展将保持高速增长态势。

2. 物联网定义及本质

物联网的应用领域极为广泛，同时涉及众多的技术，不同领域的研究者对物联网有着不尽相同的理解，对其定义的侧重也有所不同。因此，业界目前尚未给出一个标准的物联网的定义。目前较为公认的物联网（Internet of things，IOT）的定义是：通过射频识别（RFID）装置、红外感应器、全球定位系统、激光扫描器等信息传感设备，按约定的协议，把任何物品与互联网相连接，进行信息交换和通信，以实现智能化识别、定位、跟踪、监控和管理的一种网络。物联网就是"物物相连的互联网"。这有两层意思：第一，物联网的核心和基础仍然是互联网，是在互联网基础之上延伸和扩展的一种网络；第二，其用户端延伸和扩展到了任何物品与物品之间，进行信息交换和通信。

这里的"物"要满足以下条件才能够被纳入"物联网"的范围：

（1）要有相应信息的接收器。

（2）要有数据传输通路。

（3）要有一定的存储功能。

（4）要有 CPU。

（5）要有操作系统。

（6）要有专门的应用程序。

（7）要有数据发送器。

（8）遵循物联网的通信协议。

（9）在世界网络中有可被识别的唯一编号。

6.8.2 物联网体系架构

物联网具备 3 个特征：一是全面感知，即利用 RFID、传感器、二维码等随时随地获取物体的信息；二是可靠传递，通过各种电信网络与互联网的融合，将物体的信息实时准确地传递出去；三是智能处理，利用云计算、模糊识别等各种智能计算技术，对海量数据和信息进行分析和处理，对物体实施智能化的控制。根据这 3 个特征，在业界，物联网被公认为有 3 个层次，如图 6-16 所示。底层是用来感知数据的感知层，第二层是数据传输的网络层，最上面则是内容应用层。

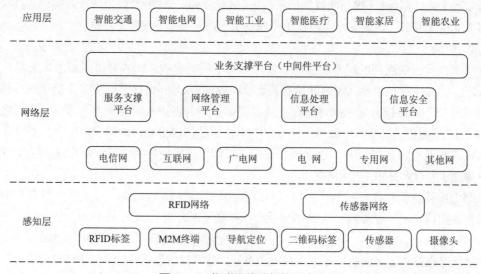

图 6-16 物联网体系架构示意图

1. 感知层

感知层是物联网的皮肤和五官，用于识别物体，采集信息。感知层包括二维码标签和识读器、RFID 标签和读写器、摄像头、GPS、传感器、M2M 终端、传感器网关等，主要功能是识别物体、采集信息，与人体结构中皮肤和五官的作用类似。

感知层解决的是人类世界和物理世界的数据获取问题。它首先通过传感器、数码照相机等设备，采集外部物理世界的数据，然后通过 RFID、条码、工业现场总线、蓝牙、红外等短距离传输技术传递数据。感知层所需要的关键技术包括检测技术、短距离无线通信技术等。

对于目前关注和应用较多的 RFID 网络来说，附着在设备上的 RFID 标签和用来识别 RFID 信息的扫描仪、感应器都属于物联网的感知层。在这一类物联网中被检测的信息就是 RFID 标签的内容，现在的收费系统（Electronic Toll Collection，ETC）、超市仓储管理系统、飞机场的行李自动分类系统等都属于这一类结构的物联网应用。

2. 网络层

网络层位于物联网三层结构中的第二层，其功能为"传送"，即通过通信网络进行信息传输。网络层作为纽带连接着感知层和应用层，它由各种私有网络、互联网、有线和无线通信网等组成，相当于人的神经中枢系统，负责将感知层获取的信息，安全可靠地传输到应用层，然后根据不同的应用需求进行信息处理。

网络层包含接入网和传输网，分别实现接入功能和传输功能。传输网由公网与专网组成，典型传输网络包括电信网（固网、移动通信网）、广电网、互联网、电力通信网、专用网（数字集群）。接入网包括光纤接入、无线接入、以太网接入、卫星接入等各类接入方式，实现底层的传感器网络、RFID 网络最后一公里的接入。

物联网的网络层基本上综合了已有的全部网络形式来构建更加广泛的"互联"。每种网络都有自己的特点和应用场景，互相组合才能发挥出最大的作用，因此在实际应用中，信息往往经由任何一种网络或几种网络组合的形式进行传输。

而由于物联网的网络层承担着巨大的数据量，并且面临更高的服务质量要求，物联网需要对现有网络进行融合和扩展，利用新技术以实现更加广泛和高效的互联功能。物联网的网络层，自然也成为了各种新技术的舞台，如 5G 通信网络、IPv6、Wi-Fi、WiMAX、蓝牙、ZigBee 等。

在网络层连接应用层的地方有一个关键的环节，就是中间件平台，它包括了服务支撑平台、网络管理平台、信息处理平台、信息安全平台等。通过这些平台不仅实现了对终端设备和资产的"管、控、营"一体化，而且向下连接了感知层，向上为应用层提供了统一的应用开发和接口服务，例如数据路由、数据处理与挖掘、仿真与优化、业务流程和应用整合、通信管理、应用开发、设备维护服务等。

3. 应用层

应用层位于物联网三层结构中的最顶层，其功能为"处理"，即通过云计算平台进行信息处理。应用层与最低端的感知层一起，是物联网的显著特征和核心所在。应用层可以对感知层采集数据进行计算、处理和知识挖掘，从而实现对物理世界的实时控制、精确管理和科学决策。

物联网应用层的核心功能围绕两个方面：一是"数据"，应用层需要完成数据的管理和数据的处理；二是"应用"，仅仅管理和处理数据还远远不够，必须将这些数据与各行业应用相结合。利用经过分析处理的感知数据，为用户提供丰富的特定服务。物联网的应用可分为监控型（物流监控、污染监控）、查询型（智能检索、远程抄表）、控制型（智能交通、智能家居、路灯控制）、扫描型（手机钱包、高速公路不停车收费）等。

从物联网三层结构的发展来看，网络层已经非常成熟，感知层的发展也非常迅速，而应用层不管是从受到的重视程度还是实现的技术成果上，一直都落后于其他两个层面。但因为应用层可以为用户提供具体服务，是与用户最紧密相关的，因此应用层的未来发展潜力很大。

6.8.3 智能物联网

根据现阶段物联网的主要表现形式和发展趋势，物联网技术的发展应用可分为 3 个阶段：第一阶段就是对现有监控技术手段的应用（如视频监控、基于组态软件的生产状态监控等）；第二阶段是对 M2M 的深度应用阶段（如门禁卡、条码扫描、中国移动的手机钱包、中国电信的"平安 e 家"业务、中国联通的"无线环保检测平台"业务等都属于 M2M 应用）；第三阶段就是智能化的物联网阶段（如智能交通、智慧城市等智能系统）。目前应用的物联网实际就是第一、第二阶段的一些技术。因此，当前还没有进入真正意义上的物联网第三阶段，还没有实现智能化的物联网应用，智能化的物联网还处于研究探索阶段。

所谓的智能物联网就是对接入物联网的物品设备产生的信息能够实现自动识别和处理判断，并能将处理结果反馈给接入的物品设备，同时能根据处理结果对物品设备进行某种操作指令的下达，使接入的物品设备做出某种动作响应，而整个处理过程无须人类参与。智能物联网就是以实现智能化识别、智能化定位、智能化跟踪、智能化监控和智能化管理的一种网络，核心技术是智能化。

要实现智能物联网，就必须让人工智能成为物联网的大脑，智能物联网中必要的构成要素为智能化感知终端、智能化传输网络、具有人工智能的数据处理服务器。我们可以理解为把若干个智能机器人进行了分布式部署，将智能机器人的传感器、动作部件放在远端，而将智能机器人的大脑作为大型数据处理服务器放在网络上，从而实现多个智能机器协同处理控制远端的传感器或动作部件的目的。

1. 智能物联网中的智能技术

智能物联网中需要来自智能技术的研究成果，如问题求解、逻辑推理证明、专家系统、数据挖掘、模式识别、自动推理、机器学习、智能控制等技术。通过对这些技术的应用，使物联网具有人工智能机器的特性，从而实现物联网智能处理数据的能力。特别是在智能物联网发展初期，专家系统、智能控制首先被应用到物联网中，使物联网拥有最基本的智能。

（1）物联网专家系统

物联网专家系统是指在物联网上存在一类具有专门知识和经验的计算机智能程序系统或智能机器设备（服务器），通过网络化部署的专家系统来实现物联网的基本智能处理。它的特点是实现对多用户的专家服务，其决策数据来源于物联网智能终端的采集数据。其工作原理如图 6-17 所示。

在图 6-17 中，智能采集终端负责将采集的数据提交到物联网应用数据库，数据库也称为动态库或工作存储器，是反映当前问题求解状态的集合，用于存放系统运行过程中所需要的原始数据等。

推理机是实施问题求解的核心执行机构，它实际上是对知识进行解释的程序，根据知识的语义，对按一定策略找到的知识进行解释执行，并把结果记录到动态库的适当空间中。

解释器用于对求解过程做出说明并回答用户的提问。两个最基本的问题是 Why 和 How。

知识库是问题求解所需要的行业领域知识的集合，包括基本事实、规则和其有关信息。

知识获取负责建立、修改和扩充知识库，是专家系统中把问题求解的各种专门知识从专家的头脑中或其他知识源那里转换到知识库中的一个重要机构。在物联网中引入专家系统，使物联网对其接入的数据具有分析判断功能，并提供决策依据的能力，从而实现物联网初步的智能化。

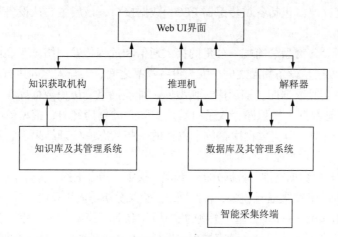

图 6–17　物联网专家系统工作原理

（2）智能控制

智能控制在无人干预的情况下能自主地驱动智能机器实现控制目标的自动控制技术。

智能控制的核心在高层控制，即组织控制。高层控制是对实际环境或过程进行组织、决策和规划，以实现问题求解。为了完成这些任务，需要采用符号信息处理、启发式程序设计、知识表示、自动推理和决策等有关技术。这些问题求解过程与人脑的思维过程有一定的相似性，即具有一定程度的"智能"。如何在物联网中实现智能控制将是物联网发展的关键。

2. 智能物联网的模型

基于对人工智能技术的认识和研究，依据人工智能模型，推演出了智能物联网智能化模型，如图 6–18 所示。智能物联网被分为 5 个层次：机器感知交互层、通信层、数据层、智能处理层、人机交互层。

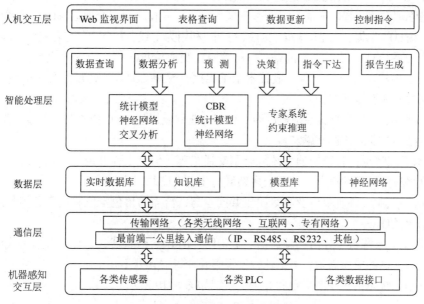

图 6–18　智能物联网智能化模型

各层次说明如下：

① 机器感知交互层：包括各类传感器 PLC、数据接口，该层主要从设备物品获取数据，是智能物联网的基础。

② 通信层包括设备物品最前端一公里的接入通信和远程传输网络（互联网、各类移动通信网、专有网络）。该层是设备物品之间、人与设备物品之间、人与人之间进行信息沟通的基础。

③ 数据层包括实时数据库、知识库、模型库、神经网络、历史数据库。实时数据库存放了来自设备物品的状态数据；知识库存放了对某一类问题的判读经验；模型库存放了对一些事件处理抽象化的数学模型；历史数据库存放了以往的一些状态或处理结果。它是智能物联网的基础核心，也是物联网智能处理层的基础。

④ 智能处理层包括数据查询、数据分析、预测、决策、指令下达、报告生成等智能化的数据处理功能。其中，数据分析需要统计模型、神经网络、交叉分析等人工智能工具去进行处理支持。预测需要 CBR（Case Based Reasoning，基于案例的推理）、统计学模型、神经网络等数据处理手段来支持。决策和指令下达需要专家系统和约束推理来进行。智能处理层的智能化数据处理程度，直接关系到物联网智能化水平的程度。它的技术状态和核心技术的掌握关乎着物联网智能化发展的进程。

⑤ 人机交互层包括 Web 监视界面、表格查询、数据更新、控制指令等部分，是人参与物联网智能化处理，同时监视处理的窗口。完全智能化的处理无须全部在人机交互界面展示，但是必须是可被查询和可跟踪的。

6.8.4　智能物联网应用

工业和信息化正式发布《物联网"十二五"发展规划》中提到将分别在智能工业、智能农业、智能物流、智能交通、智能电网、智能环保、智能安防、智能医疗、智能家居这九大重点领域开展物联网应用示范工程，力争实现规模化应用。这里以智能交通为例进行介绍。

智能交通系统（Intelligent Transportation System，ITS）是未来交通系统的发展方向，它是将先进的信息技术、数据通信传输技术、电子传感技术、控制技术及计算机技术等有效地集成运用于整个地面交通管理系统而建立的一种在大范围内、全方位发挥作用的，实时、准确、高效的综合交通运输管理系统。智能交通是一个基于现代电子信息技术面向交通运输的服务系统。它的突出特点是以信息的收集、处理、发布、交换、分析、利用为主线，为交通参与者提供多样性的服务。

智能交通系统具有以下两个特点：一是着眼于交通信息的广泛应用与服务；二是着眼于提高既有交通设施的运行效率。与一般技术系统相比，智能交通系统建设过程中的整体性要求更加严格。这种整体性体现在：

① 跨行业特点：智能交通系统建设涉及众多行业领域，是社会广泛参与的复杂巨型系统工程，从而造成复杂的行业间协调问题。

② 技术领域特点：智能交通系统综合了交通工程、信息工程、控制工程、通信技术、计算机技术等众多科学领域的成果，需要众多领域的技术人员共同协作。

③ 政府、企业、科研单位及高等院校共同参与，恰当的角色定位和任务分担是系统有效展开的重要前提条件。

④ 智能交通系统将主要由移动通信、宽带网、RFID、传感器、云计算等新一代信息技术作支撑，更符合人们的应用需求，可信任程度提高并变得"无处不在"。

智能交通系统包括的一个平台和 8 个子系统如图 6-19 所示。

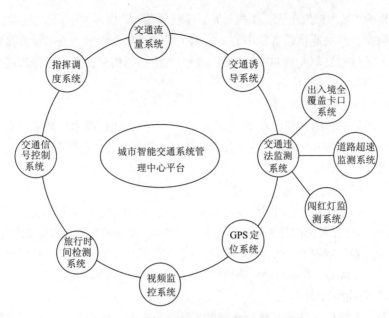

图 6-19 智能交通系统示意图

1. 中心集成平台

智能交通系统中心平台通过对智能交通各子系统的高度集成，汇总融合、分析处理各类交通数据，并依据最终获取的有效信息进行决策和交通指挥调度，同时对各种交通突发事件进行判断、确认和处理；以达到提高城市交通的管理水平，加强对道路交通宏观调控和指挥调度的能力，并对突发事件形成快速高效的应对机制。

2. 子系统介绍

（1）交通流量系统

交通流量采集系统是智能交通建设的基础性设施，主要实现对过往车辆进行计数、测速、分析计算占道信息、单位时间内车流量、车流平均速度等，通过通信接口把采集到的数据发送到管理监控中心，为交通信号控制、信息发布与诱导、指挥与调度提供决策服务。

（2）交通诱导系统

交通诱导系统接受系统内部其他模块或系统外接口发送的交通流量、交通拥堵情况、交通事故等相关交通信息。将交通信息进行分类整理，去除不正确的信息，过滤出有效信息。通过LED诱导屏发布交通状态（图示或文字）、气象状态、对交通参与者的提示、道路检修、施工信息、道路开闭信息、限速信息、交通安全用语等信息。

系统能提供自动诱导显示、人工诱导显示、通用信息显示；可以将显示内容预先存储到诱导屏本地的存储介质，在通信断开等情况下，诱导屏可根据本地存储的内容进行显示。

（3）交通违法监测系统

出入境全覆盖卡口系统是在城市出入口道路上特定场所设置自动记录设备，系统对所有通过该卡口监控点的机动车辆进行拍摄、记录，并可以根据需要对通过的车辆做出反应（报警）。

道路超速监测系统是在城市重点道路上设置监测设备，系统对通过该路段且超速的机动车辆进行拍摄、记录，并可以根据需要对通过的车辆做出反应（报警）。

闯红灯监测系统是由触发单元、抓拍单元、控制单元、数据传输单元和后台处理单元组成，系统分为前端设备、网络通信设备和中心（后端）系统三部分组成，前端设备具有车辆检测和视频抓拍功能，通过触发单元检测闯红灯的车辆，产生抓拍信号，从尾部拍摄闯红灯车辆图片存储到系统中。

（4）GPS 定位系统

GPS 定位系统是一套综合利用 GPS 卫星定位技术、移动通信技术、互联网服务和地理信息系统的集成系统，用于指定车辆的监控、管理、调度。系统由监控调度中心、通信系统、GPS 车载终端三部分组成。

（5）视频监控系统

智能交通视频监控系统由前端图像采集单元、信号传输单元、智能视频分析单元、中心控制显示单元、数字存储单元及网络视频管理发布单元等组成。系统将各被监控单元的图像信息准确、清晰、快速地传送到控制中心，控制中心通过中心监控系统，能够实时、直接地了解和掌握各个被监控单元的实时状况，并实时对网络内授权用户提供监控现场视频图像。

（6）旅行时间检测系统

旅行时间检测系统用于测算某路段车辆的平均旅行时间，由此估算出该时间段该路段的车速，并将信息提供给中心管理系统，由此预测路段的交通拥堵状况，为出行者提供实时路况信息。

（7）交通信号控制系统

交通信号系统控制是智能交通系统的一个重要部分，可以检测到车流量等交通信息参数，调节路口绿信号配比，变化交通限行、禁行等指路标志，还可以根据系统连接的数据库完成与交通参与者之间的信息交换，向交通参与者显示道路交通信息、停车信息，提供给交通参与者合理的行驶路线，以达到均衡道路交通负荷的主动的控制策略，从而真正实现交通的智能化控制，为人们的日常生活提供方便。

（8）指挥调度系统

交通指挥调度系统通过对智能交通各子系统的高度集成，汇总融合、分析处理各类交通数据，并依据最终获取的有效信息进行决策和交通指挥调度，同时对各种交通突发事件进行判断、确认和处理；目的是提高城市交通的管理水平，加强对道路交通宏观调控和指挥调度的能力，对突发事件形成快速高效的应对机制。

6.9 云 计 算

6.9.1 云计算概述

云计算（Cloud Computing）是继 20 世纪 80 年代大型计算机到客户端 – 服务器的大变革之后的又一重大变革。它是分布式计算（Distributed Computing）、网格计算（Grid Computing）、并行计算（Parallel Computing）、效用计算（Utility Computing）、网络存储（Network Storage Technologies）、虚拟化（Virtualization）、负载均衡（Load Balance）等传统计算机和网络技术发展融合的产物。它是一种基于互联网的、大众参与的计算模式，旨在通过网络把多个成本相对较低的计算节点整合成一个具有强大计算能力的完美系统，通过在该系统上运行相应的计算处理程序，经搜寻、计算分析之后再将处理结果返回给用户。通过这项技术，网络服务提供者可以在数秒之内，达成处理数以千万计甚至亿计的信息，达到和"高性能计算机"类似效能的网络服务。目前云计算已被广泛应用于教育、医疗、交通、政务、游戏、机场、汽车、物流、电子商务、生物科学等领域。将来如分析 DNA 结构、基因图谱定序、解析癌症细胞等都可以通过该技术来完成。

云计算的一个重要理念就是通过不断提高"云端"的处理能力，进而减少用户终端的处理负担，最终使用户终端简化成一个简单的输入 / 输出设备，并能按需享受"云"的强大计算处理能力。之前的大规模分布式计算技术即为"云计算"的雏形。

1. 云计算的定义

2006 年，Google 首席执行官 Eric Schmidt 提出了云计算的概念，云计算的定义有狭义和广义之分。狭义云计算：狭义是指 IT 基础设施的交付和使用模式，指厂商通过分布式计算和虚拟化技术搭建数据中心或超级计算机，以免费或按需租用方式向技术开发者或者企业客户提供数据存储、分析以及科学计算等服务，比如亚马逊数据仓库出租生意。广义云计算：指服务的交付和使用模式，厂商通过建立网络服务器集群，向各种不同类型客户提供在线软件服务、硬件租借、数据存储、计算分析等不同类型的服务。这种服务可以是 IT 和软件、互联网相关的，也可以是任意其他的服务，它具有超大规模、虚拟化、可靠安全等独特功效。显然，广义的云计算包含更多的厂商和服务类型。例如，国内用友、金蝶等管理软件厂商推出的在线财务软件，谷歌发布的 Google 应用程序套装等。简单的理解就是网络计算。用户不再需要了解"云"中基础设施的细节，就可以通过网络共享软硬件资源和信息。对于一名用户，提供者提供的服务所代表的网络元素都是看不见的，仿佛被云掩盖。

2. 云计算基本原理

云计算的基本原理，是通过使计算分布在大量的分布式计算机上，而非本地计算机或远程服务器中，企业数据中心的运行将更与互联网相似。这使得企业能够将资源切换到需要的应用上，根据需求访问计算机和存储系统。这就好比从古老的单台发电机模式转向了电厂集中供电的模式。它意味着计算能力也可以作为一种商品进行流通，就像煤气、水电一样，取用方便，费用低廉，只不过它是通过互联网进行传输的。

云计算的蓝图已经呼之欲出：将来，只需要一台终端，就可以通过网络服务来实现所需要的一切，甚至包括高性能计算这样的任务。从这个角度来说，最终用户才是云计算的真正拥有者。

3. 云计算的架构

一般来说，目前大家比较公认的云架构划分为基础设施层、平台层和软件服务层 3 个层次，对应名称为 IaaS、PaaS 和 SaaS，如图 6-20 所示。

（1）SaaS（Software-as-a-Service，软件即服务）

随着互联网技术的发展和应用软件的成熟，兴起了一种新的软件应用模式。它与 On-demand Software（按需软件）、the Application Service Provider（应用服务提供商，ASP）、Hosted Software(托管软件) 具有类似的含义。它也是一种通过 Internet 提供软件的模式，企业将应用软件部署在自己的服务器上，客户可以根据自己的实际需求，通过互联网向企业定购所需的应用服务，按定购的服务多少和时间长短向企业支付费用，并通过互联网获得企业提供的服务。用户无须再购买软件，而是改用向提供商租用基于 Web 的软件，来管理企业经营活动，也不需要对软件进行维护。服务提供商会全权管理和维护软件，软件企业在向客户提供互联网应用的同时，也提供软件的离线操作和本地数据存储，让用户随时随地都可以使用其定购的软件和服务。对于许多小型企业来说，SaaS 是采用先进技术的最好途径，它消除了企业购买、构建和维护基础设施和应用程序的需要。

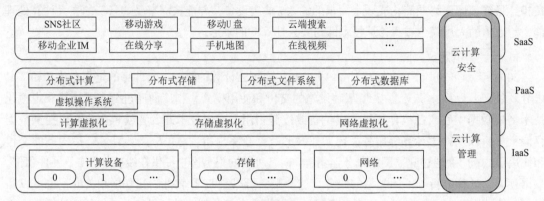

图 6-20　云计算架构示意图

（2）PaaS（Platform-as-a-Service，平台即服务）

平台作为服务，把服务器平台作为一种服务提供的商业模式。通过网络进行程序提供的服务称为 SaaS(Software as a Service)，而相应的服务器平台或开发环境就成为了 PaaS。所谓 PaaS 就是将软件研发的平台作为一种服务，以 SaaS 的模式提交给用户。因此，PaaS 也是 SaaS 模式的一种应用。但是 PaaS 的出现可以加快 SaaS 的发展，尤其是加快 SaaS 应用的开发速度。例如，软件的个性化定制开发。

（3）IaaS（Infrastructure-as-a-Service，基础设施即服务）

消费者通过 Internet 可以从完善的计算机基础设施获取服务，此类服务称为基础设施即服务。作为 IaaS 的应用实例，如 The New York Times 使用数千台 Amazon EC2 实例在 36 小时内处理 TB 级的文档数据。若没有 EC2，The New York Times 处理这些数据将要花费数天或者数月的时间。IaaS 分为两种：公共的和私有的。Amazon EC2 在基础设施云中使用公共服务器池。私有化的服务会使用企业内部数据中心的一组私有服务器池。

6.9.2　云计算应用

云计算的应用实例有很多，比较著名的是 Google 的云计算平台及云计算的网络应用程序、IBM 公司的"蓝云"平台产品，以及 Amazon 公司的弹性计算云。

下面介绍谷歌云的重要组件：

① 谷歌计算引擎：提供完整的 OS 操作权限以及高效能的 Linux 与 Windows 主机，用户可以选择自己所需要的应用程序，无须受到平台限制，也可设置自己的网络和防火墙。

② 谷歌应用引擎 GAE：谷歌推广的平台即服务，这种服务让开发人员可以编译基于 Java、Python、Go、PHP 的应用程序，并可以使用谷歌的基础设施来进行应用托管。

③ 谷歌云 SQL：谷歌提供的运动 MySQL 数据库，可以让应用程序在任何地点将数据快速保存至云端数据库，用户不必担心数据库安全及性能。此外，谷歌云 SQL 提供了自动备份、复制及加密功能。

　　④ 谷歌 BigQuery：为用户提供良好的数据存储与查询环境，用户可以通过 SQL-Like 语法快速执行查询分析。通过 BigQuery 服务，用户无须额外建立分析工具，且能结合谷歌其他运动存储技术进一步完成数据分析。

　　⑤ 谷歌云端存储：谷歌提供的对象存储服务。在谷歌运动存储上，数据会被自动复制多份，并在全球的 IDC 间做备份，具有安全防护机制，让数据得以保护。

　　⑥ 谷歌容器引擎 GKE：以 Docker 为基础的云服务。在 GKE 上，用户将拥有管理众多 Docker 实例的能力，可以轻松配置、动态扩展，并具备监控与日志能力，可减少运营及部署的工作，使云端服务部署更加轻松。

　　⑦ 谷歌网络：企业或个人可以以 VPN 的方式连接至谷歌计算搜索引擎。VPN 服务支持标准 IPSEC VPN 联机协议，并支持 IPSec、IKEvl&IKEv2 等加密模式。此外，谷歌推出 Cloud DNS 服务，提供高效、可靠且弹性的 DNS 服务。

6.10　云 机 器 人

6.10.1　云机器人概述

　　现代机器人的研究始于 20 世纪中期，其技术背景是计算机和自动化的发展，以及原子能的开发利用。自 1946 年第一台数字电子计算机问世以来，计算机取得了惊人的进步，向高速度、大容量、低价格的方向发展。大批量生产的迫切需求推动了自动化技术的进展，其结果之一便是 1952 年数控机床的诞生。与数控机床相关的控制、机械零件的研究又为机器人的开发奠定了基础。另一方面，原子能实验室的恶劣环境要求某些操作机械代替人处理放射性物质。

　　随着计算机技术和人工智能技术的飞速发展，机器人在功能和技术层次上有了很大的提高，移动机器人和机器人的视觉和触觉等技术就是典型的代表。由于这些技术的发展，推动了机器人概念的延伸。20 世纪 80 年代，将具有感觉、思考、决策和动作能力的系统称为智能机器人，这是一个概括的、含义广泛的概念。这一概念不但指导了机器人技术的研究和应用，而且又赋予了机器人技术向深广发展的巨大空间，水下机器人、空间机器人、空中机器人、地面机器人、微小型机器人等各种用途的机器人相继问世，许多梦想成为了现实。将机器人的技术（如传感技术、智能技术、控制技术等）扩散和渗透到各个领域形成了各式各样的新机器——机器人化机器。当前与信息技术的交互和融合又产生了"软件机器人""网络机器人"的名称，这也说明了机器人所具有的创新活力。随着计算机网络技术的发展，设备间的数据传输速度在近几年间得到了巨大的提升，云机器人的概念应运而生。

　　云机器人是将机器人技术与云服务技术相结合，通过网络连接将机器人端同云端服务器连接起来，机器人将一些复杂繁重的数据处理任务以及采集的大量数据传输至云端交于其处理和保存。通过云服务的强大计算能力提高机器人的智能水平和反应灵敏度。机器人本体只保存其运行所需的基本数据，这样的云机器人结构能够大幅提高机器人本体的便携性，降低机器人本体的硬件要求。尤其是对于运行于复杂大场景的机器人而言，运行过程中会产生大量的数据和计算量，从而要求机器人本体处理器需要具有较强大的计算和存储能力，造成机器人本体便携性需求和处理能力需求之间的矛盾。云机器人架构将会很好地解决这个矛盾，能够在保证甚至提升整个系统数据处理能力的条件下，大幅降低机器人本体成本，增加机器人的便携性。

6.10.2　云机器人架构

云机器人的架构可以简单地分为云平台和机器人两部分。通常云平台包括云网络、云存储和云引擎三大部分。其中，云网络负责通信传输、协议规则和资源优化等任务；云存储负责存储机器人相关资源，如对象模型、算法库、语义映射等；云引擎是核心部分，负责协调云平台和机器人相关组件的各个部分，收集机器人上传的数据，并对这些信息数据进行融合、计算和分析，得到最终决策命令后下发给机器人。

基于云计算技术中的 SaaS，Rurrer 等人设计了普适网络机器人平台（Ubiquitous Network Robot Platform，UNRPF），该平台应用分布式的协调和控制框架，以 Iaas 模式抽象了机器人具体的硬件，将机器人和智能传感器作为云基础设施的一部分，UNR-PF 还可以提供由应用程序开发人员创建的独立于硬件的机器人通用服务接口，开发人员可以请求满足给定规范的组件，然后由 UNR-PF 分配合适的可远程控制的设备，给研究和开发云机器人系统提供了方便。Chen 等人在面向服务架构（Service-Oriented Architecture，SOA）的基础上，提出机器人即服务（Robotas a Service，RaaS）模型，将机器人视为云端基础设施的一部分，每台机器人具有一定的自主能力，并作为一个 RaaS 单元为用户提供服务。

Rapyuta 云机器人平台使机器人将密集的计算任务委托给云中的计算环境，计算环境提供对 RoboEarth 知识库的访问，使机器人从知识库中下载地图、对象模型和操作方法来执行任务。图 6-21 所示为 RoboEarth 架构。服务器层包含 RoboEarth 数据库，存储了包括关于对象的可重复使用的信息、环境（例如地图和对象位置）和链接到语义信息的动作（例如动作顺序和技能）等模型，并提供基本的可推理 Web 服务。通用组件层是 RoboEarth 的动作集合，扩展了机器人的感知、推理、建模和学习能力。动作技能层通过技能抽象层为机器人特定的、基于硬件的功能提供通用接口。

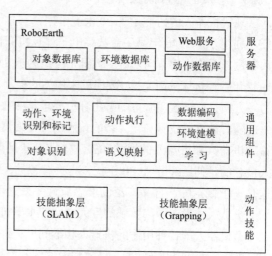

图 6-21　RoboEarth 架构

图 6-22 所示为由 ROS、HadOOP 分布式文件系统（HDFS）和 Map/ReducerS 组成的 DAvinCi 云计算平台架构。平台利用 ROS 和机器人之间数据传输和通信，利用分布式文件系统（HDFS）存储数据，利用 Map/Reduce 对机器人上传的数据进行批处理。将标准算法（SLAM、全局路径规划、传感器融合等）封装为云服务，平台充当机器人的代理和服务提供者，并从机器人生态系统收集数据，通过 ROS 和 HDFS 将机器人生态系统绑定到后端计算和存储集群。DAvinCi 服务器作为运行 ROS 发布者列表的主节点，机器人上的 ROS 节点查询主节点以订阅和接收来自 HDFS 后端或其他机器人的消息 / 数据。

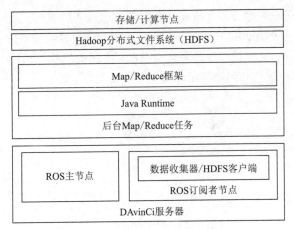

图 6-22　DAvinCi 云计算平台架构

图 6-23 所示为知识共享的机器人云平台架构。机器人通过传感器采集数据上传到云端和下载接收云服务，所以既是云服务的消费者，又是云服务信息的数据源和生产者。云平台包括四层：

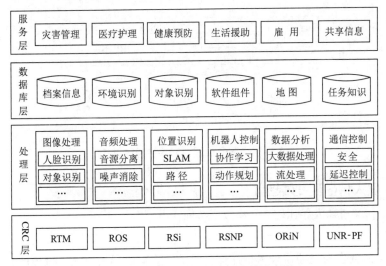

图 6-23　知识共享的机器人云平台架构

① 协同机器人通信（CRC）层：远程云接入异构机器人，需要一个"网关"组件来记录机器人的特定信息，以及消息代理通道和本机机器人数据通道之间的映射。

② 处理层：用于过滤、聚类和处理从机器人收集的数据，包括实时接入处理、批量数据处理、数据浓缩处理。

③ 数据库层：存储了一个全局世界模型，包括关于软件组件、环境识别（如用于导航的对象位置和地图）、对象识别模型（如点云、图像和模型）和任务知识（如操作配方和技能以及操作策略）的信息。

④ 服务层：让机器人可以通过云端的机器人知识库与其他机器人即时分享它们所学到的技能，其他机器人就可以通过重用共享的知识来提高学习的速度。

图 6-24 所示为服务机器人云平台总体架构，包括物理资源层、云平台基础层、服务实现层

和 SOA 接口层。物理资源层为云平台各服务实例提供运行环境支持，云平台基础层负责管理数据存储，为服务提供统一的访问接口，服务实现层由平台开发者对服务进行封装、注册、发布、部署、更新、管理和维护；SOA 接口层是平台与用户交互的中间件，提供服务的配置和管理接口，主要实现用户交互、服务管理、服务调用和服务态势监测等功能。

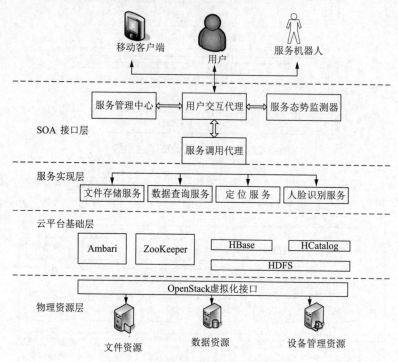

图 6-24　服务机器人云平台总体架构

6.10.3　云机器人特征及发展趋势

云机器人与传统机器人相比较，具有以下特征：

1. 卸载计算

机器人通常搭载多个处理器来执行计算，但是像移动机器人或无人机等产品，由于其严格的尺寸和有限的负荷要求，只具备有限的处理能力，这类机器人就可以利用网络把重型计算任务卸载到云端去执行。云机器人可以利用云计算平台，远程卸载和处理计算任务，云计算可以辅助机器人运行视频监控任务、点云库（Point Cloud Library，PCL）建模任务、传感器信息跟踪及其效果评估等实时交互任务。

2. 数据共享

同一个云平台可以同时为多台机器人提供服务，不同的云平台之间也可以实现互访。云平台为机器人提供可扩展的资源，同时也促进机器人之间实现信息共享。RoboEarth 项目通过系统将收集到的机器人共享信息构建网络知识库，目的是共享目标识别、导航和环境等机器人所需的数据信息。机器人有时会涉及许多无法使用关系数据库的数据结构，如视频、图片、地图、实时传感数据等，而这些大规模的数据必须使用云端提供的高性能计算资源进行管理、转换、移动和有效的分析。自主机器人通常配备多个传感器、摄像头等设备，其中，这些传感器收集到的数据通常会决定机器人的姿态、定位和路径等。多台机器人之间共享这些数据，虽然增加了数据体积，但是管理好这些数据可以让机器人简化计算过程，从而提升自身能力，因为所有被收集的基础知识数据，在进一步研究中可能会被直接用于处理其他信息。

3. 群体学习

云计算平台为机器人数据共享、信息处理和提高感知能力提供了良好支撑，这些丰富的数据可以辅助机器人学习，让机器人群体间相互共享数据以提高群体智能性，即所谓的群体智慧或群体学习。例如，在 DAvinCi 中进行的一个实验：配备不同传感器的移动机器人被要求去建立一个完整的室内地图，这些机器人通过一个中央云服务器进行通信，每台机器人发布的本地化信息可以与其他机器人共享，云平台综合所有数据，通过更强的计算性能提高地图构建等算法的效率。此外，机器人还可以将控制命令、运动轨迹、路径规划、反应策略和实时感知数据等贡献给群体学习。

机器人是自动化、智能化制造的典型代表，随着各种技术的发展成熟，未来新一代机器人不仅会在价格上更加便宜，而且会更加灵活和智能，与人类实现共融。大数据和云计算技术作为信息时代的典型技术将和机器人行业紧密联系起来，因此，云机器人作为大数据、云计算与机器人的结合体，必会在未来成为主流方向。

机器人与人之间的关系在于神似形不似，所以人形机器人并不是研发重点，云机器人才是具有同人类智慧相通的未来机器人。云机器人主要依托云技术优势，当前的重点研究方向主要在于感知行为上，前期阶段应该侧重于研发图像丰富、认知复杂但动作简单的特定机器人，比如导航机器人；云机器人和深度学习的结合也是未来的发展趋势，机器人的记忆认知和计算认知可以从云端获得，但是感知、交互和行为控制协调在机器人端，机器人需要有自主学习和主动寻求帮助的能力，深度学习吸收云计算和大数据的优点，通过大数据样本并行训练，是提升机器人智能性的一种高效途径。云机器人以云端作为机器人的大脑，能使机器人的运算能力、逻辑能力和制造能力达到甚至超过人类，也许在将来，人工智能都将无法区分真正的人类与机器人。

6.11 实 训

6.11.1 安装与配置 DNS 服务器

1. 实训目的

学习并且掌握 DNS 的安装、配置与管理。

2. 实训条件

虚拟机环境下的服务器和客户机，分别安装 Windows Server 2008 和 Windows 7 操作系统。服务器的 IP 地址设置为 192.168.1.1/24。

3. 实训内容

DNS 服务器的安装、配置与管理。

4. 实训过程

（1）安装 DNS 服务器。

① 选择"开始"→"所有程序"→"管理工具"→"服务器管理器"命令，打开如图 6-25 所示的窗口。

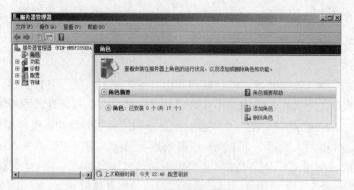

图 6-25　"服务器管理器"窗口

　　② 单击"添加角色",选择 DNS 服务器,单击"下一步"按钮进行安装,直至安装完成,如图6-26和图 6-27 所示。

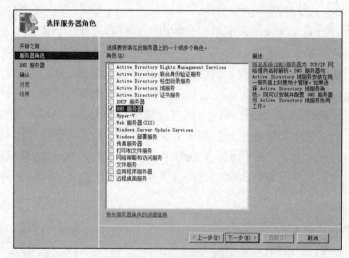

图 6-26　添加 DNS 服务器

图 6-27　DNS 服务器安装成功

　　③ 选择"开始"→"所有程序"→"管理工具"→"DNS",打开"DNS管理器"窗口,如图6-28所示。

图 6-28　配置"正向查找区域"

④ 右击"正向查找区域"，在弹出的快捷菜单中选择"新建区域"命令，打开"新建区域向导"对话框，单击"下一步"按钮继续安装，如图 6-29 所示。

⑤ 在打开的"区域类型"对话框中选择"主要区域"，输入新建主要区域的名称，如 jsj.sppc.edu.cn，选择"不允许动态更新"，直到完成，如图 6-30~图 6-32 所示。

图 6-29　"新建区域向导"对话框

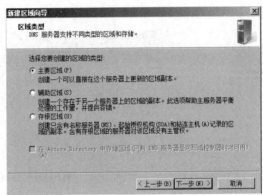

图 6-30　选择"主要区域"

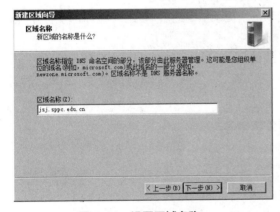

图 6-31　设置区域名称

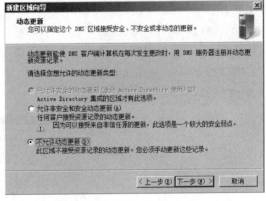

图 6-32 设置动态更新类型

⑥ 在新建的区域中添加相应的主机名，在 IP 地址处输入 192.168.1.1，这个地址是服务器的 IP 地址。如果要将新添加的主机 IP 地址与反向查询区域相关联，则选中"创建相关的指针（PTR）记录"复选框，将自动生成相关的反向查询记录，可以将 IP 地址解析为域名。单击"添加主机"按钮，在 DNS 管理器中就创建了一条主机记录，建立域名 www.jsj.sppc.edu.cn，映射到 IP 地址 192.168.1.1，如图 6-33 和图 6-34 所示。

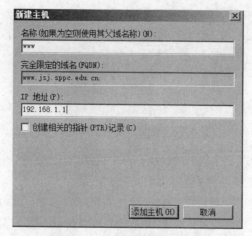

图 6-33　"新建主机"对话框

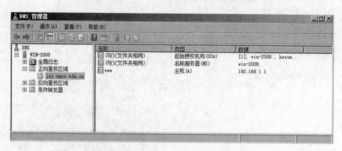

图 6-34　完成正向查找区域

⑦ 添加反向搜索区域。反向区域可以让 DNS 客户端利用 IP 地址反向查询其主机名称，例如，客户端可以查询 IP 地址为 192.168.1.1 的主机域名为 www.jsj.sppc.edu.cn。

在 DNS 管理器中右击"反向查找区域"，在弹出的快捷菜单中选择"新建区域"命令，打开"欢迎使用新建区域向导"对话框，单击"下一步"按钮。

在图 6-35 所示的对话框中输入此区域支持的网络 ID，如 192.168.1，系统会创建一个"1.168.192.in-addr.arpa.dns"新文件。单击"下一步"按钮，完成反向区域的创建。完成之后如图 6-36 所示。

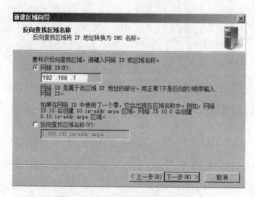

图 6-35　配置反向查找区域

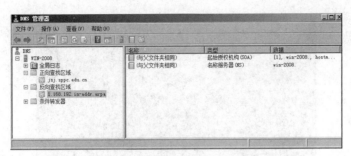

图 6-36　反向查找区域创建完成

⑧反向搜索区域必须要有记录数据才能提供反向查询服务。右击反向区域 1.168.192.in-addr. arpa，在弹出的快捷菜单中选择"新建指针"命令。在打开的对话框中输入主机 IP 地址和主机名，或者通过"浏览"找到主机的 FQNA 名称。例如，服务器的 IP 是 192.168.1.1，主机完整的名称为 www.jsj.sppc.edu.cn，如图 6-37 所示。

（2）设置 DNS 客户端

首先在 DNS 服务器上将"首选 DNS 服务器"设置为 DNS 服务器的 IP 地址，如果还有其他的 DNS 服务器提供服务，可在"备用 DNS 服务器"文本框中输入其他 DNS 服务器的 IP 地址。

在安装 Windows 7 操作系统的客户机上，单击"开始"菜单→"控制面板"→"网络和 Internet"→"查看网络状态和任务"→"本地连接"→"TCP/IPv4"→"属性"，在打开的对话框中输入 IP 地址、DNS 服务器地址等信息，如图 6-38 所示。

图 6-37　"新建资源记录"对话框

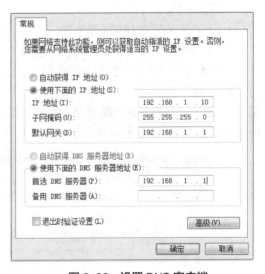

图 6-38　设置 DNS 客户端

（3）DNS 验证

为了测试设置是否成功，可以通过 ping 和 nslookup 命令来测试。首先运行 cmd 命令，通过 ping www.jsj.sppc.edu.cn 命令进行测试，还可以用 nslookup 命令查看 IP 地址和域名之间的映射关系，成功的测试如图 6-39 所示。

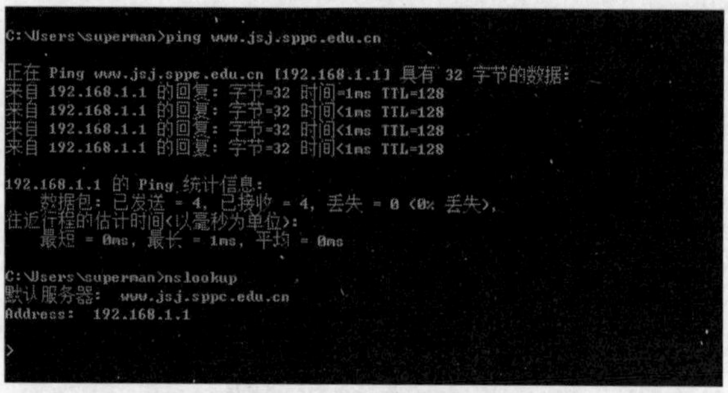

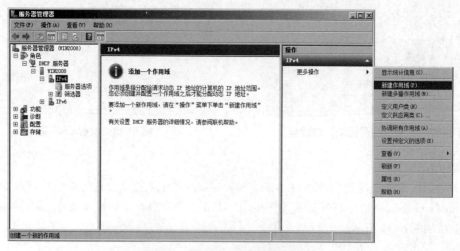

图 6–39　DNS 验证

6.11.2　安装与配置 DHCP 服务器

1. 实训目的

学习并且掌握 DHCP 的安装、配置与管理。

2. 实训条件

虚拟机环境下的服务器和客户机，分别安装 Windows Server 2008 和 Windows 7 操作系统。DHCP 服务器本身必须采用固定的 IP 地址。因此，服务器的 IP 地址设置为 192.168.1.1/24。

3. 实训内容

DHCP 服务器的安装、配置与管理。

4. 实训过程

（1）安装及配置 DHCP 服务器

① 在服务器管理器中添加角色，选择"DHCP 服务器"，单击"下一步"按钮进行安装。可以在安装过程中或者安装结束后进行 DHCP 配置，这里选择后者。

② 添加一个作用域。打开服务器管理器，单击 IPv4，在右边一栏中单击"更多操作"，如图 6–40 所示，在弹出的快捷菜单中选择"新建作用域"命令，在打开的"新建作用域向导"对话框中单击"下一步"按钮进行配置。

图 6–40　DHCP 服务器配置界面

③ 设置作用域名，此处的名称只是提示用，可填任意内容，如图 6-41 所示。

④ 设置可分配的 IP 地址范围，如 192.168.1.2~192.168.1.254，子网掩码为 255.255.255.0，如图 6-42 所示。

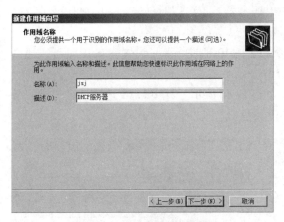

图 6-41　设置作用域名称

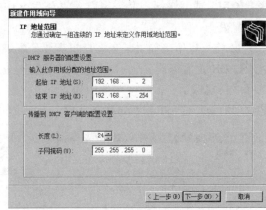

图 6-42　设置 IP 地址池

⑤ 如果有必要，在下面的选项中输入准备保留的 IP 地址或 IP 地址范围，单击"添加"按钮。这部分地址不会被服务器分配给客户机，如图 6-43 所示。

⑥ 在打开的租约期限界面，选择默认设置。在"配置 DHCP 选项"界面，选择"是，我想现在配置这些选项"。

⑦ 在打开的"路由器（默认网关）"界面，输入"IP 地址"，单击"添加"按钮。这个 IP 地址是 DHCP 服务器发送给 DHCP 客户机的默认网关的 IP 地址，如图 6-44 所示。

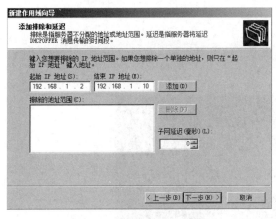

图 6-43　添加排除和延迟

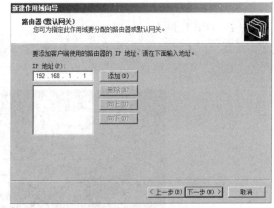

图 6-44　添加默认网关

⑧ 在"域名称和 DNS 服务器"界面中，如果要为 DHCP 客户机设置 DNS 服务器，可以在"父域"文本框中输入 DNS 解析的域名，再分别输入服务器名和 IP 地址，也可以在输入服务器名后单击"解析"按钮自动获得 IP 地址。

⑨ WINS 是 Windows Internet Name Server（Windows 网络名字服务）的简称，实现的是 IP 地址和计算机名称的映射。可以输入服务器名和 IP 地址，也可以在输入服务器名后单击"解析"按钮自动获得 IP 地址，如图 6-45 所示。

⑩ 在打开的"激活作用域"界面，选择"是，我想现在激活此作用域"，完成 DHCP 服务器的配置。

⑪ 用户也可以对 DHCP 服务器进行管理。例如，右击"作用域"，在弹出的快捷菜单中选择"停用"或"激活"命令来启动或者停止 DHCP 服务器。也可以对已经设立的作用域进行修改和配置。

⑫ 建立保留。如果某台客户机需要分配一个固定的 IP 地址，除了设置静态 IP 地址，还可以通过 DHCP 服务器分配一个固定的 IP 地址。在 DHCP 服务器中选择"保留"，单击"更多操作"，选择"新建保留"，在文本框中输入以下内容，如图 6-46 所示。其中 MAC 地址是客户机网络的物理地址，这台客户机每次将获得一个固定的 IP 地址。

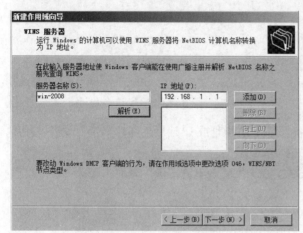

图 6-45　配置 WINS 服务器

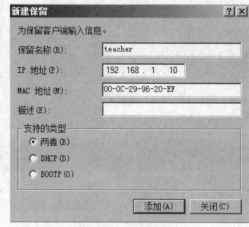

图 6-46　添加保留

（2）DHCP 验证

在客户机上进行测试，使用 ipconfig/all 命令查看从 DHCP 服务器上获得的 IP 地址、子网掩码、网关、DNS、WINS 信息，如图 6-47 所示。

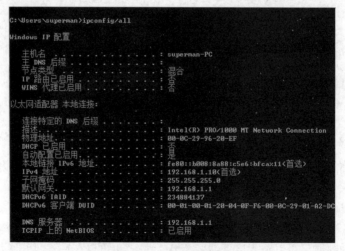

图 6-47　DHCP 验证

6.11.3　安装与配置 Web 服务器

1. 实训目的

学习并掌握 Web 的安装、配置与管理。

2. 实训条件

虚拟机环境下的服务器和客户机，分别安装 Windows Server 2008 和 Windows 7 操作系统。服务器的 IP 地址设置为 192.168.1.1/24。

3. 实训内容

Web 服务器的安装、配置与管理。

4. 实训过程

（1）发布默认站点

① 在服务器管理器中添加角色，选择 "Web 服务器（IIS）"，单击 "下一步" 按钮进行安装。可以在安装过程中选中 "FTP 服务器" 复选框，安装完成之后就可以对 FTP 服务器进行配置，如图 6-48 和图 6-49 所示。

图 6-48　选择 Web 服务器（IIS）角色

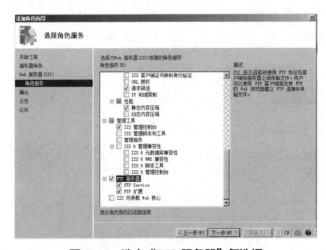

图 6-49　选中 "FTP 服务器" 复选框

② 安装完成后，打开"Internet 信息服务（IIS）管理器"进行配置。

③ 使用默认目录进行站点发布。如图 6-50 所示，安装完成"Web 服务器（IIS）"之后，系统会生成默认站点发布路径，即 %SystemDrive%\inetpub\wwwroot，站点文件夹是 wwwroot，主页文件是 iisstart.htm，一般在 C 盘上。

④ 选择"编辑网站"，单击"绑定"，给网站绑定 IP 地址，选择服务器的 IP 地址 192.168.1.1，端口号默认为 80，如图 6-51 和图 6-52 所示。

图 6-50　网站的物理路径

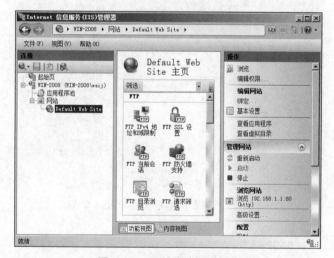

图 6-51　网站绑定 IP 地址

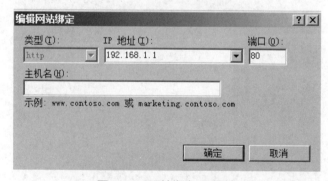

图 6-52　网站绑定 IP 地址

⑤ 在"默认文档"中添加首页文件，可以通过"上移"或"下移"按钮调整文档的优先级，如图 6-53 所示。

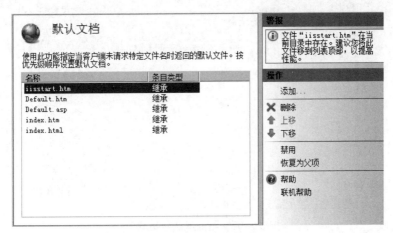

图 6-53　设置"默认文档"

⑥ 验证默认网站的发布情况。在浏览器中输入网址 http://192.168.1.1，如果配置了域名，也可以在地址栏中通过域名来访问网站，如图 6-54 所示。

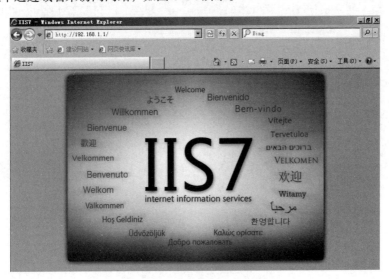

图 6-54　验证默认网站发布

（2）发布非默认站点

① 使用非默认目录进行网站发布。除了默认目录，还可以将网站放在硬盘的任何位置，通过 Web 服务器物理路径的设置，进行网站发布。例如，新建站点文件夹 newwebsite，主页文件是 default.htm。

② 在"Web 服务器"中，选择"添加网站"命令，在打开的对话框中分别填写网站名称、物理路径和 IP 地址，物理路径即网站在硬盘上的实际位置，如图 6-55 和图 6-56 所示。需要注意的是，默认情况下，只有一个网站是"启动"状态，如果发布新站点，需要将默认网站设置为"停止"状态。

图 6-55　验证默认网站发布

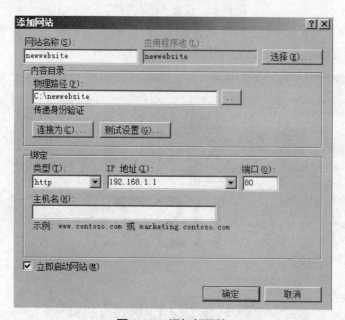

图 6-56　添加新网站

③ 在"默认文档"中添加主页文件 default.htm。

④ 检验网站发布情况。在浏览器中输入网址 http://192.168.1.1，如图 6-57 所示。

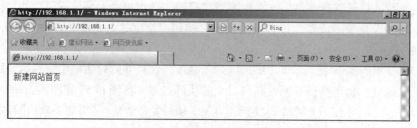

图 6-57　验证非默认网站发布

（3）同时发布两个站点

① 在同一个 Web 服务器上同时发布两个站点一般有 3 种方式：使用主机头名、使用不同的 TCP 端口和使用不同的 IP 地址。

② 一般的 Web 服务器一个 IP 地址的 80 端口只能正确对应一个网站。而 Web 服务器在不使用多个 IP 地址和端口的情况下，如果需要支持多个相对独立的站点就需要一种机制来分辨同一个 IP 地址上的不同网站的请求，这就出现了主机头绑定的方法。

分别在两个站点的编辑网站绑定中填写主机头名，如图 6-58 和图 6-59 所示。再次操作之后，需要在 DNS 服务器中添加 IP 地址与主机名的映射关系。

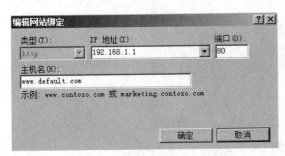

图 6-58　默认站点的主机头名

图 6-59　新建站点的主机头名

③ 验证两个站点的发布，分别在浏览器地址栏中输入 http://www.default.com 和 http://www.newwebsite.com 两个地址。

④ Web 站点的默认端口一般为 80，如果改变这一端口，也可以实现在同一服务器上发布不同站点的目的。分别在两个站点的编辑网站绑定中填写端口号，默认站点使用的是 80 端口，新建站点使用 8080 端口，如图 6-60 和图 6-61 所示。

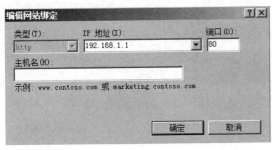

图 6-60　默认站点端口

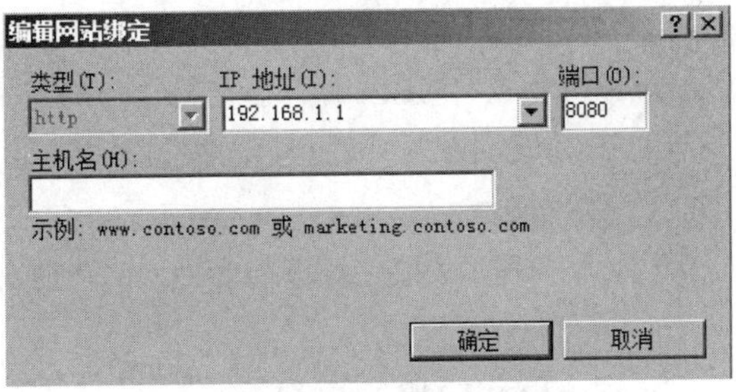

图 6-61　新建站点端口

⑤ 验证两个站点的发布，分别在浏览器地址栏中输入 http://192.168.1.1:80 和 http://www.newwebsite.com:8080 两个地址。其中默认端口号可以省略。

⑥ 第三种方式是使用两个 IP 地址来发布站点。首先，单击"网络和共享中心"→"本地连接"→"属性"选中"Internet 协议版本 4（TCP/IPv4）"选项，单击"属性"→"高级"，在"IP 设置"选项卡中添加第二个 IP 地址，如图 6-62 所示。

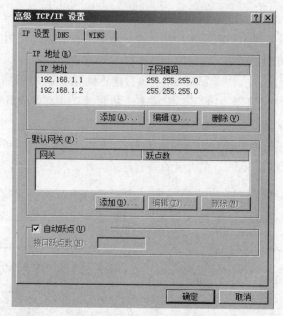

图 6-62　添加第二个 IP 地址

⑦ 分别对两个站点在编辑网站绑定中设置不同的 IP 地址。

⑧ 验证两个站点的发布，分别在浏览器地址栏中输入 http://192.168.1.1 和 192.168.1.2 两个地址。

6.11.4　安装与配置 FTP 服务器

1. 实训目的
学习并且掌握 FTP 的配置与管理。

2. 实训条件
虚拟机环境下的服务器和客户机，分别安装 Windows Server 2008 和 Windows 7 操作系统。服务器的 IP 地址设置为 192.168.1.1/24。

3. 实训内容
FTP 服务器的安装、配置与管理。FTP 在安装 Web 服务器（IIS）时已经同步安装。

4. 实训过程
（1）配置 FTP 服务器

① 单击"添加 FTP 站点"，根据向导进行配置。依次输入"FTP 站点名称""物理路径""IP 地址""SSL""身份验证""授权""权限"等项目。

② SSL（Secure Sockets Layer 安全套接字协议），是加密通讯的全球化标准，已被广泛采用。SSL 证书通过在客户端浏览器和 Web 服务器之间建立一条 SSL 安全通道确保数据在传送中不被随意查看、窃取、修改。用户可以根据需要进行选择。

③ FTP 有两种身份：匿名身份和基本身份。使用匿名身份访问 FTP 站点不需要密码的验证。授权允许访问可选择"所有用户""匿名用户""指定角色或用户组""指定用户"等，只有授权的用户才能访问 FTP 站点。访问权限包括"读取"和"写入"两种。"读取"只能够对 FTP

站点的文件进行读取和下载，"写入"可以对 FTP 站点文件新建、删除和重命名，如图 6-63 所示。

④ 如果使用基本身份访问 FTP 站点，要先创建用户，并且设置密码。例如，创建一个新用户 JSJ，并且设置密码。在 FTP 站点设置过程中，选择"基本"身份验证，并且授权给指定用户，如图 6-64 所示。

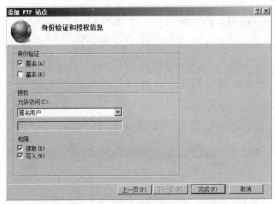

图 6-63 匿名身份访问 FTP 站点

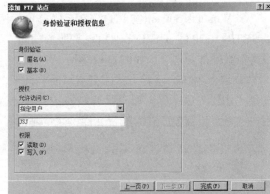

图 6-64 基本身份访问 FTP 站点

（2）验证 FTP 服务器

在浏览器地址栏中输入 ftp://192.168.1.1，打开需要访问的 FTP 站点文件夹的内容。如果是匿名身份登录的方式，则直接打开；如果是基本身份登录的方式，则需要输入用户名和密码，验证通过后打开，如图 6-65 所示。

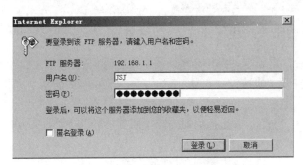

图 6-65 基本身份登录 FTP 需要验证

除了使用 IIS 中的 FTP 组件，还可以使用 FTP 客户端软件实现文件传输功能。

6.11.5 安装与配置 Winmail 服务器

1. 实训目的

学习并且掌握 Winmail 的安装、配置与管理。

2. 实训条件

虚拟机环境下的服务器和客户机，分别安装 Windows Server 2008 和 Windows 7 操作系统。服务器的 IP 地址设置为 192.168.1.1/24。

3. 实训内容

Winmail 服务器的安装、配置与管理。

4. 实训过程

（1）安装及配置 Winmail 服务器

① 双击 Winmail 的安装文件，在安装过程中和一般的软件类似，如安装组件、安装目录、运行方式以及设置管理员的登录密码等。

② Winmail Server 主要的组件有服务器程序和管理端工具两部分。服务器程序对主要是完成 SMTP、POP3、ADMIN、HTTP 等服务功能。管理端工具主要是负责设置邮件系统。安装过程中两个组件都勾选上，如图 6-66 所示。

③ 服务器核心运行方式主要有两种：注册为服务和命令行方式。建议作为系统服务运行，选择"注册为服务"。如果是升级安装，安装过程中检测到配置文件已经存在，安装程序会让用户选择是否覆盖已有的配置文件，注意要选择"保留原有设置"，如图 6-67 所示。

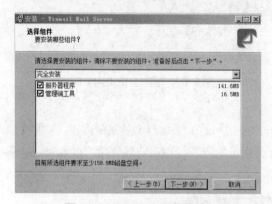

图 6-66　Winmail 安装组件

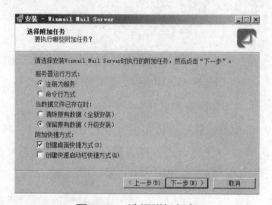

图 6-67　选择附加任务

④ 系统安装成功后，重新启动操作系统。

⑤ 安装完成后，打开"快速设置向导"对话框，如图 6-68 所示。如果不进行快速设置，单击"关闭"按钮即可。

⑥ 选择"开始"→"Magic Winmail 管理端工具"，进入如图 6-69 所示界面，输入安装时设置的用户登录密码，单击"确定"按钮即可。

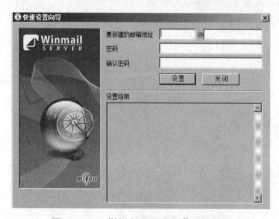

图 6-68　"快速设置向导"对话框

图 6-69　连接服务器输入登录密码

⑦ 将系统服务下的所有服务名称全部启用，如图 6-70 所示。

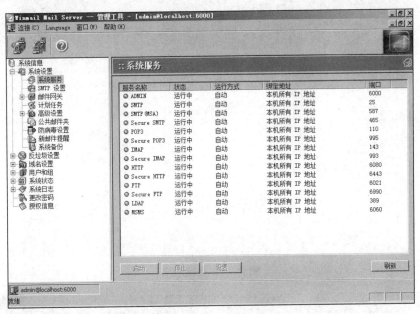

图 6-70　启动系统服务

⑧ 在"域名管理"中，新增 jsj.com 域名，如图 6-71 所示。

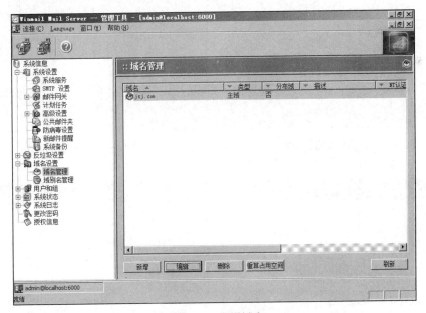

图 6-71　新增域名

⑨ 在"用户管理"中，新增两个新的用户，分别是 zhao 和 li，如图 6-72 所示。

⑩ 配置客户端软件。使用 Outlook Express 软件，在菜单"工具"的"账户"中添加新的账户。单击"添加"和"邮件"，打开连接向导，依次输入信息，如图 6-73~ 图 6-76 所示。

图 6-72　新增用户

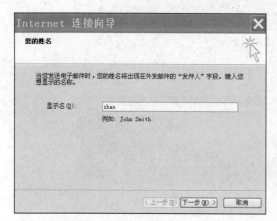

图 6-73　电子邮件的显示名

图 6-74　电子邮件地址

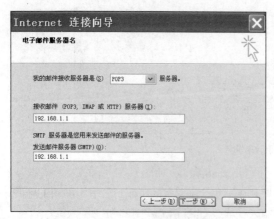

图 6-75　输入服务器的 IP 地址

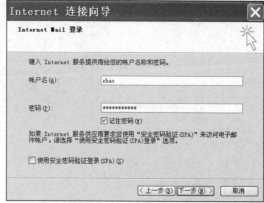

图 6-76　输入账户的名称和密码

⑪ 完成之后，可以通过"文件"菜单中的"切换标识"命令进入选定的账户，如图 6–77 和图 6–78 所示。

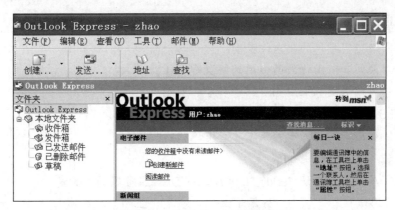

图 6–77　打开"zhao"的账户

图 6–78　打开"li"的账户

⑫ 使用同样的方式添加 li 账户。

（2）邮件服务器验证

账户 zhao 给账户 li 发邮件，如图 6–79 和图 6–80 所示。

图 6–79　发送邮件

图 6–80　接收邮件

习 题

一、判断题

1. 工业网络对实时性的要求比较高。 ( )

2. 工业以太网和商用以太网使用的协议是一样的。 ( )

3. 现场总线技术没有采用 OSI 参考模型。 ( )

4. PROFINET 是工业以太网中的一种。 ( )

5. 物联网采用了互联网中的技术才实现了物物相连。

二、单选题

1. 下列不属于 Windows Server 2008 系统下 DNS 服务器的参数是 ( )。

   A. 作用域　　　　　B. 资源记录　　　　　C. 正向查找区域　　　　D. 反向查找区域

2. 在 Windows Server 2008 系统下 DHCP 服务器中添加排除时，应输入的信息是( )。

   A. 起始 IP 地址和结束 IP 地址　　　　B. 起始 IP 地址和网关地址

   C. 起始 IP 地址和 MAC 地址　　　　　D. 起始 IP 地址和掩码

3. 下列关于 Windows Server 2008 系统 WWW 服务器的描述中，正确的是 ( )。

   A. Web 站点必须配置静态的 IP 地址

   B. 在一台服务器上只能构建一个网站

   C. 访问 Web 站点时必须使用站点的域名

   D. 建立 Web 站点时必须为该站点指定一个主目录

4. 对于频繁改变位置并使用 DHCP 获取 IP 地址的 DNS 客户端，为减少对其资源记录的手动管理，可采取的措施是 ( )。

   A. 允许动态更新　　　　　　　　B. 使用反向查找区域

   C. 增加别名记录　　　　　　　　D. 设置较小的生存时间

5. Winmail 快速设置向导中创建新用户时，不需要输入的信息是 ( )。

   A. 用户名　　　　B. 域名　　　　C. 用户密码　　　　D. 用户 IP 地址

6. 在 Outlook 的服务器设置中 SMTP 协议是指 ( )。

   A. 发送管理传输协议　　　　　　B. 邮件发送协议

   C. 邮件接收协议　　　　　　　　D. 文件弹出协议

7. 匿名 FTP 服务的含义是 ( )。

   A. 只能上传，不能下载

   B. 免费提供 Internet 服务

   C. 允许没有账户的用户登录服务器，并下载文件

   D. 有账户的用户才能登录服务器

8. ( ) 是正确的电子邮件地址。

   A. Fox#mh.bit.edu.cn　　　　　　B. Mh.bit.edu.cn@fox

   C. fox@mh.bit.edu.cn　　　　　　D. foxmh.bit.edu.cn

9. FTP 协议是一种用于（　　　）的协议。

    A. 网络互联　　　　　　　　　　　　B. 提高网络传输速度

    C. 传输文件　　　　　　　　　　　　D. 提高计算机速度

10. 上网时通常在浏览器的地址栏输入 http://，其中 HTTP 的意思是（　　　）。

    A. 超文本传输协议　　　　　　　　　B. 超文本标记语言

    C. 多媒体网络　　　　　　　　　　　D. 网络信息提供商

11. 以下的（　　　）是某些现场总线技术在 OSI 参考模型基础上增加。

    A. 传输层　　　　　B. 数据链路层　　　　C. 表示层　　　　　D. 用户层

12. PROFIBUS 协议结构不包括（　　　）。

    A. 物理层　　　　　B. 数据链路层　　　　C. 网络层　　　　　D. 应用层

13. 工业以太网不包括以下的（　　　）。

    A. PROFINET　　　B. EtherCAT　　　　C. Wi-Fi　　　　　D. Modbus TCP/IP

14. 物联网体系架构中的（　　　）是用于识别物体，采集信息。

    A. 感知层　　　　　B. 网络层　　　　　　C. 处理层　　　　　D. 应用层

15. 物联网的网络层采用了（　　　）。

    A. Wi-Fi 技术　　　B. 5G 通信技术　　　　C. 以太网技术　　　D. 以上均是

三、填空题

1. 企业的通信网络通常可以划分为三级：企业级、＿＿＿＿＿＿＿＿和现场级。

2. 现场级通信网络通常采用＿＿＿＿＿＿＿＿。

3. CAN 总线采用 OSI 参考模型中的物理层、＿＿＿＿＿＿＿＿和＿＿＿＿＿＿＿＿。

4. 工业互联网的数据功能体系主要包括感知控制、＿＿＿＿＿＿＿＿和＿＿＿＿＿＿＿＿3 个基本层次，以及一个由自下而上的信息流和自上而下的决策流构成的工业数字化应用优化闭环。

5. 智能物联网包括机器感知交互层、通信层、数据层、＿＿＿＿＿＿＿＿和＿＿＿＿＿＿＿＿。

四、简答题

1. 物联网的英文名称和简称是什么？并简述物联网的定义。

2. 简述云计算的定义。

网络空间安全

7.1 网络空间安全概述

7.1.1 基本概念

人类社会在经历了机械化、电气化之后，进入了一个崭新的信息化时代。在信息时代，信息产业成为第一大产业。信息就像水、电、石油一样，与所有行业和所有人都相关，成为一种基础资源。信息和信息技术改变着人们的生活和工作方式。离开计算机、网络、电视和手机等电子信息设备，人们将无法正常生活和工作。因此可以说，人们生存在物理世界、人类社会和信息空间组成的三维世界中。

早在 1982 年，加拿大作家 William Gibson 在其短篇科幻小说《燃烧的铬》中创造了 Cyberspace 一词，意指由计算机创建的虚拟信息空间。此后，随着信息技术的快速发展和互联网的广泛应用，Cyberspace 的概念不断丰富和演化。

目前，国内外对 Cyberspace 还没有统一的定义，译名也不统一，如有信息空间、网络空间、网电空间、数字世界等，甚至还有译音——赛博空间。我们认为它是信息时代人们赖以生存的信息环境，是所有信息系统的集合。因此，把 Cyberspace 翻译成信息空间或网络空间是比较好的，其中信息空间突出了信息这一核心内涵，网络空间突出了网络互联这一重要特征，本书采用网络空间这一名称。网络空间是一个虚拟的空间，用规则管理起来。虚拟空间包含了 3 个基本要素：第一个是载体，也就是通信信息系统；第二个是主体，也就是网民、用户；第三个是构成一个集合，用规则管理起来，即"网络空间"。网络空间是人们运用信息通信系统进行交互的空间，其中信息通信系统包括各类互联网、电信网、广电网、物联网、在线社交网络、计算机系统、通信系统、控制系统、电子或数字信息处理设施等。人机交互指信息通信技术获得。网络空间安全涉及网络空间中的电子设备、电子信息系统、运行数据、系统应用中存在的安全问题，分别对应这四个层面：设备、系统、数据、应用。

网络空间安全包括两部分：防止、保护、处置包括互联网、电信网、广电网、物联网、工控网、在线社交网络、计算系统、通信系统、控制系统在内的各种通信系统及其承载的数据不被损害；防止这些信息通信技术系统的滥用所引发的政治安全、经济安全、文化安全、国防安全。一个是保护系统本身，另一个防止利用信息系统带来其他的安全问题。所以，针对这些风险，要采用法律、管理、技术等综合手段应对，而不能只依靠技术手段。

7.1.2 网络空间安全的主要内容

现代网络技术的广泛应用大大提高了人类活动的质量和效率，但如同许多新技术的应用一样，网络技术也是人类为自己锻造的一把双刃剑，善意的应用将造福于人类，恶意的应用将给社会造成危害。所以，在考虑网络空间安全的保障总体规划上，不仅要在网络空间安全技术上统筹计划，还要强调网络空间安全保障研究跨学科的性质。更重要的是加强网络空间安全教育与管理，强调其系统规划和责任，重视对网络空间信息系统使用的法律与道德规范问题，将法律、法规和各种规章制度融合到网络空间安全解决方案之中。总之，网络空间安全保障和网络空间安全的本质在于思想观念上的主动防御而不是被动保护。网络空间安全保障涉及管理、制度、人员、法律和技术等方方面面。因此，解决网络空间安全的基本策略是综合治理。

网络空间安全所涉及的内容相当广泛，包括网络空间信息设施的安全性、网络空间信息传输的完整性（防止信息被未经授权地篡改、插入、删除或重传）、网络空间信息自身的保密性（保证网络空间信息不泄露给未经授权的人）、网络空间信息的可控性（对网络空间信息和网络空间信息系统实施安全监控管理，防止非法用户利用网络空间信息和网络空间信息系统）、网络空间信息的不可否认性（保证发送和接收网络空间信息的双方不能事后否认他们自己所做的操作行为）、网络空间信息的可用性（保证网络空间信息和网络空间信息系统确实能为授权者所用，防止由于计算机病毒或其他入侵行为造成系统的拒绝服务）、网络空间信息人员的安全性和网络空间信息管理的安全性等。因此，网络空间安全的主要研究内容包括密码技术、数字签名与认证技术、病毒防治技术、网络攻击技术、网络防御技术、网络安全协议、无线网络安全机制、访问控制与防火墙技术、入侵检测技术、网络数据库安全与备份技术、信息隐藏与数字水印技术、数据备份与恢复技术、软件保护技术、虚拟专用网技术等内容。网络空间安全是一门涉及网络技术、通信技术、密码技术、信息安全技术、计算机科学、应用数学、信息论等多种学科的边缘性综合学科。

7.1.3 网络空间安全的意义

当今，由于计算机互联网的迅速发展和广泛应用，打破了传统的时间和空间限制，极大地改变了人们的工作方式和生活方式，促进了经济和社会的发展，提高了人们的工作水平和生活质量。计算机网络和通信是促进信息化社会发展的最活跃的因素，然而，任何事物的发展都具有双重性。由于计算机互联网的国际化、社会化、开放化、个性化的特点，使它在向人们提供网络信息共享、资源共享和技术共享的同时，也带来了安全隐患。网络空间安全问题已威胁到国家的政治、经济和国防等领域，这是因为对互联网的非法侵入或人为的故意破坏，将会轻而易举地改变互联网上的应用系统或导致网络瘫痪，从而使网络用户在军事、经济、政治上造成无法弥补的巨大损失。因此，很早就有人提出了"信息战"的概念并将信息武器列为原子武器、生物武器和化学武器之后的第四大武器。

网络信息的泄露、篡改、假冒和重传，黑客入侵，非法访问，计算机病毒传播等对网络空间安全构成了重大威胁。如果这些问题不解决，国家安全将会受到威胁，电子政务、电子商务、智慧城市、网络银行、远程教育、远程医疗等都无法展开，个人的隐私信息也得不到保障。网络空间的安全与否已经影响到个人、企业甚至国家的根本利益，网络空间安全是国家安全的重要基础。

7.1.4 我国网络空间安全现状

当前，一方面是网络技术与基于网络的产业空前繁荣，另一方面是危害信息安全的事件不断发生，敌对势力的破坏、黑客攻击、恶意软件侵扰、利用计算机犯罪、隐私泄露等，对网络空间安全构成了极大威胁。

据国家互联网应急中心（CNCERT）抽样监测，2021 年上半年，CNCERT 捕获计算机恶意程序样本数量约 2 307 万个，恶意程序传播次数日均达约 582 万次。按照受恶意程序攻击的 IP 统计，我国境内受计算机恶意程序攻击的 IP 地址约 3 048 万个，约占我国 IP 地址总数的 7.8%，这些受攻击的 IP 地址主要集中在广东省、江苏省、浙江省等地区。2021 年上半年，我国境内感染计算机恶意程序的主机数量约 446 万台。位于境外的约 4.9 万个计算机恶意程序控制服务器控制了我国境内约 410 万台主机。就控制服务器所属国家来看，位于美国、越南和中国香港地区的控制服务器数量分列前三位，分别是约 7 580 个、3 752 个和 2 451 个；就所控制我国境内主机数量来看，位于美国、中国香港地区和荷兰的控制服务器控制规模分列前三位，分别控制了我国境内约 314.5 万、118.9 万和 108.6 万台主机。

随着我国 4G 用户平均下载速率的提高、手机流量资费的大幅下降、5G 业务的开展，以及银行服务、生活缴费服务、购物支付业务等与网民日常生活紧密相关的服务逐步向移动互联网应用迁移，移动应用程序越来越丰富，给日常生活带来极大的便利。但随之而来的移动互联网恶意程序大量出现，严重危害网民的个人信息安全和财产安全。2019 年上半年，CNCERT 通过自主捕获和厂商交换获得移动互联网恶意程序数量 103 万余个，同比减少 27.2%。通过对恶意程序的恶意行为统计发现，排名前三的分别为资费消耗类、流氓行为类和恶意扣费类，占比分别为 35.7%、27.1% 和 15.7%。为有效防范移动互联网恶意程序的危害，严格控制移动互联网恶意程序传播途径，连续 7 年以来，CNCERT 联合应用商店、云平台等服务平台持续加强对移动互联网恶意程序的发现和下架力度，以保障移动互联网健康有序发展。2019 年上半年，CNCERT 累计协调国内 177 家提供移动应用程序下载服务的平台，下架 1 190 个移动互联网恶意程序。

据 CNCERT 监测发现，目前活跃在智能联网设备上的恶意程序家族主要包括 Mirai、Gafgyt、MrBlack、Tsunami、Reaper、Ddostf、Satori、TheMoon、StolenBots、VPNFilter、Cayosin等。这些恶意程序及其变种产生的主要危害包括用户信息和设备数据泄露、硬件设备遭控制和破坏，被用于 DDoS 攻击或其他恶意攻击行为、攻击路由器等网络设备窃取用户上网数据等。

CNCERT 抽样监测发现，2019 年上半年，联网智能设备恶意程序控制服务器 IP 地址约 1.9 万个，同比上升 11.2%；被控联网智能设备 IP 地址约 242 万个，其中位于我国境内的 IP 地址近 90 万个（占比 37.1%），同比下降 12.9%；通过控制联网智能设备发起 DDoS 攻击次数日均约 2 118 起。

从国家互联网应急中心所提供的数据可以看出，网络空间安全问题依旧突出，不能掉以轻心。除此之外，科学技术的进步也对信息安全提出新的挑战。由于量子和 DNA 计算机具有并行性，从而使得许多现有公钥密码（RSA、ELGamal、ECC 等）在量子和 DNA 计算机环境下将不再安全。因此，网络空间安全的形势是严峻的。

对于我国来说，网络空间安全形势的严峻性，不仅在于上面这些威胁，更在于我国在 CPU 芯片和操作系统等核心芯片和基础软件方面主要依赖国外产品。这就使我国的网络空间安全失去了自主可控的基础。

7.2　密码技术

7.2.1　密码技术概述

随着计算机网络技术的发展，计算机信息的保密问题显得越来越重要。数据保密变换或密码技术是对计算机信息进行保护的最实用和最可靠的方法。在信息安全领域，密码技术是保障信息安全的核心技术，已经渗透到大部分安全产品之中，并正向芯片化方向发展。通过加密技术可以在一定程度上提高数据传输的安全性，保证传输数据的完整性。

加密技术包括密码设计、加密算法设计、密钥管理、验证等内容。加密的基本思想是伪装信息，使局外人不能理解信息的真正含义。加过密的信息系统的安全性取决于对密钥的管理，犹如保险柜的安全取决于保险柜钥匙一样。数据加密的过程就是通过加密系统把原始的数据（明文）按照加密算法变换成与明文完全不同的数据（密文）的过程，解密则是与之相反的过程。加解密过程如图 7-1 所示。

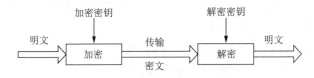

图 7-1　数据加密、解密过程

由图 7-1 可见，任何一个加密系统至少包括下面四个组成部分：

① 未加密的报文，也称明文。

② 加密后的报文，也称密文。

③ 加密解密设备或算法。

④ 加密解密的密钥。

发送方使用加密密钥，通过加密设备或算法，将信息加密后发送出去。接收方在收到密文后，用解密密钥将密文解密，恢复为明文。如果传输中有人窃取，他只能得到无法理解的密文，从而对信息起到保密作用。

按加解密使用的密钥方式划分，可以分为：

① 对称式密码。收发双方使用相同密钥的密码，叫作对称式密码。

② 非对称式密码。收发双方使用不同密钥的密码，叫作非对称式密码。

数据加密算法有很多种，密码算法标准化是信息化社会发展的必然趋势，是世界各国保密通信领域的一个重要课题。按照发展进程来看，密码经历了古典密码、对称密码和非对称密码 3 个阶段。古典密码算法有替代加密、置换加密。对称加密算法包括 DES 和 AES。非对称加密算法包括 RSA、背包密码、McEliece 密码、Rabin、椭圆曲线等。目前在数据通信中使用最普遍的算法有 AES 算法、RSA 算法等。

7.2.2 对称密码体制

对称密码体制也称为秘密密钥密码体制、单密钥密码体制。如果一个密码算法的加密密钥和解密密钥相同，或者由其中一个很容易推导出另一个，该算法就是对称密码算法，满足关系 $M=Dk(C)=Dk(Ek(M))$。M 表示明文，指待加密的信息；C 表示密文，指明文经过加密处理后的形式；D 表示解密算法，指将密文变换为明文的变换函数；E 表示加密算法，指将明文变换为密文的变换函数；k 表示密钥，指变换函数所用的一个控制参数。

对称密码算法的优点是加密、解密速度快，保密度高。但是，对称密码体制的安全性主要取决于加密算法的安全性和密钥的安全性，而现代密码学的加密算法是公开的，安全性则依赖于密钥，密钥必须保密并保证有足够大的密钥空间。因此，对称密码算法的缺点主要在于密钥。如何将密钥安全地送到收信方和多人通信时密钥的数量爆炸性膨胀是对称密码算法遇到的严重问题。

1. DES 加密算法

美国国家标准局于 1973 年开始研究除国防部外的其他部门的计算机系统的数据加密标准，于 1973 年 5 月和 1974 年 8 月先后两次向公众发出了征求加密算法的公告。加密算法要达到的目的主要为：提供高质量的数据保护，防止数据未经授权地泄露和未被察觉地修改；具有相当高的复杂性，使得破译的开销超过可能获得的利益，同时又要便于理解和掌握；DES（Data Encryption Standard，数据加密标准）密码体制的安全性应该不依赖于算法的保密，其安全性仅以加密密钥的保密为基础实现，有效运行，并且适用于多种完全不同的应用。1977 年 1 月，美国政府颁布：采纳 ffiM 公司设计的方案作为非机密数据的正式数据加密标准。

DES 算法是一种采用传统加密方法的分组密码。在加密之前，先对整个明文进行分组，每组为 64 位（二进制），然后通过一个初始置换，将每组分为左半部分和右半部分，各 32 位长，然后进行 16 轮完全相同的运行，这些运算称为函数 f，在运算过程中数据与密钥结合。经过 16 轮后，左、右半部分合在一起，经过一个末置换（初始置换的逆置换）完成加密。DES 算法是对称的，既可用于加密又可用于解密。DES 算法的入口参数有 3 个：Key、Data、Mode。其中 Key 为 7 字节（56 位），是 DES 算法的工作密钥；Data 为 8 字节（64 位），是要被加密或被解密的数据；Mode 为 DES 的工作方式，有两种：加密或解密。

DES 算法密钥的实际长度只有 56 位，因为每个第 8 位用作奇偶校验，因此穷举搜索攻击破解密钥最多尝试的次数是 2^{56} 次。此外，DES 只有 16 轮迭代，迭代次数偏少，也是 DES 安全的隐患。

2. AES 加密算法

由于 DES 作为数据加密标准自 1977 年颁布以来，已超期服役，1997 年美国国家标准与技术研究院（NIST）发起征集高级加密标准（Advanced Encryption Standards，AES）算法的活动，并专门成立了 AES 工作组，以寻找 DES 的替代品，条件是新的加密算法必须允许 128、192、256 位密钥长度，它不仅能够在 128 位输入分组上工作，还能够在各种不同的硬件上工作，速度和密码强度同样也要被重视。NIST 对接到的 15 个候选算法进行了多轮选择，最终选定由 Joan Daemen 和 Vincent Rijmen 设计的 Rijndael 算法。2001 年，NIST 发布 FIPS PUB 197，并在 2002 年 5 月成为有效标准。

AES 是一个使用可变分组和可变长密钥的迭代分组密码，它支持 128 位的明文分组，密钥长度可以根据用户的需要选择 128 位、192 位、256 位的密钥长度。AES 算法加密、解密时首先对明文、密文进行一次密钥加变换，然后进行多轮的循环运算，每轮运算中包括字节代换、行位移变换、列混合变换和轮密钥加运算 4 个步骤。循环轮数依赖于密钥长度。

AES 算法自 2002 年成为有效标准至今，除了一次旁道攻击成功外，尚无其他成功破解的报道，AES 算法的安全性可以认为是可靠的，也得到了广泛的应用。

7.2.3　非对称密码体制

由于对称密码体制存在通信双方密钥共享困难和多人通信时密钥数量过多的缺点，1976 年，迪逊（Dittie）和海尔曼（Hellnmn）为解决密钥管理问题，提出了一种密钥交换协议，允许在不安全的媒体上通过双方交换信息，安全地传送秘密密钥。在此基础上，很快出现了非对称密码体制，即公钥密码体制。所谓的非对称密码体制就是使用不同的加密密钥与解密密钥，是一种"由已知加密密钥推导出解密密钥在计算上是不可行的"密码体制。

在公钥体制中，加密密钥不同于解密密钥，加密密钥公之于众，谁都可以使用；解密密钥只有解密人自己知道。它们分别称为公开密钥和秘密密钥。加密密钥（即公开密钥）PK 是公开信息，而解密密钥（即秘密密钥）SK 是需要保密的。加密算法 E 和解密算法 D 也都是公开的。虽然解密密钥 SK 是由公开密钥 PK 决定的，但却不能根据 PK 计算出 SK。

使用非对称密码系统进行加密解密的过程如下：

① 网络中的每个用户都产生一对加密密钥和解密密钥。

② 在网络上公布自己的加密密钥，这就是公钥；解密密钥则自己保存，这就是私钥。

③ 如果 Alice 想给 Bob 发送一个消息，她就用 Bob 的公开密钥加密这个报文。

④ Bob 收到这个报文后就用他自己的私钥解密报文。网络中其他所有收到这个报文的人都无法解密，因为他们没有 Bob 的私钥，所以无法解密报文。

非对称密码体制都是建立在严格的数学基础上，公开密钥和私人密钥的产生是通过数学方法产生的，公钥算法的安全性是建立在某个数学问题很难解决的基础上。常用的有两类：一类是基于因子分解难题的，其中最著名的是 RSA 密码算法；另一类是基于离散对数难题的，如 ElGamal 公钥密码体制和椭圆曲线公钥密码体制。

非对称密码体制可以完成数据的保密性、数据的完整性、发送者的不可否认性和对发送者的认证，即加密模型和认证模型，如图 7-2 所示。

公钥密码体制的优点在于密钥的分发管理工作简单。网络中的每一个用户只需要保存自己的私钥，各用户仅需产生对密钥。密钥少，便于管理。密钥分发简单，不需要秘密的通道和复杂的协议来传送密钥。公钥可基于公开的渠道（如密钥分发中心）分发给其他用户，而私钥则由用户自己保管，并且可以实现数字签名。公钥密码体制与对称密码体制相比，公钥密码体制的加密、解密处理速度较慢，同等安全强度下公钥密码体制的密钥位数要求多一些。

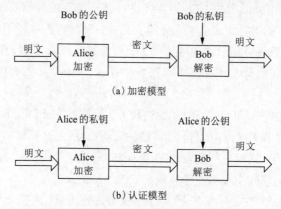

(a) 加密模型

(b) 认证模型

图 7-2　非对称密码体制中的两种模型

1. RSA 加密算法

在迄今为止的所有公钥密码体系中，RSA 系统是最著名、使用最多的一种。RSA 公开密钥密码系统是由罗纳德·李维斯特（Ron Rivest）、阿迪·萨莫尔（Adi Shamir）和伦纳德·阿德曼（Leonard Adleman）于 1977 年提出的，RSA 的取名就是来自这三位发明者的姓的第一个字母。

RSA 算法基于"大数分解和素数检测"这一著名的数论难题。在 RSA 中，公开密钥和私人密钥是一对大素数的函数。在使用 RSA 时，通常是先生成一对 RSA 密钥，其中之一是保密密钥，由用户保存；另一个为公开密钥，可对外公开，甚至可在网络服务器中注册。为提高保密强度，RSA 密钥至少为 500 位长，一般推荐使用 1 024 位，这就使加密的计算量很大。为减少计算量，在传送信息时，常采用传统加密方法与公开密钥加密方法相结合的方式，即信息采用改进的 DES 或 IDEA 对话密钥加密，然后使用 RSA 密钥加密对话密钥和信息摘要。对方收到信息后，用不同的密钥解密并可核对信息摘要。

RSA 算法是第一个能同时用于加密和数字签名的算法，也易于理解和操作。RSA 是被研究得最广泛的公钥算法，从提出到现今的三十多年里，经历了各种攻击的考验，逐渐为人们接受，普遍认为是目前最优秀的公钥方案之一。

2. ElGamal 加密算法

ElGamal 公钥密码体制是由 ElGamal 在 1985 年提出的，是一种基于离散对数问题的公钥密码体制。该密码体制既可用于加密，又可用于数字签名，是除了 RSA 密码算法之外最有代表性的公钥密码体制之一。

Elgamal 公钥密码体制的密文不仅依赖于待加密的明文，还依赖于随机数 k，所以用户选择的随机参数不同，便能够使加密相同的明文时得出不同的密文。由于这种概率加密体制是非确定性的，所以在确定性加密算法中，若破译者对某些关键信息感兴趣，则可事先将这些信息加密后存储起来，一旦以后截获密文，就可以直接在存储的密文中查找，从而得到相应的明文。概率加密体制弥补了其不足，提高了安全性。由于其较好的安全性，得到了广泛的应用。著名的美国数字签名标准 DSS 就是采用了 EIGamal 签名方案的一种变形。

7.2.4　哈希函数

哈希函数也称为单向散列函数、消息摘要函数、杂凑函数，是在网络空间安全领域广泛使用的一种密码技术，主要用于信息的完整性验证，防止信息被篡改。

哈希函数以任意长度的消息 M 为输入，产生固定长度的数据输出，这个定长输出称为消息 M 的散列值或消息摘要。哈希函数计算出每个给定输入的散列值很容易，但反向推导是非常困难的，而且找到两个不同的输入消息对应同一个散列值是计算上不可行的。

哈希函数用以实现报文认证和数字签名，被广泛应用于不同的安全应用和网络协议。目前常用的哈希函数有 MD5、SHA-1 等。

1. MD5

MD 系列单向散列函数是设计 RSA 公钥密码算法的三位发明人之一 Ron Rivest 设计的，包括 MD2、MD4 和 MD5。MD5(Message Digest,Version5) 报文摘要算法是经过 MD2、MD3、和 MD4 发展而来的，它将任意长度的报文转变为 128 位的报文摘要，即假定 P 为任意长度的报文，h=MD5(P)，则 h 的长度为 128 位，其本质是将大容量信息在数字签名前被"压缩"成一种保密的格式。

MD5 以 512 位分组来处理输入文本，每一分组又划分为 16 个 32 位子分组。算法的输出由 4 个 32 位分组组成，将它们级联形成一个 128 位散列值。MD5 被广泛应用于各种软件的密码认证和密钥识别上，但其安全性较弱，因为其压缩函数的冲突已经被找到。

2. SHA

SHA（Secure Hash Algorithm，安全散列算法）是美国国家标准与技术研究所（NIST）提出，于 1993 年作为联邦信息处理标准（FIPS 180）发布的，1995 年又发布了其修订版（FIPS 180-1），通常称为 SHA-1。SHA-1 算法根据输入长度小于 2^{64} 位的消息，输出一个 160 位的散列值，散列值通常的呈现形式是 40 个十六进制数。

2001 年，NIST 发布 FIPS 180-2，公布了 SHA-2 算法家族，新增了 3 个哈希函数，分别为 SHA-256、SHA-384、SHA-512，其散列值的长度分别为 256、384、512。同时，NIST 指出 FIPS 180-2 的目的是要与使用 AES 而增加的安全性相适应。

2017 年 2 月，Google 公司公告宣称他们与 CWI Amsterdam 合作共同创建了两个有着相同的 SHA-1 值但内容不同的 PDF 文件，这代表 SHA-1 算法已被正式攻破。许多部署的 SSL/TLS 服务连接中使用了 SHA-1 算法作为消息验证的基本密码学原语，因此受到该攻击的影响。但在这之前，各大公司已经推出了 SHA-1 的停止计划，例如 Windows 将于 2017 年 1 月 1 日起停止支持 SHA1 证书，所有 Windows 受信任的根证书颁发机构（CA）从 2016 年 1 月 1 日起必须停止签发新的 SHA-1 签名算法 SSL 证书和代码签名证书。

7.3 防病毒技术

7.3.1 计算机病毒概述

随着计算机应用的普及，计算机技术已经渗透到社会的各个领域，伴随而来的计算机病毒问题也引起人们的关注和重视。计算机病毒可以随着网络影响到信息社会的各个领域，对信息社会造成严重威胁。20 世纪 70 年代，计算机病毒开始出现在美国的一些科幻小说中，使当时的人们感到新奇，然而，这个人们臆想的威胁已经活生生地出现在世界各地的计算机系统中，并对信息系统的安全构成严重的威胁。

世界上第一个计算机病毒雏形源于 20 世纪 60 年代初美国贝尔实验室的年轻程序员编写的一个"磁芯大战"的游戏，该游戏通过复制自身来摆脱对方的控制。1983 年 11 月，在国际计算机安全学术研讨会上，美国计算机专家首次将病毒程序在 VAX/750 计算机上进行了实验。20 世纪 80 年代后期，巴基斯坦有一对以编程为生的兄弟，他们为了打击那些盗版软件的使用，设计出了一个名为"巴基斯坦"的病毒，这是世界上流行的第一个真正的病毒。

总体来说，计算机病毒的发展经历了以下 5 个阶段：

第一个阶段为原始病毒阶段，产生于 1986—1989 年，由于当时计算机应用软件少，而且大多是单机运行，因此病毒没有大量流行，种类也很有限，病毒的清除工作相对较容易。

第二阶段为混合型病毒阶段，产生于 1989—1991 年，是计算机病毒由简单发展到复杂的阶段，计算机局域网开始应用与普及，给计算机病毒带来了第一次流行高峰。

第三个阶段为多态病毒阶段，防病毒软件查杀此类病毒非常困难，这个阶段病毒技术开始向多维化方向发展。

第四个阶段为网络病毒阶段，从 20 世纪 90 年代中后期开始，随着互联网的发展壮大，依赖于互联网传播的邮件病毒和宏病毒大量涌现，病毒传播速度快、隐蔽性强、破坏性大。

第五个阶段为主动攻击性病毒。这类病毒利用操作系统的漏洞进行进攻型扩散，并不需要任何操作，用户接入互联网就有可能被感染，此类病毒的危害性更多。

迄今为止，世界上发现的计算机病毒已有几十万种，给全球经济造成的损失每年高达数十亿美元。可以预见，随着计算机和网络运用的不断普及深入，防范计算机病毒将越来越受到人们的高度重视。

《中华人民共和国计算机信息系统安全保护条例》中对计算机病毒的定义："计算机病毒是指编制或者在计算机程序中插入的破坏计算机功能或毁坏数据，影响计算机使用，并能自我复制的一组计算机指令或程序代码。" 由此可见，计算机病毒是一种人为编写的可执行、可存储的计算机非法程序。因为这种非法程序隐藏在计算机系统可存储的信息资源中，就像微生物学中所称的病毒一样，利用计算机信息资源进行生存、繁殖和传播，影响和破坏计算机系统的正常运行，所以人们形象地把这种非法程序称为"计算机病毒"。计算机病毒是一种特殊的程序，从程序结构来说，计算机病毒通常由三部分组成：引导模块、传染模块和表现模块。引导模块将病毒从外存引入内存，激活病毒的传染模块和表现模块。传染模块负责病毒的传染和扩散，将病毒传染到其他对象上。表现模块是计算机病毒的关键部分，实现病毒的破坏作用，例如删除文件、格式化硬盘、显示或发声等。

根据病毒的特点，计算机病毒的分类方式有很多种。例如：

① 依据病毒寄生的媒介分类，可以分为网络病毒、文件病毒和引导型病毒。

② 依据其破坏性分类，可以分为良性病毒和恶性病毒。

③ 按其传染途径，可以分为驻留内存型病毒和非驻留内存型病毒。

④ 按传染对象不同分类，可以分为引导区型病毒、文件型病毒、混合型病毒、宏病毒。

计算机病毒具有以下几个特性：

- 寄生性：计算机病毒寄生在其他程序之中，当执行这个程序时，病毒就起破坏作用，而在未启动这个程序之前，它是不易被人发觉的。

- 传染性：计算机病毒不但本身具有破坏性，更有害的是具有传染性，一旦病毒被复制或产生变种，其速度之快令人难以预防。计算机病毒也会通过各种渠道从已被感染的计算机扩散到未被感染的计算机，在某些情况下造成被感染的计算机工作失常甚至瘫痪。这段程序代码一旦进入计算机并得以执行，它就会搜寻其他符合其传染条件的程序或存储介质，确定目标后再将自身代码插入其中，达到自我繁殖的目的。是否具有传染性是判别一个程序是否为计算机病毒的最重要条件。

- 潜伏性：有些病毒像定时炸弹一样，让它什么时间发作是预先设计好的。例如，黑色星期五病毒，不到预定时间一点都觉察不出来，等到条件具备时一下子就爆炸开来，对系统进行破坏。一个编制精巧的计算机病毒程序，进入系统之后一般不会马上发作，可以在几周或者几个月内甚至几年内隐藏在合法文件中，对其他系统进行传染，而不被人发现。病毒潜伏性越好，其在系统中的存在时间就会越长，病毒的传染范围就会越大。

- 隐蔽性：计算机病毒具有很强的隐蔽性，有的可以通过病毒软件检查出来，有的根本就查不出来，有的时隐时现、变化无常，这类病毒处理起来通常很困难。

- 破坏性：计算机中毒后，可能会导致正常的程序无法运行，把计算机内的文件删除或受到不同程度的损坏。

- 可触发性：病毒因某个事件或数值的出现，诱使病毒实施感染或进行攻击的特性称为可触发性。为了隐蔽自己，病毒必须潜伏，少做动作。如果完全不动，一直潜伏，病毒既不能感染也不能进行破坏，便失去了杀伤力。病毒既要隐蔽又要维持杀伤力，它必须具有可触发性。病毒的触发机制就是用来控制感染和破坏动作的频率的。病毒具有预定的触发条件，这些条件可能是时间、日期、文件类型或某些特定数据等。病毒运行时，触发机制检查预定条件是否满足，如果满足，启动感染或破坏动作，使病毒进行感染或攻击；如果不满足，使病毒继续潜伏。

7.3.2　蠕虫和木马

1. 蠕虫病毒

所谓的蠕虫病毒是一种无须用户干预、依靠自身复制能力、自动通过网络进行传播的恶性代码。与文件型病毒和引导性病毒不同，蠕虫病毒不利用文件寄生，也不感染引导区。蠕虫病毒的感染目标是网络中的所有计算机，因此共享文件、电子邮件、恶意网页和存在漏洞的服务器都称为蠕虫病毒传播的途径。

蠕虫病毒和普通病毒有着很大的区别。它具有普通病毒的一些共性，如传播性、隐蔽性、破坏性等；同时也具有一些自己的特征，例如不利用文件寄生、复制自身在网络内传播、可对网络造成拒绝服务，目标是网络内的所有计算机、具有主动攻击性和突然爆发性。其主要特点如下：

① 主动攻击。蠕虫在本质上已变为黑客入侵的工具，从漏洞扫描到攻击系统，再到复制副本，整个过程全部由蠕虫自身主动完成。

② 传播方式多样。包括文件、电子邮件、Web 服务器、网页和网络共享等。

③ 制作技术不同于传统的病毒。许多蠕虫病毒是利用当前最新的编程语言和编程技术来实现的，容易修改以产生新的变种。

④ 行踪隐蔽。蠕虫病毒在传播过程中不需要像传统病毒那样需要用户的辅助工作，所以在传播的过程中，用户很难察觉。

⑤ 反复性。如果没有修复系统漏洞，重新接入到网络的计算机仍然有被重新感染的危险。

2. 木马

"木马"一词来自"特洛伊木马"，英文名称为 Trojan horse。据说该名称来源于古希腊神话的特洛伊木马记，现常用特洛伊木马或木马比喻在敌方堡垒中埋下伏兵里应外合的活动。黑客程序也借用其名，表明黑客程序"一旦潜入，里应外合，后患无穷"之意。因此，木马病毒是一种典型的黑客程序，是一种基于远程控制的黑客工具。

木马病毒一旦侵入用户的计算机，就悄悄地在宿主计算机上运行。通过木马，攻击者可以在用户毫无察觉的情况下，让攻击者获得远程访问和控制系统的权限，远程窃取用户计算机上的所有文件、查看系统消息、窃取用户口令、篡改文件和数据、接收执行非授权者的指令、删除文件甚至格式化硬盘。

木马病毒一般由服务端程序和客户端程序构成。服务端是被控制端，被远程控制的一方。客户端程序是控制端，用于远程控制服务端的程序。

木马往往表面上看起来无害，但是会执行一些未预料或未经授权的恶意操作，因此木马具有隐蔽性和非授权性的特点。所谓隐蔽性是指木马病毒设计者为了防止木马被发现，会采用多种手段隐藏木马，这样服务端即使发现感染了木马，由于不能确定其具体位置而无从下手；所谓非授权性，是指一旦控制端与服务端连接后，控制端即具有服务端的大部分操作权限，如修改文件、修改注册表、控制键盘等，但这些权限并不是用户赋予服务端的，而是通过木马窃取的。因此，木马与合法远程控制软件的主要区别在于是否具有隐蔽性、是否具有非授权性。

当前常见的木马通常是基于 TCP/UDP 协议进行客户端与服务端之间通信的，而 TCP/IP 规定了计算机的端口为 0~65 535 号，每种木马打开的端口不同，可以根据端口号识别出不同的木马，例如冰河默认连接端口是 7626、Netspy 木马的端口是 1033。由于 1024 以下的端口号是知名端口，因此木马使用的端口号往往是 1024 以上的，而且呈现出越来越大的趋势。

7.3.3　计算机病毒的预防

对于计算机病毒攻击的最好方法是进行预防，尽量阻止病毒进入系统。对于计算机病毒的预防措施主要有以下几条：

① 给计算机安装防病毒软件，并及时地更新杀毒软件病毒数据库。

② 及时更新操作系统／应用软件厂商发布的补丁，减少系统或软件漏洞。

③ 不轻易打开外来文件。对于外来的文件，无论是从网络上接收的，还是从移动介质中复制的文件，在执行或打开之前，使用杀毒软件进行全面查杀之后再使用，以减少病毒入侵计算机的机会，将一些外来病毒在未进入计算机之前进行查杀。

④ 定期备份重要文件，以防病毒在破坏系统数据之后，影响正常使用。

⑤ 留意计算机出现的异常情况，如操作突然中止、系统无法启动、文件消失、计算机发出不明声音、出现异常界面等。在出现此类情况时，应该更新计算机杀毒软件，尽快对计算机系统进行病毒的全盘查杀。

⑥ 局域网的网络管理员应使用一些网络安全措施，如使用杀毒软件定期扫描服务器，及时发现和解决问题，在网络上传播新文件之前，断开网络，单独测试确认文件没有病毒之后，再在网络上进行传播。

⑦ 建全网络安全管理制度。计算机病毒的防范，不仅要在技术层面采取措施，更需要在管理层引起重视，提升计算机使用人员的安全意识，规范计算机使用人员的操作，才能使计算机病毒预防和防治工作落到实处。因此，各单位应根据国家相关管理规范，建立各类安全管理制度，严格人员操作规范，减少计算机病毒产生的危害。

总之，对于计算机病毒要以预防为主，尽量养成良好的操作习惯，尽量远离病毒感染源，只有这样才能给计算机一个正常的工作环境，避免计算机病毒带来损失。

7.3.4　计算机病毒防范工具

计算机病毒由来已久，影响也非常广泛，尤其是网络的出现加速了计算机病毒的传播和蔓延。对于计算机病毒的威胁，除了养成不打开不明来源的软件、不浏览不信任网站等良好的操作习惯以外，使用计算机防病毒软件是一种简单有效的举措。目前，各类防病毒软件众多，既有国内厂商提供的火绒安全软件、腾讯电脑管家、金山毒霸、瑞星杀毒软件、360 杀毒等，又有国外厂商提供的小红伞杀毒软件、卡巴斯基杀毒软件、诺顿网络安全特警、EST NOD32 等。

1. 小红伞（Avira AntiVir）

小红伞是由 Avira 公司所开发的杀毒软件，除了商业版本外，还有免费的个人版本。启发式杀毒是小红伞的最大特点，它所提供的功能如下：

① 病毒防护（AntiVir）：病毒、蠕虫、木马的防御。

② 间谍软件防护（AntiSpyware）：间谍程序、广告软件、身份盗用（Identity Theft）防御。

③ 恶意软件防护（AntiRootkit）：对 Rootkit 有效防御。

④ 链接扫描（AntiPhishing）：让用户远离挂马网站、钓鱼网站的危害。

2. COMODO（科摩多）网络安全套装

该软件是完全免费的，不同于其他公司提供的从商业版本剥离的免费版本，而是完整的、全功能版本的产品。以用户安全为首位的 Comodo 网络安全套装采用强大的杀毒引擎、企业级的包过滤防火墙、先进的主机入侵防御系统（Defense+），以及对未知文件的自动沙盒技术，为用户提供全方位的安全防护，提供多层次的安全保护，确保黑客无法入侵并且保护用户的个人隐私信息。

3. 瑞星杀毒软件

瑞星杀毒软件具有个人电脑版、Server 版。个人版采用瑞星最先进的四核杀毒引擎，性能强劲，能针对网络中流行的病毒、木马进行全面查杀。同时加入内核加固、应用入口防护、下载保护、聊天防护、视频防护、注册表监控等功能，帮助用户实现多层次全方位的信息安全立体保护。Server 版针对 Windows 服务器操作系统深度定制；针对各种服务器应用场景优化性能，减少对服务器性能的影响，纯净、不弹窗、无干扰，支持离线升级，离线环境也能一键升级病毒库和产品功能；无人值守，智能处理安全威胁。

4. 腾讯电脑管家

电脑管家是腾讯公司官方开发的一款病毒防护工具，又称 QQ 电脑管家。腾讯电脑管家官方版首创了"管理＋杀毒"两种功能二合一的模式，既可以用来查杀木马、漏洞修复、清理病毒，同时又可以作为计算机日常安全维护工具，实时保护用户的计算机不受侵害，有效解决并预防计算机安全风险。

7.4 防火墙技术

7.4.1 防火墙的定义与功能

防火墙技术是用于网络空间安全的关键技术之一，其本义是指古代人们房屋之间修建的一道墙，这道墙可以防止火灾发生时蔓延到其他的房屋。在现代网络空间系统中防火墙指的是一种由软件和硬件设备组合而成、在内部网（Intranet）与外部网（如 Internet）之间、专用网与公共网之间的界面上构造的保护屏障；或者由两个信任程度不同的网络之间（如企业内部网与因特网之间）的软件与硬件设备组合的网关。

通常而言，安全防范的第一步是在安全区域和非安全区域隔离，两个区域间的连接构筑一道防线以抵御来自外部的攻击，完成这项任务的设备就是防火墙。防火墙对两个网络之间的通信进行控制，通过强制实施统一的安全策略，限制外界用户对内部网络的访问以及管理内部用户访问外部网络权限的系统，防止对重要信息资源的非法存取和访问，以达到保护网络系统安全的目的。图 7-3 所示为防火墙所处的位置及作用。

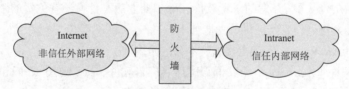

图 7-3　防火墙示意图

防火墙系统的主要功能如下：

① 防火墙是网络安全的屏障。一个防火墙（作为阻塞点、控制点）能极大地提高一个内部网络的安全性，并通过过滤不安全的服务而降低风险。由于只有经过精心选择的应用协议才能通过防火墙，因此网络环境变得更安全。

② 防火墙可以强化网络安全的策略。通过以防火墙为中心的安全方案配置，能将所有安全软件（如口令、加密、身份验证、审计等）配置在防火墙上。与将网络安全问题分散到各个主机上相比，防火墙的集中安全管理更经济。例如，在访问网络时，动态口令系统和其他的身份验证系统完全可以不必分散在各个主机上，而是集中在防火墙身上。

③ 对网络存取和访问进行监控审计。如果所有的访问都经过防火墙，那么防火墙就能记录下这些访问并做出日志记录，同时能提供网络使用情况的统计数据。当发生可疑动作时，防火墙能进行适当的报警，并提供网络是否受到监测和攻击的详细信息。另外，收集一个网络的使用和误用情况也是非常重要的。这可以清楚防火墙是否能够抵挡攻击者的探测和攻击，并且清

楚防火墙的控制能力。网络使用情况的统计对网络需求分析和威胁分析等而言也是非常重要的。

④ 防止内部信息的外泄。通过利用防火墙对内部网络的划分,可实现内部网重点网段的隔离,从而限制了局部重点或敏感网络安全问题对全局网络造成的影响。再者,隐私是内部网络非常关心的问题,一个内部网络中不引人注意的细节可能包含了有关安全的线索而引起外部攻击者的兴趣,甚至因此暴露内部网络的某些安全漏洞。使用防火墙可以隐蔽内部细节,如 Finger、DNS 服务。Finger 显示了主机的所有用户的注册名、真名、最后登录时间和使用 Shell 类型等,但是 Finger 显示的信息非常容易被攻击者所获悉。

7.4.2　防火墙的类型

防火墙可以有不同的结构和规模,可以是一台路由器,可以是一台主机,可以是由多台主机构成的体系,也可以由软件组建。商用防火墙产品既有以纯软件实现的,也有以硬件方式实现的,防火墙根据所采用的技术而言,总体可分为"包过滤型"和"应用代理型"两大类。

1. 包过滤型

包过滤(Packet Filtering)是防火墙技术中最早和最常用的一种技术,它与网络协议紧密相关。其中所谓的"包"就是指用网络协议封装起来的数据包,即在原始数据的头或尾加上与协议相关的一些参数,以控制数据通过网络传输的流向。包过滤型防火墙就是对流经防火墙的数据包的头部或尾部中的信息进行检查,根据事先设置的规则确定哪些包可以通过防火墙,哪些包不可以通过防火墙。包过滤技术一般分为静态包过滤和动态包过滤(状态包过滤)两种。

（1）静态包过滤

静态包过滤型防火墙工作在网络层,它依据系统事先设置好的过滤规则集对数据流中的每个数据包的包头信息进行检查,在规则集中定义了各种规则来表明是否同意或拒绝包的通过。包头信息包括了数据包的源或目标 IP 地址、封装协议、TCP/UDP 目标端口等信息。

包过滤防火墙检查每一条规则直至发现包中的信息与某规则相符。如果没有一条规则能符合,防火墙就会使用默认规则,一般情况下,默认规则就是要求防火墙丢弃该包。静态包过滤操作流程如图 7-4 所示。

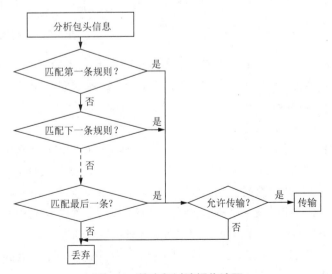

图 7-4　静态包过滤操作流程

（2）动态包过滤

动态包过滤是在静态包过滤技术基础之上发展起来的，其在静态包过滤技术的基础上采用基于上下文的动态包过滤模块的检查，增强了安全性。与传统静态包过滤技术只检查单个、孤立的数据包不同，动态包过滤将数据包的上下文联系起来，建立一种基于状态的包过滤机制。

对于新建的应用连接，防火墙检查预先设置的安全规则，如果符合允许通过规则的连接则通过，并在内存中记录该连接的相关信息，这些相关信息构成一个状态表。当一个新的数据包到达后，如果属于已经建立的连接，则检查状态表，参考数据流上下文确定该数据包是否通过；如果是新建连接，则检查静态规则表。因此，动态包过滤技术克服了静态包过滤仅检查单个数据包和安全规则静态不可变的缺陷，使得防火墙提供的安全性更高。

由于包过滤防火墙工作在网络层和传输层，与应用层无关，因此不需要改动客户端和主机上的应用程序，是"透明"的。但这也导致了它的过滤判别依据只是网络层和传输层的有限信息，因而不可能充分满足各种安全要求，且其只检查包头信息，无法验证用户身份，很容易受到地址欺骗型攻击。此外，包过滤型防火墙对安全人员要求较高，建立过滤规则时，必须对协议本身及其在不同应用程序中的应用有非常清楚的了解。

2. 应用代理型

应用代理型防火墙又称应用网关型防火墙，其工作在应用层，它的功能就是代理网络用户去获取网络信息，因此又称为代理服务器（Proxy Server）。

包过滤防火墙可以按照 IP 地址等包头内的信息禁止未授权者的访问，但是它不适合 Internet 用来控制内部人员访问外界的网络，对于这样的 Internet 来说应用代理服务是更好的选择。所谓应用代理服务，即防火墙外的计算机系统应用层的连接是在两个终止于应用代理服务的访问者任何时候都不能与服务器建立直接的连接来实现的。这样便成功地实现了防火墙内外计算机系统的隔离，即代理防火墙彻底隔断内网与外网的直接通信，内网用户对外网的访问变成防火墙对外网的访问，然后由防火墙转发给内网用户。所有通信都必须经应用层代理软件转发、TCP 连接，应用层的协议会话过程必须符合代理的安全策略要求。图 7-5 所示为应用代理技术示意图。

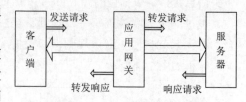

图 7-5　应用代理技术示意图

应用代理型防火墙的主要功能是常对连接请求验证，然后允许流量到达内外资源。其在功能上作为网络与外部世界的连接者，它对于客户来说就像一台真的服务器一样，而对外界的服务器来说，它又是一台客户机。因此，应用代理型防火墙具有以下优点：

① 不允许内外网主机的直接连接。

② 可以提供比包过滤型更详细的日志记录。因为其工作在客户机和真实服务器之间，可以完全控制网络会话，可实施较强的数据流监控、过滤、记录和报告等功能。

③ 可以监控和过滤应用层数据。

④ 可以隐藏内部 IP 地址。提供代理服务的防火墙可以被配置成唯一的可被外部看见的主机，这样可以隐藏内部网的 IP 址，可以保护内部主机免受外部主机的进攻。

⑤ 可以解决公网 IP 地址不够用的问题。因为 Internet 中的主机所见到的只是代理服务器的地址，内部 IP 通过代理可以访问 Internet。

⑥ 可以为用户提供透明的加密机制。

⑦ 可以与认证、授权等安全手段方便地集成。

与包过滤型防火墙相比，应用代理型防火墙的速度较慢，也不支持大规模的并发连接，而且对用户不透明，给用户使用带来不便，因为针对每种协议或应用都必须进行相应的设置。

7.4.3　防火墙的体系结构

体系结构是指构成防火墙系统的结构形式，防火墙的体系结构可分为屏蔽路由器结构、双目主机结构、屏蔽主机网关结构和屏蔽子网结构。

1. 屏蔽路由器结构

屏蔽路由器通常是带有包过滤功能的路由器，是防火墙系统的基本构件。屏蔽路由器被设置在内部网络和外部网络之间，作为内外网络连接的唯一通道，所有经过的报文都必须通过检查。由于内部网络通常都需要路由器与外部网络相连，因此屏蔽路由器既为内部网络提供了安全性，同时又没有增加成本。但是，屏蔽路由器不像应用网关那样分析数据，导致其所提供的安全性不是那么高。由于屏蔽路由器是以包过滤的方式实现安全性，因此其优缺点和包过滤型防火墙的优缺点类似。

2. 双目主机结构

双目主机也称为双宿主机或堡垒主机，该主机安装有两个网卡，具有两个网络接口，分别连接到内部网和外部网，充当转发器。虽然双目主机能够把 IP 数据包从一个网络接口转发到另一个网络接口。但是基于安全性的要求，双目主机防火墙结构中的双目主机禁止这种转发功能，即 IP 数据包并不是从一个网络（如因特网）发送到其他网络（如内部网）。防火墙内部的系统能与双目主机通信，同时防火墙外部的系统（如因特网）也能与双目主机通信，但二者之间不能直接通信。因此，双目主机结构的最大特点是 IP 层的通信被阻止，两个网络之间的通信可通过应用层数据共享或应用层代理服务来完成，而不能直接通信。

双目主机结构优于屏蔽路由器结构之处在于堡垒主机的系统软件可用于维护系统日志、硬件复制日志或远程管理日志。这对于日后的检查很有用。但这不能帮助网络管理者确认内部网中哪些主机可能已被黑客入侵。但是，双目主机结构有一个致命弱点，即一旦入侵者侵入堡垒主机并使其只具有路由功能，则任何网上用户均可以随便访问内部网。

3. 屏蔽主机网关结构

屏蔽主机网关结构使用一个单独的包过滤路由器连接外部网络，在内部网络配置一台堡垒主机作为应用网关，运行各种应用代理服务程序。

堡垒主机对外部是暴露的，同时又是内部网络用户的主要连接点，所以非常容易被入侵，就像战场上的碉堡一样，因此形象地称为堡垒主机。屏蔽主机结构中的堡垒主机只有一个网卡，连接在内部网络上，通过设置，使其成为外部网络唯一的可访问点，如图 7-6 所示。

屏蔽主机网关结构具有以下特点：

① 可完成多种代理，还可以完成认证和交互作用，能提供完善的 Internet 访问控制。

② 堡垒主机是网络黑客集中攻击的目标，安全保障仍不理想。

③ 比双目主机结构能提供更好的安全保护区，同时也更具有可操作性。

④ 防火墙投资少，安全功能实现和扩充容易，因而目前应用比较广泛。

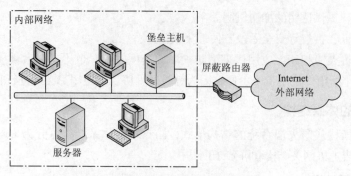

图 7–6 屏蔽主机网关结构示意图

4. 屏蔽子网结构

屏蔽子网结构是在内部网络和外部网络之间建立一个被隔离的子网，两个包过滤路由器放在子网的两端，在子网内构成一个"缓冲地带"，两个路由器一个控制内部网络数据流，另一个控制外部网络数据流。内部网络和外部网络均可访问屏蔽子网，但禁止它们穿过屏蔽子网通信。这个子网往往被称为边界网络、隔离区、非军事区（Demilitarized Zone，DMZ）。其结构图如图 7-7 所示。

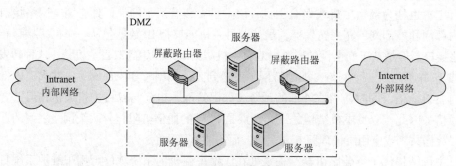

图 7–7 屏蔽子网结构示意图

可根据需要在屏蔽子网中安装壁垒主机，为内部网络和外部网络的互相访问提供代理服务，但是来自两个网络的访问都必须通过两个包过滤路由器的检查。向 Internet 公开的服务器，例如 WWW、FTP、Mail 等 Internet 服务器均建议安装在屏蔽子网内，这样无论是外部用户，还是内部用户都可访问。

为了侵入这种类型的网络，黑客必须先攻破外部路由器，即使他设法侵入堡垒主机，仍然必须通过内部路由器才能进入内部网。在该体系结构中，因为堡垒主机不直接与内部网的主机交互使用，所以内部网中两个主机间的通信不会通过堡垒主机，即使黑客侵入堡垒主机，也只能看到从 Internet 和一些内部主机到堡垒主机的通信以及返回的通信，而看不到内部网络主机之间的通信，所以 DMZ 为内部网增加了安全级别。

7.4.4 防火墙应用系统

根据防火墙的实现形式，可以分为硬件防火墙和软件防火墙。

1. 硬件防火墙

硬件防火墙是一种以物理形式存在的专用设备，通常架设于两个网络的连接处。硬件防火墙又可以分为两类：普通硬件级别的防火墙和芯片级防火墙。普通硬件级别的防火墙往往是拥有标准的计算机硬件平台和一些功能经过简化处理的 UNIX 系列操作系统和防火墙软件。目前市场上大多数防火墙都是这种硬件防火墙，此类防火墙会受到操作系统（OS）本身的安全性影响。目前市面上常见的硬件防火墙有天融信网络卫士防火墙、Cisco ASA 5500 系列防火墙、东软 NetEye 防火墙等。芯片级防火墙基于专门的硬件平台，有专用的操作系统。专有的 ASIC 芯片促使它们比其他种类的防火墙速度更快，处理能力更强，性能更高。这类防火墙由于是专用操作系统，因此防火墙本身的漏洞比较少，不过价格相对比较高昂。这类防火墙最出名的厂商有 NetScreen、FortiNet、Cisco 等。

2. 软件防火墙

软件防火墙运行于特定的计算机上，它需要客户预先安装好的计算机操作系统的支持，一般来说这台计算机就是整个网络的网关。软件防火墙就像其他的软件产品一样需要先在计算机上安装并做好配置才可以使用。比较有代表性的软件防火墙如 Checkpoint、Microsoft ISA，以及个人软件防火墙，如天网、风云、诺顿等。

（1）Windows Defender 防火墙

这是微软的 Windows 系统自带防火墙，即使已打开其他防火墙，也应始终运行 Windows Defender 防火墙。关闭 Windows Defender 防火墙可能会使设备及网络更容易受到未经授权的访问。

从 Windows 7 "开始" 菜单处进入控制面板，选择 "系统和安全" 选项进入即可打开 "Windows 防火墙" 窗口。如图 7-8 所示。

图 7-8　Windows 防火墙

可以看见在页面左边有 5 个关联的设置：

① 允许应用或功能通过 Windows 防火墙。

② 更改通知设置。

③ 应用或关闭 Windows 防火墙。

④ 还原默认设置。

⑤ 高级设置。

单击第一项"允许应用或功能通过 Windows 防火墙"即进入允许程序设置界面，设置最基础的通行与否。单击"允许运行另一程序"，选择想要添加的程序即可添加规则。只需要设置最基础的通行或者不通行，没有端口，更不涉及 TCP 和 UDP 等协议。因为对于普通用户来说，只需要设置该程序是否需要联网，若需要设置端口或协议等方面的规则可"高级设置"中完成。

在 Windows 10 系统中若要打开或关闭 Windows Defender 防火墙，可选择"开始" → "设置" → "更新和安全" → "Windows 安全中心" → "防火墙和网络保护"。选择网络配置文件，然后在"Windows Defender 防火墙"下，将设置切换为"开"或"关"。

（2）COMODO 防火墙

该防火墙软件据传是世界排名第一的免费防火墙，可以提供用户基于预防的 PC 保护，屏蔽病毒、恶意软件和黑客，可以保护用户的 PC 免受来自 Internet 的攻击，能控制一些文件在用户 PC 上运行，可以防止安装恶意软件，具有自动沙箱技术，采用基于云计算的行为分析和基于云计算的白名单，多次获奖并受到高度评价。

（3）风云防火墙

风云防火墙包括了两个版本：一个是个人版本，针对个人计算机使用的网络防火墙；一个是服务器防火墙版本，针对网站服务器使用的抗攻击防入侵防火墙。个人版本实现功能如下：

① 主动防御：监控计算机中文件的运行和文件运用了其他的文件以及文件对注册表的修改，并报告请求允许。

② 网络拦截：应用程序访问网络时防火墙会提示用户操作，让用户做到应用程序使用网络资源心中有数。

③ 特征码防马：通过智能优化的内置特征码，能够拦截网上流行的反弹木马，保护主机不会让黑客控制，并能找到黑客所在地。

④ ARP 防御：可解决 ARP 病毒、ARP 攻击、ARP 欺骗、IP 冲突、挂马、网速被限制、断网、掉线等问题，可反 P2P、反网络执法。

⑤ 密码框保护：防火墙能自动发现控件形式的密码框，在输入密码时不会让键盘记录软件记录密码，保护账号安全。

⑥ 云安全：通过对可信任程序建议网络云库，减少提示，让用户使用更方便。

（4）ZoneAlarm Free Firewall

ZoneAlarm 是一款优秀的防火墙软件。用户可以自由设置所有程序是否允许连接 Internet，利用此种方法来防治一些来路不明的软件偷偷上网。最好的方法是锁住（Lock）网络不让任何程序通过，只有核准的软件才可以通行无阻。还可利用它来看看开机后已经使用多少网络资源，也可以设置锁定网络的时间。ZoneAlarm 具有以下功能：

① 可以定义信任和不信任的网络和区域，定制高级防火墙规则。

② 应用程序控制，控制应用程序是否可以访问网络，提供服务和发送邮件。

③ 反间谍，保护计算机免于间谍软件的危害。

④ 反病毒软件监控，监控计算机是否安装了反病毒软件及是否为最新的病毒定义。

⑤ 邮件保护，保护计算机免受邮件恶意代码和病毒的威胁。

⑥ 隐私保护，可以控制 Cookies，过滤广告，防止恶意活动代码的威胁。

⑦ ID 锁，保护敏感数据和隐私数据不被窃取和发送。

⑧ 警报和日志，记录系统安全活动日志并提示安全状态。

3. 将路由器配置为包过滤防火墙

路由器通常都具备一定的防火墙功能，例如思科路由器可以使用访问控制列表实现简单的包过滤功能。由于不同网段的主机相互访问需要路由器，实现内部网络和外部网络连接的网络设备往往是路由器，因此在实际使用中常常将配置了访问控制列表的路由器作为包过滤防火墙。

访问控制列表（Access Control Lists，ACL）是一种基于包过滤的访问控制技术，是由一系列 permit 或 deny 语句组成的顺序列表，根据地址或上层协议来控制数据流进出网络。ACL 是包过滤型防火墙实现功能的关键环节之一。对于路由器而言，ACL 是一种路由器配置脚本，它根据从数据包报头中发现的条件来控制路由器应该允许还是拒绝数据包通过。ACL 将执行以下任务：

① 限制网络流量以提高网络性能。

② 提供流量控制。ACL 可以限制路由更新的传输。

③ 提供基本的网络访问安全性。ACL 可以允许一台主机访问部分网络，同时阻止其他主机访问同一区域。

④ 决定在路由器接口上转发或阻止哪些类型的流量。

⑤ 控制客户端可以访问网络中的哪些区域。

⑥ 屏蔽主机以允许或拒绝对网络服务的访问。ACL 可以允许或拒绝用户访问特定文件类型，如 FTP 或 HTTP。

默认情况下，路由器没有配置任何 ACL，因此不会过滤数据流，为了让路由器可以充当包过滤防火墙，必须根据安全策略制定 ACL，并应用到路由器的接口。一台路由器可以执行多个 ACL，一个 ACL 可以包含多条规则。数据包到来后，路由器按照次序对 ACL 列表中的规则进行匹配。一旦匹配成功，则根据该条规则执行相应动作，不再进行后续规则的匹配。如果所有规则都没有匹配成功，不同厂家的路由器有不同的处理方式。思科公司的路由器采用丢弃方式，所以思科的 ACL 中至少包含一条允许语句，否则所有数据流都会被阻止。

在路由器中配置 ACL 时，3P 原则是一条通用规则，所谓的 3P 原则就是针对每种协议（Per Protocol）、每个方向（Per Direction）、每个接口（Per Interface）配置一个 ACL。

① 每种协议一个 ACL：要控制接口上的流量，必须为接口上启用的每种协议定义相应的 ACL。

② 每个方向一个 ACL：一个 ACL 只能控制接口上一个方向的流量。要控制入站流量和出站流量，必须分别定义两个 ACL。

③ 每个接口一个 ACL：一个 ACL 只能控制一个接口（例如快速以太网 0/0）上的流量。

以下以思科路由器为例介绍 ACL 的配置。

思科公司的 ACL 有两种，分别是标准 ACL 和扩展 ACL。标准 ACL 只根据源 IP 地址允许或拒绝数据流。扩展 ACL 根据多种属性过滤分组，这些属性包括协议类型、源 IP 地址、目标 IP 地址、源 TCP/UDP 端口、目标 TCP/UDP 端口和可选的协议类型信息。为了便于区分及编辑，ACL 可以采用编号或名称标识。标准 ACL 的编号为 1~99 和 1 300~1 999（使用于 Cisco ISO 软件 12.0.1 版及更高），扩展 ACL 的编号为 100~199 和 2 000~2 699。

由于 ACL 必须应用到接口才能发挥作用，为了让 ACL 更好地发挥作用，放置 ACL 位置的基本规则如下：

① 将扩展 ACL 尽可能靠近要拒绝流量的源。这样，才能在不需要的流量流经网络之前将其过滤掉。

② 因为标准 ACL 不会指定目的地址，所以其位置应该尽可能靠近目的地。

配置及应用 ACL 的相关命令如下：

标准 ACL 命令的完整语法：`Router(config)#access-list access-list-number {deny | permit | remark} source [source-wildcard] [log]`

扩展 ACL 命令的完整语法：`Router(config)#access-list access-list-number {deny | permit | remark} protocol source [source-wildcard] [operator operand] [port port-number or name] destination [destination-wildcard] [operator operand] [port port-number or name] [established]`

其中，{}内的参数只能选一个，[]内的参数表示可选，access-list-number 是 ACL 的编号，source-wildcard 是通配符掩码，log 是对匹配条目的数据包生成信息型日志消息。

通过通配符掩码可以允许或拒绝单个或多个 IP 地址，通配符掩码是 32 位的二进制数，掩码位 0 表示 IP 地址中对应的位必须匹配，1 则忽略。

某网络的拓扑结构图和网内主机等 IP 地址如图 7-9 所示，外网接在路由器 R1 的 S0/0/0 接口，内网 192.168.10.0 和 192.168.11.0 通过路由器 R1 访问外网。

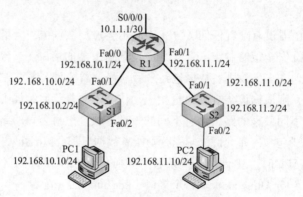

图 7-9 ACL 示例网络拓扑图

示例 1：要求允许网络 192.168.10.0 访问外网，而网络 192.168.11.0 不允许。相应的配置命令如下：

```
R1(config) # accees-list 1 permit 192.168.10.0 0.0.0.255
R1(config) # interface s0/0/0
R1(config-if) # ip access-group 1 out
```

第一条命令是配置 ACL，编号为 1，允许 192.168.10.0 网络主机通过。第二条命令是切换至接口 S0/0/0，因为 ACL 只有应用到接口才生效。第三条命令是应用 ACL1 到 S0/0/0 的出口方向。因为思科 ACL 找不到匹配语句时则拒绝通过，即在每个 ACL 末尾都有一条隐式的 deny all 语句。因此，ACL1 没有写拒绝 192.168.11.0 网络的命令语句。

示例 2：允许网络 192.168.10.0 中除了 192.168.10.10 主机以外的主机访问外网。相应的配置命令如下：

```
R1(config) # no accees-list 1
R1(config) # accees-list 1 deny 192.168.10.10 0.0.0.0
R1(config) # accees-list 1 permit 192.168.10.0 0.0.0.255
R1(config) # interface s0/0/0
R1(config-if)# ip access-group 1 out
```

第一条命令是删除原先的 ACL1。第二条命令是配置 ACL，编号为 1，拒绝 192.168.10.10 主机通过。第三条命令是编辑 ACL1，在 ACL1 的尾部添加一条规则，该规则允许 192.168.10.0 网络主机通过。第四条命令是切换至接口 S0/0/0，因为 ACL 只有应用到接口才生效。第五条命令是应用 ACL1 到 S0/0/0 的出口方向。因为 ACL 匹配规则按先后顺序进行匹配，一旦该条 ACL 中有了匹配规则就不再进行匹配，因此第二条命令和第三条命令的次序不能颠倒。

7.5　入侵检测技术

7.5.1　入侵检测的基本概念

防火墙是一种设置在网络边界，有效控制内网和外网之间信息交换的设备。例如，通过配置访问控制策略，防火墙可以将外网对非军事区中资源的访问权限设置为只允许读取 Web 服务器中的 Web 页面和下载 FTP 服务器中的文件。但是，外网对内网中终端实施的攻击往往是通过防火墙访问控制策略允许的信息交换过程完成的，如通过内网终端访问外网 Web 服务器时，或通过内网终端接收的邮件植入恶意代码，因此，防火墙已经无法防止来自外网的全部攻击。此时，需要入侵检测技术进行补充，检测内部网络中是否存在入侵行为，以便采取相应对策。防火墙类似大楼门口的保安人员，对进出大楼的人员进行检查，非授权的不让进入。入侵检测类似装在大楼里的摄像头，对混入大楼或其他方式进入大楼的另有企图者进行监控，一旦发现非授权行为则报警，以便及时进行处理。

所谓入侵，是指任何企图危及资源的完整性、机密性和可用性的活动。入侵检测就是对入侵行为的发现，它通过对计算机网络或计算机系统中的若干关键点收集信息并对收集到的信息进行分析，从中发现网络或系统中是否有违反安全策略的行为和被攻击的迹象。

入侵者进行攻击时或多或少总会留下痕迹，这些痕迹和系统正常运行时产生的数据往往是混在一起的。入侵检测系统从这些混合数据中找出是否有入侵的痕迹，如果有入侵痕迹就报警提示有入侵事件发生。因此，入侵检测系统包括数据取得部分和数据检测部分。

入侵检测系统（Intrusion Detection System，IDS）是防火墙的一个有效的补充，两者互相配合，才能有效保护网络系统的安全。入侵检测系统通常具有以下功能：

① 监控和分析用户以及系统的活动。

② 核查系统配置和漏洞。

③ 统计分析异常活动。

④ 评估关键系统和数据文件的完整性。

⑤ 识别攻击的活动模式并向网管人员报警。

入侵检测过程分为 3 个步骤：信息收集—信息分析—结果处理。

① 信息收集：收集内容包括系统、网络、数据及用户活动的状态和行为。入侵检测很大程度上依赖于收集信息的可靠性和正确性。由放置在不同网段的传感器或不同主机的代理来收集

信息，包括系统和网络日志文件、网络流量、非正常的目录和文件改变、非正常的程序执行。

② 信息分析：收集到的有关系统、网络、数据及用户活动的状态和行为等信息，被送到检测引擎，检测引擎驻留在传感器中。一般通过 3 种技术手段进行分析：模式匹配、统计分析和完整性分析。其中前两种方法用于实时的入侵检测，而完整性分析则用于事后分析。当检测到某种误用模式时，产生一个告警并发送给控制台。

③ 结果处理：控制台按照告警产生预先定义的响应采取相应措施，可以是重新配置路由器或防火墙、终止进程、切断连接、改变文件属性，也可以只是简单的告警。

7.5.2　入侵检测系统的体系结构

从入侵检测系统的工作原理可知，入侵检测系统至少包括 3 个功能模块：提供事件记录流的信息源、发现入侵迹象的分析引擎和基于分析引擎的响应部件。图 7-10 所示为美国国防部高级研究计划局（DARPA）提出的公共入侵检测框架（CIDF）入侵检测系统通用模型。

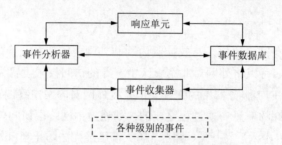

图 7-10　CIDF 入侵检测系统通用模型

CIDF 将需要分析的数据统称为事件，事件可以是网络中的数据包，也可以是从系统日志等其他途径得到的信息。入侵检测系统中的 4 个组件的作用分别是：

① 事件收集器：从整个计算环境中获得事件，并向系统的其他部分提供此事件。

② 事件分析器：分析得到的数据，并产生分析结果。

③ 响应单元：对分析结果做出反应的功能单元，它可以做出切断连接、改变文件属性等强烈反应，甚至发动对攻击者的反击，也可以只是简单的报警。

④ 事件数据库：存放各种中间和最终数据的地方的统称。它可以是复杂的数据库，也可以是简单的文本文件。

7.5.3　入侵检测系统的分类

根据检测方法，入侵检测系统可以分为基于异常检测和基于误用检测两种。

1. 异常检测

异常检测 (Anomaly Detection) 的假设是入侵者活动异常于正常主体的活动。根据这一理念首先总结正常操作应该具有的特征（用户轮廓），并建立用户正常操作的"正常行为轮廓"，将当前主体的活动状况与"正常行为轮廓"相比较，当其有重大偏离时，认为该活动可能是"入侵"行为。

通常来说，基于异常的检测系统漏报率低，误报率高。因为不需要对每种入侵行为进行定义，所以能有效检测未知的入侵。

2. 误用检测

误用检测（Misuse Detection）是根据已知入侵攻击的特征来检测系统中的入侵和攻击，定义所有的不可接受行为，并收集非正常操作的行为特征，建立相关的特征库。当监测的用户或系统行为与库中的记录相匹配时，系统就认为这种行为是入侵。

与异常检测相比较，误用检测的误报率低、漏报率高，而且特征库必须不断更新。对于已知的攻击，误用检测可以详细、准确地报告出攻击类型，但是对未知攻击却效果有限。而异常检测模式则无法准确判别出攻击的手法，但它可以判别更广泛、甚至未发觉的攻击。理想情况下，两者相应的结合会使检测达到更好的效果。

随着技术的发展，入侵检测技术将会对分析技术加以改进，采用协议分析和行为分析等新的分析技术后，可极大地提高检测效率和准确性，从而对真正的攻击做出反应。协议分析是目前最先进的检测技术，通过对数据包进行结构化协议分析来识别入侵企图和行为，这种技术比模式匹配检测效率更高，并能对一些未知的攻击特征进行识别，具有一定的免疫功能；行为分析技术不仅简单分析单次攻击事件，还根据前后发生的事件确认是否确有攻击发生、攻击行为是否生效，是入侵检测技术发展的趋势。

根据数据来源的不同，可分为基于主机的入侵检测系统和基于网络的入侵检测系统。前者适用于主机环境，后者适用于网络环境，实际使用中，往往会将两者结合使用。

3. 基于主机的入侵检测系统

基于主机的入侵检测系统（Host-Based IDS，HIDS）通过监视及分析主机操作系统的事件日志、应用程序的事件日志、系统调用、端口调用和安全审计记录来检测入侵。HIDS 的检测范围小，只限于一台主机，主要用于保护运行关键应用的服务器。

HIDS 检测是在受保护的目标上进行，不需要额外硬件，能够直接观察到保护目标的实际的状态变化，不受加密传输、分片传输、伪装身份传输等迷惑性手段的影响，准确率高，可针对不同操作系统的特点判断应用层的入侵事件。但是其占用主机资源，在服务器上产生额外的负担；常常在入侵已发生时才检测出来，滞后性带来一定风险；HIDS 依赖性强，缺乏跨平台支持，可移植性差；如果主机数目多，代价过大；HIDS 不能监控网络上的情况。

4. 基于网络的入侵检测系统

基于网络的入侵检测系统（Network-Based IDS，NIDS）主要用于实时监控网络关键路径的信息。通常使用将以太网卡置于混杂模式的计算机，用于嗅探网络上的数据包，通常分析的内容包括数据包的包头信息、数据包的载荷长度与内容、数据包传输的时空分布等，一旦检测到攻击，通过应答模块通过通知、报警以及中断连接等方式来对攻击做出反应。

NIDS 的主要优点有：可移植性强，不依赖主机的操作系统；能在网络数据通过入侵检测系统时实时进行入侵检测，并且记录下来，入侵者很难消除痕迹；可以监控整个网络，便于维护管理；安装方便。同时 NIDS 具有的缺点是：不能检测不同网段的网络包；很难检测复杂的需要大量计算的攻击；协同工作能力弱；难以处理加密的会话，高层信息获取困难。

基于网络和基于主机的入侵检测系统都有不足之处，会造成防御体系的不全面，建议使用综合了基于网络和基于主机的混合型入侵检测系统。它既可以发现网络中的攻击信息，也可以从系统日志中发现异常情况，使网络更安全。

7.5.4 入侵检测系统与入侵防御系统

入侵检测系统是依照一定的安全策略，对网络、系统的运行状况进行监视，尽可能发现各种攻击企图、攻击行为或者攻击结果，以保证网络系统资源的机密性、完整性和可用性的系统。入侵检测系统是防火墙的一个有效的补充，两者互相配合，才能有效保护网络系统的安全。

入侵防御系统（Intrusion Prevention System，IPS）是一种基于应用层、主动防御的产品，它以在线方式部署于网络关键路径，通过对数据报文的深度检测，实时发现威胁并主动进行处理。IPS 是由入侵检测系统发展而来，兼有防火墙的一部分功能。IPS 系统包含两大功能模块：防火墙和入侵检测。从功能上讲，IPS 是传统防火墙和入侵检测系统的组合，它对入侵检测模块的检测结果进行动态响应，将检测出的攻击行为在位于网络出入口的防火墙模块上进行阻断。然而，IPS 并不是防火墙和入侵检测系统的简单组合，它是一种有取舍地吸取了防火墙和入侵检测系统功能的一个新产品，其目的是为网络提供深层次的、有效的安全防护。

IDS 和 IPS 既有硬件产品也有软件产品，可以根据网络情况和预算等因素综合选择。以下介绍几种软件产品。

1. Snort

Snort 是美国 Sourcefire 公司开发的发布在 GPL v2 下的 IDS（Intrusion Detection System）软件。Sourcefire 提供有供应商支持和即时更新的功能齐全的商业版本 Snort，同时仍然免费提供功能有限的免费版本 Snort。Snort 具有很好的扩展性和可移植性，是受资金困扰的小型企业部署入侵检测系统的不错选择。

Snort 具有易于配置、检测效率高的特点，具有实时的流量分析和 IP 数据包日志分析能力，能够对协议进行分析或对内容进行实时搜索。Snort 能够检测不同的攻击行为，如缓冲区溢出攻击、端口扫描、拒绝服务攻击等，并实时地报警。Snort 除了可以用来监测各种数据包（如端口扫描等）之外，还提供了以 XML 形式或数据库形式记录日志的各种插件。

Snort 采用模块化的结构，结构清晰、简单、复杂的模块可以通过增加插件来扩展功能，主要模块如图 7-11 所示。

Snort 的有以下 3 种模式的运行方式：

① 嗅探器模式：仅将捕获网络数据包显示在终端。

② 数据包记录器模式：把捕获的数据包存储到磁盘。

③ 网络入侵检测系统模式：对数据包进行分析、按规则进行检测、做出响应。

Snort 使用一种简单的。轻量级的规则描述语言，这种语言灵活而强大。Snort 规则是从入侵行为中总结出来的特征及应对策略，用特定的格式表达，并按照入侵行为的种类分为不同的".rules"文件，每个".rules"文件中包含若干条相关的规则，例如 web-cgi.rules、blackdoor.rules 等。用户可以从 Snort 官网下载规则集，然后根据需要进行选择配置，还可以自己编写新的规则。大多数 snort 规则都写在一个单行上，或者在多行之间的行尾用"/"分隔。每条 Snort 规则被分为两个逻辑部分：规则头和规则选项。

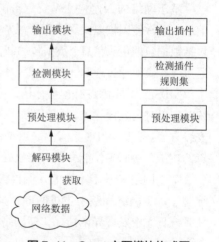

图 7-11 Snort 主要模块构成图

2. Security Onion

Security Onion 是用于网络监控和入侵检测的基于 Ubuntu 的 Linux 发行版。该镜像可以作为传感器分布在网络中，以监控多个 VLAN 和子网，这很适用于 VMWare 和虚拟环境。该配置只能用作 IDS，目前不能当作 IPS 运行。然而，用户可以选择把它作为网络和主机入侵检测部署，以及利用 Squil、Bro IDS 和 OSSEC 等服务来执行该服务的 IDS 功能。该工具的 wiki 信息和文档信息很丰富，漏洞和错误也有记录和审查。

3. OSSEC

OSSEC 是一个开源主机入侵检测系统（HIDS），它的功能不只是入侵检测，还有多种附加模块可以结合该 IDS 的核心功能。除了网络入侵检测外，OSSEC 客户端能够执行文件完整性监控和 rootkit 检测，并有实时报警，这些功能都是集中管理，并能根据企业的需求创建不同政策。OSSEC 客户端在大多数操作系统上本地运行，包括 Linux 各版本、Mac OSX 和 Windows。它还通过趋势科技的全球支持团队提供商业支持，这是一个非常成熟的产品。

4. OpenWIPS-NG

OpenWIPS-NG 是一款开源的模块化无线入侵防御系统（Intrusion Prevention System，IPS）。OpenWIPS-NG 是模块化的，允许管理员下载插件来增加功能。它由以下三部分组成：

① Sensor(s)：Dumb 设备，用来捕获无线流量，将其发送给分析服务，同时能够响应对无线设备的攻击。

② Server：聚合所以 Sensor 的数据，分析并响应攻击，同时能够在受到攻击时进行记录并提供警告。

③ Interface：GUI 管理服务，并可以显示无线网络中的威胁信息。

7.6　常见网络攻击与防范

7.6.1　网络攻击概述

一般认为，计算机系统的安全威胁主要来自黑客的网络攻击，现代黑客从系统为主的攻击转变为以网络为主的攻击，而且随着攻击工具的完善，攻击者不需要专业知识就可以完成复杂的攻击过程。黑客的网络攻击给人的第一印象是能远程控制被攻击者的计算机。远程控制技术是把双刃剑，可以充当黑客攻击的手段，也可以运用在网络管理、远程协作、远程办公等场合，提高工作效率。

计算机中的远程控制是通过远程控制软件来实现，主要由控制端和服务端组成。通过信息的反馈与处理，实现远程监控功能，控制端和服务端均需要安装相关的软件，安装服务端的计算机，主要用来收集客户信息，并对数据进行加工和处理，之后将这些处理后的信息数据上传至控制端，控制端经过信息识别后再做出响应动作，发出远程控制指令。

通常意义上认为黑客是指在计算机技术上有一定特长，并凭借自己掌握的技术知识，采用非法的手段逃过计算机网络系统的存取控制，而获得进入计算机网络进行未授权的或非法访问的人。可以看出，"攻击"是指任何非授权行为，从对网络内某一台计算机的入侵，到针对整个网络内部信息的截获、破坏和篡改，从简单的服务器无法提供正常的服务到完全破坏、控制服务器，都属于攻击的范围。网络攻击就是指利用网络系统的安全漏洞和缺陷，为窃取、修改、伪造或破坏信息，降低、破坏网络使用效能而采取的各种措施和行动。攻击对象主要包括计算机硬件、传输介质、网络服务和信息资源。网络攻击是造成网络不安全的主要原因。网络攻击可能造成计算机网络中数据在存储和传输过程中被窃取、暴露和篡改，网络系统和应用软件受到恶意攻击和破坏，甚至造成网络服务中断，网络系统和网络应用的瘫痪。

目前的网络攻击主要是攻击者利用网络通信协议本身存在的缺陷或因安全配置不当而产生的安全漏洞进行网络攻击。目标系统被攻击或者被入侵的程度随着网络攻击者的攻击思路和采用攻击手段的不同而不同。根据攻击者的行为可以将网络攻击区分为以下两类：

① 被动攻击：攻击者简单地监视所有信息流以获得某些秘密。这种攻击可以基于网络或者基于系统，很难被检测到。对付这类攻击的重点是预防，主要手段是数据加密。

② 主动攻击：攻击者试图突破网络的安全防线。这种攻击涉及数据流的修改或创建错误信息流，主要攻击形式有假冒、重放、欺骗、消息篡改、拒绝服务等。这类攻击无法预防但容易检测，所以，对付这种攻击的重点是"测"而不是"防"，主要手段有防火墙、入侵检测系统等。

无论网络入侵者攻击的是什么类型的目标，其所采用的攻击手段和过程都有一定的共性。通常在隐蔽自己之后开始调查、收集和判断出目标计算机网络的拓扑结构和其他的信息，然后对目标系统安全的脆弱性进行探测与分析，最后对目标系统实施攻击。网络攻击的一般步骤如图 7-12 所示。

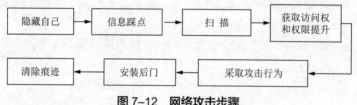

图 7-12 网络攻击步骤

① 隐藏自己：在攻击开始之前，黑客先隐藏自己的 IP，防止被追踪到。可以利用被入侵的主机作为跳板、盗用他人账号上网、代理服务器、伪造 IP 地址等方法实现。

② 信息踩点：通过自动或人工查询的方法了解被攻击目标的各种信息。常见的踩点方法有：在域名注册机构查询，了解被攻击对象所在组织的性质、规模、网络管理规定，对被攻击对象所在的组织网上信息进行分析，收集电话、邮件列表、IP 地址范围等相关信息。踩点的目的就是尽可能了解被攻击对象的信息，确定攻击时机，了解对方网络信息系统管理的薄弱环节，为下一步的攻击做好准备。

③ 扫描：入侵者确定扫描远程目标系统，以寻找该系统的安全漏洞或安全弱点，并试图找到安全性最薄弱的主机作为入侵对象。因为某些系统主机的管理员素质不高，造成的目标系统配置不当，所以这会给入侵者以机会。而且有时攻破一个主机就意味着可以攻破该主机所在网络的整个网络系统。

④ 获取访问权和权限提升：在搜集到目标系统的足够信息后，下一步要完成的工作是设法获得目标系统的访问权，为进一步入侵创造条件。但这时获得的系统访问权往往是最普通的使用权限。因此，攻击者会想方设法获得更高权限的用户口令，或将已经获得的用户权限提升至最高级别的用户权限，以便完成对系统的完全控制。

⑤ 采取攻击行为：通过前面的步骤如果发现目标计算机系统有可以被利用的漏洞或弱点，则会采取攻击行为。具体的攻击行为根据攻击目的和目标计算机系统而定，常见的有信息的窃取、

信息的篡改、注入病毒、拒绝服务、缓冲区溢出、SQL 注入等方法。

⑥ 安装后门：为了长期保持对被攻击对象的访问权，在被攻破的机器上留一些后门以便以后进入。

⑦ 清除痕迹：入侵成功后，清除在被入侵机器上留下的访问痕迹，以免被管理员发现入侵痕迹。清除攻击痕迹的方法主要是清除系统和服务日志，例如，Windows 系统里主要清除 C:\Windows\system32\config 文件夹内的 log 文件。

一旦计算机被黑客入侵，那么被入侵的计算机就没有任何秘密可言，因此需要加强网络空间安全防范意识，学习并掌握一些基本的安全防范措施，尽量免受黑客攻击。

7.6.2　网络扫描及相应工具

网络扫描是一种根据网络通信双方采用的协议而在自己的系统中对另外一方的协议等进行读取、验证等并将返回的结果作为判定安全性指标的行为。网络扫描的原理是一个客户端的主机通过某个端口向服务器请求服务，如果服务器方有该服务，则向客户端响应服务，否则，无论如何都没有应答。TCP/UDP 网络扫描示例如图 7-13 所示。

网络扫描的目的是进行数据采集、属性验证、寻找漏洞、获取各种状态等。根据网络扫描的目的，可以划分为主机扫描、端口扫描、漏洞扫描和操作系统指纹扫描。常用的网络扫描测试工具如以下几种：

① Nessus 工具是一种基于 Windows、Linux、UNIX 等操作系统或者网络操作系统且开放源代码的网络安全扫描工具，具有速度非常快、耗费网络资源较少、扫描尽量完整化、可扩展性良好、功能非常强大、用户易上手等特点。

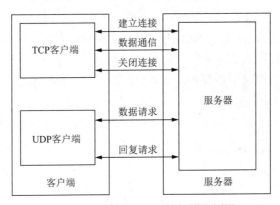

图 7-13　TCP/UDP 网络扫描示例图

② X-Scan 是国内有名的一种无须安装、免费拥有的中英文版、图形界面与命令行操作，兼有并支持多种 Windows 操作系统的安全漏洞扫描软件。采用多线程方式对指定 IP 地址段（或单机）进行安全漏洞检测，支持插件功能。扫描内容包括：远程服务类型、操作系统类型及版本，各种弱口令漏洞、后门、应用服务漏洞、网络设备漏洞、拒绝服务漏洞等二十几个大类。对于多数已知漏洞，给出了相应的漏洞描述、解决方案及详细描述链接，扫描完成后会自动生成相应的扫描报告。图 7-14 所示为 X-Scan 软件扫描时的界面，选择"文件"→"开始扫描"命令或单击工具栏中绿色的开始扫描按钮即开始扫描。选择"设置"→"扫描参数"命令可以设置扫描的范围、内容、端口等参数。

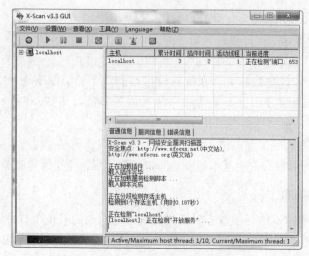

图 7-14　X-Scan 软件扫描界面

③ Nmap 是一款很出名的网络连接端扫描软件，用来扫描网上计算机开放的网络连接端。确定哪些服务运行在哪些连接端，并且推断计算机运行哪个操作系统，是网络管理员必用的软件之一，用以评估网络系统是否安全。其基本功能有 3 个：一是探测一组主机是否在线；其次是扫描主机端口，嗅探所提供的网络服务；还可以推断主机所用的操作系统。

Nmap 可用于扫描仅有两个节点的 LAN，直至 500 个节点以上的网络。Nmap 还允许用户定制扫描技巧。通常，一个简单的使用 ICMP 协议的 ping 操作可以满足一般需求；也可以深入探测 UDP 或者 TCP 端口，直至主机所使用的操作系统；还可以将所有探测结果记录到各种格式的日志中，供进一步分析操作。图 7-15 所示为 Nmap 软件界面。

④ SuperScan 是功能强大的端口扫描工具。通过 ping 命令来检验 IP 是否在线；IP 和域名相互转换；检验目标计算机提供的服务类别；检验一定范围目标计算机是否在线和端口情况；工具自定义列表检验目标计算机是否在线和端口情况；自定义要检验的端口，并可以保存为端口列表文件；软件自带一个木马端口列表 trojans.lst，通过这个列表可以检测目标计算机是否有木马；也可以自己定义修改这个木马端口列表。图 7-16 所示为 SuperScan 软件的扫描界面。

图 7-15　Nmap 软件界面

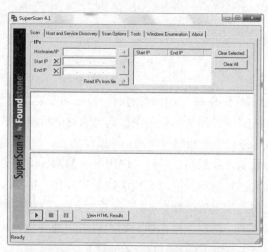

图 7-16　SuperScan 软件的扫描界面

在 Scan 选项卡中填写扫描的主机 IP 地址范围，在 Host and Service Discovery 选项卡中设置主机发现参数和计划扫描的端口号，在 Scan Options 选项卡中设置扫描次数等选项。

7.6.3　网络监听及相应工具

网络监听也称网络嗅探，是指利用计算机的网络接口截获目的地为第三方计算机的数据报文的一种技术。可以通过网络监听抓包工具将网络传输发送与接收的数据包进行截获、重发、编辑、转存等操作。可以监听网络的当前流量状况，监视网络程序的运行，用来检查网络安全，也可以用来进行数据截取等。

在正常的情况下，一个网络接口应该只响应两种数据帧：与自己硬件地址相匹配的数据帧和发向所有机器的广播数据帧。当网卡处于"混杂模式"时，网卡将把接收到的所有的数据包向上传递，上一层软件因此可以监听以太网中其他计算机之间的通信。网卡的"混杂模式"使得采用普通网卡作为网络探针，实现网络的侦听变得非常容易。一方面方便了网络管理，另一方面，普通用户也能轻易地侦听网络通信，对用户的数据通信保密是一个很大的威胁。常用的网络监听抓包工具有 Wireshark、Tcpdump、Dsniff、Ettercap 等。

1. Wireshark

Wireshark 是一款免费的网络协议检测程序，可以用来监视所有在网络上被传送的包，并分析其内容。它可以在接口实时捕捉包，能详细显示包的协议信息，可以打开 / 保存数据包，可以创建多种统计分析，可以采用多种方式过滤，可以导入、导出其他捕捉程序支持的数据包格式，可以多种方式查找包。Wireshark 启动后的界面如图 7-17 所示。

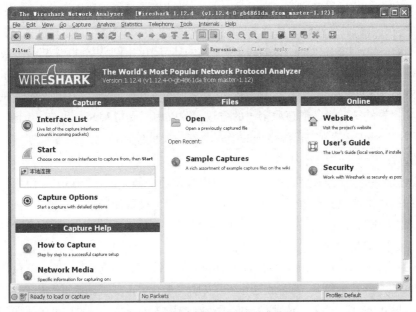

图 7-17　Wireshark 软件启动界面

通过 View 菜单可以设置时间戳的格式，显示或隐藏工具栏、状态栏、详情面板、设置时间精度，确定是否解析 MAC 地址等。Capture 菜单主要包括对捕捉相关的选项和命令。Analyze 菜单主要包括对过滤器的一些设置命令。Statistics 菜单主要包括协议统计方面的命令。

2. Tcpdump

Tcpdump 是一款老牌的使用最频繁的网络协议分析软件，它是一个基于命令行的工具。Tcpdump 通过使用基本的命令表达式来过滤网络接口卡上要捕捉的流量。它支持现在绝大多数的以太网适配器。

Tcpdump 是一个工作在被动模式下的网络嗅探器。可以用它来在 Linux 系统下捕获网络中进出某台主机接口卡中的数据包，或者整个网络段中的数据包，然后对这些捕获到的网络协议（如TCP、ARP）数据包进行分析和输出，来发现网络中正在发生的各种状况。例如，当出现网络连通性故障时，通过对 TCP 三次握手过程进行分析，可以得出问题出现在哪个步骤。而许多网络或安全专家，都喜欢用它来发现网络中是否存在 ARP 地址欺骗。也可以将它捕获到的数据包先写入到一个文件当中，然后用 Wireshark 等有图形界面的嗅探器读取和分析。

其命令格式如下：

```
tcpdump [ -adeflnNOpqStvx ] [ -c 数量 ] [ -F 文件名 ][ -i 网络接口 ] [ -r 文件名]
    [ -s snaplen] [ -T 类型 ] [ -w 文件名 ] [表达式 ]
```

可以使用 -i 参数指定要捕捉的网络接口卡，用 -r 读取已经存在的捕捉文件，用 -w 将捕捉到的数据写入到一个文件中。可以从它的 man 文档中得到其他参数的详细说明，或者通过输入tcpdump -help 查看它的帮助信息。

3. DSniff

DSniff 是一个非常强大的网络嗅探软件套件，它是最先将传统的被动嗅探方式向主动方式改进的网络嗅探软件之一。DSniff 软件套件中包含了许多具有特殊功能的网络嗅探软件，这些特殊的网络嗅探软件可以使用一系列的主动攻击方法，将网络流量重新定向到网络嗅探器主机，使得网络嗅探器有机会捕获到网络中某台主机或整个网络的流量。这样一来，就可以将 DSniff 在交换或路由的网络环境，以及 Cable Modem 拨号上网的环境中使用。甚至，当安装有 DSniff 的网络嗅探器不直接连接到目标网络当中，它依然可以通过远程的方式捕获到目标网络中的网络报文。DSniff 支持 Telnet 、FTP、Smtp、POP3、HTTP，以及其他的一些高层网络应用协议。它的套件当中，有一些网络嗅探软件具有特殊的窃取密码的方法，可以用来支持对 SSL 和 SSH 加密了的数据进行捕获和解密。DSniff 支持现在已经出现的绝大多数以太网网卡。

4. Ettercap

Ettercap 也是一个高级网络嗅探软件，它可以在使用交换机的网络环境中使用。Ettercap 能够对大多数的网络协议数据包进行解码，不论这个数据包是否加密过。它也支持现在已经出现的绝大多数以太网网卡。Ettercap 还拥有一些独特的方法，用来捕获主机或整个网络的流量，并对这些流量进行相应的分析。

Ettercap 的大部分特性与 DSniff 相似。它可以在字符模式下使用，也可以在使用 Ncurses based GUI 和 GTK2 接口的图形界面上使用。当安装完 Ettercap 以后，就可以用 "-T" 选项指定它运行在字符模式下，以 "-C" 选项指定它运行在使用 Ncurses based GUI 的图形模式下，还可以 "-G" 选项指定它运行在使用 GTK2 接口的图形模式下。Ettercap 的命令格式如下：

```
Ettercap [选项] [host:port] [host:port] [mac] [mac]
```

它有许多选项，可以在字符模式下输入 ettercap - help 命令来得到它的说明。

7.6.4　拒绝服务攻击

拒绝服务（Denial of Service，DoS）是一种简单有效的网络攻击方式，是一种利用合理的服务请求占用过多的服务资源，从而使合法用户无法得到服务响应的网络攻击行为。其目的是拒绝用户的服务访问，破坏系统的正常运行，最终使用户的部分 Internet 连接和网络系统失效，甚至系统完全瘫痪。

单一的 DoS 攻击一般采用一对一的方式，当攻击目标的 CPU 速度低、内存或网络带宽等各项性能指标不高时，攻击效果明显。随着计算机和网络技术的发展，系统性能指标增强后，单一的 DoS 攻击效果差，因此，分布式拒绝服务（Distributed Denial of Service，DDoS）攻击随之产生并流行。所谓的 DDoS 攻击就是多台受控制的计算机联合起来同时向目标计算机发起 DoS 攻击。DDoS 攻击由攻击者、控制傀儡机和攻击傀儡机三部分组成，如图 7-18 所示。

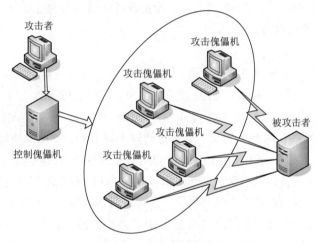

图 7-18　DDoS 攻击组成

实际攻击时，攻击者事先取得多台控制傀儡机的控制权，控制傀儡机分别控制着多台攻击傀儡机。在攻击傀儡机上运行着特殊的控制进程，可以接收攻击者发出的控制指令和操作攻击傀儡机对目标计算机发起 DDoS 攻击。控制傀儡机也称为主控端，攻击傀儡机也称为代理端。

攻击者之所以通过主控端控制代理端进行攻击是为了隐藏自己，防止被追究法律责任。虽然可以清理日志，但是仔细清理众多代理端的日志是一项麻烦且工作量巨大的工作，清理少数主控端的工作量则轻松很多。为了更好地保护自己，在实际攻击时，攻击者往往会设置很多层的主控端作为跳板，即便查到了发起攻击的主控端主机 IP 地址，那台主机可能只是个跳板。

DoS 攻击表现为带宽消耗、系统资源消耗、程序实现上的缺陷、系统策略的修改等几种。典型的 DoS 攻击有 SYN-Flood 攻击、Land 攻击、Smurf 攻击、UDP-Flood 攻击、IP 碎片攻击等。以下简要介绍几种常见 DoS 攻击的原理与方法：

1. SYN 泛洪攻击（SYN-Flood）

这是一种常见的 DoS 和 DDoS 攻击方式，其利用了 TCP 三次握手缺陷进行攻击。TCP 连接的三次握手中，假设一个用户向服务器发送了 SYN 报文后突然死机或掉线，那么服务器在发出 SYN+ACK 应答报文后无法收到客户端的 ACK 报文（第三次握手无法完成），这种情况下服务器端一般会重试（再次发送 SYN+ACK 给客户端）并等待一段时间后丢弃这个未完成的连接。这段时间的长度称为 SYN Timeout，一般来说这个时间是分钟的数量级（大约为 30 s~2 min)。

一个用户出现异常导致服务器的一个线程等待 1 min 并不是什么很大的问题，但如果有一个恶意的攻击者大量模拟这种情况（伪造 IP 地址），服务器端将为了维护一个非常大的半连接列表而消耗非常多的资源。SYN 泛洪攻击正是这样进行 DoS 攻击。

2. Land 攻击

Land 攻击也是常见的 DoS 攻击和 DDoS 攻击方式之一。Land 攻击的数据包中的源地址和目标地址是相同的，因为当操作系统接收到这类数据包时，不知道该如何处理堆栈中通信源地址和目的地址相同的这种情况，或者循环发送和接收该数据包，需要消耗大量的系统资源，从而有可能造成系统崩溃或死机等现象。

对于 Land 攻击的防御可以适当配置防火墙设备或过滤路由器的过滤规则，舍弃从外部发来的含有内部源 IP 地址的数据包。

3. Smurf 攻击

Smurf 是一种具有放大效果的 DoS 攻击，具有很大的危害性。这种攻击形式利用了 TCP/IP 中定向广播的特性，通常使用 ICMP ECHO 请求包用来对网络进行诊断，当一台计算机接收到这样一个报文后，会向报文的源地址回应一个 ICMP ECHO REPLY。一般情况下，计算机是不检查该 ECHO 请求的源地址的，因此，如果一个恶意的攻击者把 ECHO 的源地址设置为一个广播地址，这样计算机在回复 ICMP ECHO REPLY 时，就会以广播地址为目的地址，这样本地网络上所有的计算机都必须处理这些广播报文。如果攻击者发送的 ECHO 请求报文足够多，产生的 ICMP ECHO REPLY 广播报文就可能把整个网络淹没，这就是所谓的 Smurf 攻击。

对于 Smurf 攻击的防御可以配置路由器禁止 IP 广播包进网，并且配置网络上所有计算机的操作系统，禁止对目标地址为广播地址的 ICMP 包进行响应。

4. UDP 泛洪攻击

攻击者通过发送大量的 UDP 报文给目标计算机，导致目标计算机忙于处理这些 UDP 报文而无法继续处理正常的报文。由于 UDP 协议是一种无连接的服务，在 UDP 泛洪攻击中，攻击者可发送大量伪造源 IP 地址的小 UDP 包。但是，由于 UDP 协议是无连接性的，所以只要开了一个 UDP 的端口提供相关服务，就可以针对相关的服务进行攻击。

正常应用情况下，UDP 包双向流量会基本相等，而且大小和内容都是随机的，变化很大。出现 UDP Flood 的情况下，针对同一目标 IP 的 UDP 包在一侧大量出现，并且内容和大小都比较固定。UDP 协议与 TCP 协议不同，是无连接状态的协议，并且 UDP 应用协议五花八门，差异极大，因此针对 UDP Flood 的防护非常困难。其防护要根据具体情况对待：例如，可以判断包大小，如果是大包攻击则使用防止 UDP 碎片方法。若攻击端口为业务端口，则可根据该业务 UDP 最大包长设置 UDP 最大包大小以过滤异常流量。若攻击端口为非业务端口，则可以丢弃所有 UDP 包，但这可能会误伤正常业务；也可以建立一个 UDP 连接规则，要求所有去往该端口的 UDP 包必须首先与 TCP 端口建立 TCP 连接，不过这种方法需要很专业的防火墙或其他防护设备支持。

7.6.5 欺骗攻击

所谓欺骗攻击就是一种冒充身份通过认证骗取信任的攻击方式。攻击者针对认证机制的缺陷，将自己伪装成可信方，从而与受害者进行交流，获取信息或展开进一步攻击。因此，欺骗攻击不是攻击的目的，而是为了实现攻击目采取的一种手段。

在网络中，计算机之间相互进行通信时，往往首先进行认证。认证是网络中计算机相互间进行识别的过程，经过认证，获准相互通信的计算机之间就建立起相互信任的关系。欺骗攻击往往就是基于计算机之间的信任关系。欺骗的种类很多，有 IP 欺骗、ARP 欺骗、DNS 欺骗、Web 欺骗、电子邮件欺骗等，有的属于计算机网络技术范畴，有的属于社会工程学范畴。

1. IP 欺骗

所谓的 IP 欺骗就是攻击者假冒其他主机的 IP 地址发送数据包。通过 IP 地址的伪装使得某台主机能够伪装成另外一台主机，而被伪装的主机往往具有某些特殊的权限或被另外的主机信任。能够实施 IP 欺骗有以下两个前提条件：

① TCP/IP 网络在路由数据包时，不对源 IP 地址进行判断。这样可以伪造待发送数据包的源 IP 地址而不被发现。

② 主机之间有信任关系存在，而且这个信任关系是基于 IP 地址的认证，不需要进行用户账号和口令验证。

IP 欺骗的过程如下：

① 选定目标主机，发现并找到被目标主机信任的主机，然后使该台主机丧失工作能力或使该主机的网络暂时瘫痪。

② 连接到目标主机的某个端口，猜测 ISN 基值和增加规律。

③ 把原地址伪装成被信任主机，发送带有 SYN 标志的数据段请求连接。

④ 等待目标及发送 SYN/ACK 包给瘫痪的主机。

⑤ 再次伪装成被信任主机向目标机发送 ACK。

⑥ 连接建立，发送命令请求。

对于 IP 欺骗的防范，可以在边界路由器上进行源地址过滤，禁止外来的却使用本地 IP 的数据包进入；可以限制拥有信任关系的人员，不允许通过外部网络使用信任关系；并使用安全协议，禁止 r– 类型的服务和在通信时要求加密传输和验证。

2. ARP 欺骗攻击

ARP 协议是地址解析协议，是一种将 IP 地址转化成 MAC 地址的协议，属于链路层协议。在局域网传输中，数据帧从一个主机到达局域网内的另一台主机是根据 48 位的 MAC 地址来确定接口的，而不是根据 IP 地址来确定。一台主机与另一台主机通信时，需要知道对方的 MAC 地址，目标 MAC 地址正是通过 ARP 协议获得的。源主机在自己的 ARP 缓存表里没有找到目标主机 IP 地址对应的 MAC 地址，就会发出一个 ARP 请求广播。目标主机收到源主机发出 ARP 请求包后，返回 ARP 应答包，将目标主机的 MAC 地址告诉源主机。

ARP 缓存表的机制中存在一个不完善的地方，当主机收到一个 ARP 应答包后，并不会去验证自己是否发送过这个 ARP 请求，而是直接将应答包里的 MAC 地址与 IP 对应的关系替换掉原有的 ARP 缓存表里的相应信息。ARP 欺骗就是利用此漏洞，攻击者通过不断向攻击目标发送 ARP 应答包，从而实现重定向从一个主机（或所有主机）到另一个主机的数据包的目的。而且攻击者可以通过收到的 ARP 请求包知道其他节点的 IP 地址和 MAC 地址。

假设网关 C 的 IP 地址是 192.168.1.1/24，MAC 地址是 01–01–01–01–01–01；主机 A 的 IP 地址是

192.168.1.2/24，MAC 地址是 02-02-02-02-02-02；主机 B（攻击者）的 IP 地址是 192.168.1.3/24，MAC 地址是 03-03-03-03-03-03。

B 向 A 发送一个自己伪造的 ARP 应答，而这个应答中的数据为发送方 IP 地址 192.168.1.1（网关 C 的 IP 地址），MAC 地址是 03-03-03-03-03-03（这是 B 的 MAC 地址，C 的 MAC 地址本来应该是 01-01-01-01-01-01，这里被伪造了）。当 A 接收到 B 伪造的 ARP 应答时，就会更新本地的 ARP 缓存（A 被欺骗了），这时 B 就伪装成 C 了。

同时，B 同样向 C 发送一个 ARP 应答，应答包中发送 IP 地址 192.168.1.2（A 的 IP 地址），MAC 地址是 03-03-03-03-03-03（这是 B 的 MAC 地址，A 的 MAC 地址本来应该是 02-02-02-02-02-02）。当 C 收到 B 伪造的 ARP 应答时，也会更新本地 ARP 缓存（C 也被欺骗了），这时 B 就伪装成了 A。

这样，A 发给 C 的数据就会被发送到 B，同时 C 发给 A 的数据也会被发送到 B。主机 B 完全可以知道它们之间说的是什么。B 就成了 A 与 C 之间的"中间人"。

ARP 欺骗攻击在局域网内非常奏效，其危害如下：

① 致使同网段的其他用户无法正常上网（频繁断网或者网速慢）。

② 使用 ARP 欺骗可以嗅探到交换式局域网内所有的数据包，从而得到敏感信息。

③ ARP 欺骗攻击可以对信息进行篡改，例如，可以在访问的所有网页中加入广告。

④ 利用 ARP 欺骗攻击可以控制局域网内任何主机，起到"网管"的作用，例如，让某台主机不能上网。

对于 ARP 欺骗的攻击，可以采取以下防护方法：

① MAC 地址绑定，使网络中每一台计算机的 IP 地址与硬件地址一一对应，不可更改。

② 使用静态 ARP 缓存，用手工方法更新缓存中的记录，使 ARP 欺骗无法进行。

③ 使用 ARP 服务器，通过该服务器查找自己的 ARP 转换表来响应其他机器的 ARP 广播，确保这台 ARP 服务器不被黑。

④ 使用 ARP 欺骗防护软件或开启防火墙的 ARP 防护功能。

7.7 实 训

7.7.1 Windows 防火墙设置

1. 实训目的
熟练掌握 Windows Server 2008 的防火墙设置。

2. 实训条件
安装有 Windows Server 2008 的计算机。

3. 实训内容
① 检查 Windows Server 2008 防火墙启用情况。

② 设置入站规则禁止 Bcdedit 程序启动，规则名称为"禁止 Bcdedit 程序启动"。

③ 使用 NetSh 将防火墙规则备份。

④ 使用 NetSh 将防火墙规则设置为默认。

4. 实训过程

① 检查 Windows Server 2008 防火墙的启用情况。依次单击"计算机"→"控制面板"→"系统和安全"，检查防火墙状态（Windows 防火墙），即可打开 Windows 防火墙控制台，检查是否启用了 Windows 防火墙。

② 设置入站规则禁止 Bcdedit 程序启动，规则名称为"禁止 Bcdedit 程序启动"。在"Windows 防火墙"主界面，选择"高级设置"，单击左侧的"入站规则"，用户就可以看到服务器允许连接的程序以及端口规则的详细列表信息。选择"新建规则"，在弹出的列表中选择创建的规则类型为"程序"，然后选择 Bcdedit 程序，选择禁止启动该程序，将新建的规则命名为"禁止 Bcdedit 程序启动"并保存。

③ 使用 NetSh 将防火墙规则进行备份。网络服务 Shell 是一个命令行脚本工具，可用于在本地计算机与远程计算机上对多种网络服务配置进行管理。Netsh 提供了单独的命令提示符，可以在交互模式或非交互模式下使用。

具有高级安全性的 Windows 防火墙提供 netsh advfirewall 工具，可以使用它配置具有高级安全性的 Windows 防火墙设置。使用 netsh advfirewall 可以创建脚本，以便自动同时为 IPv4 和 IPv6 流量配置一组具有高级安全性的 Windows 防火墙设置。可以使用 netsh advfirewall 命令显示具有高级安全性的 Windows 防火墙的配置和状态，并进行相应操作。

键入命令：netsh advfirewall export "c:\firewallpolicy.pol"，即可将防火墙规则备份到 C 盘根目录下的 firewallpolicy.pol 文件。

④ 使用 NetSh 将防火墙规则设置为默认。输入命令：netsh advfirewall reset，即可将防火墙规则恢复为默认规则。

7.7.2　为路由器配置标准 ACL 实现包过滤防火墙

1. 实训目的

熟悉并掌握标准 ACL 的配置。

2. 实训条件

安装有 Packet Tracer 仿真软件的计算机。

3. 实训内容

① 根据图 7-9 所示的网络拓扑图添加设备并完成 IP 地址配置实现网络中主机的互通。

② 根据以下网络安全策略要求，规划并实施 ACL。

- 192.168.11.10 主机不可以访问外网，该子网内的其余主机可以访问外网。
- 192.168.10.0 子网内除了 192.168.10.10 主机以外的所有主机都不允许访问外网。

4. 实训过程

① 启动 Packet Tracer 仿真软件，根据网络拓扑图将路由器、交换机、主机等设备拖入工作区并完成设备间的连接。

② 根据拓扑图给出的 IP 地址配置主机、路由器的 IP 地址，实现主机间的互相访问。

③ 根据要求配置 ACL，以实现要求。

习 题

一、判断题

1. 计算机不上网就不存在信息安全问题。 （   ）

2. 计算机只要不插别人的 U 盘就不会遇到病毒。 （   ）

3. 现实中"信息安全"、"计算机安全"及"网络安全"术语经常被互相替换使用，因此可以认为信息安全就是计算机安全、信息安全就是网络安全。 （   ）

4. AES 是对称加密算法。 （   ）

5. 非对称加密算法有 2 个密钥：一个是公用密钥；另一个是私有密钥。 （   ）

6. 只要禁止访问国外网站就可以提高 IE 浏览器的安全性。 （   ）

7. 防火墙只是一种安全软件，不是硬件，用于防止黑客的外部攻击。 （   ）

8. 计算机装了防病毒软件后，不需要再采取任何行动就不用担心病毒了。 （   ）

二、单选题

1. 关于木马的描述中，正确的是（   ）。

    A. 主要用于分发商业广告   B. 主要通过自我复制来传播

    C. 可通过垃圾邮件来传播   D. 通常不实现远程控制功能

2. （   ）是使计算机疲于响应这些经过伪装的不可到达客户的请求，从而使计算机不能响应正常的客户请求等，从而达到切断正常连接的目的。

    A. 包攻击   B. 拒绝服务攻击

    C. 缓冲区溢出攻击   D. 口令攻击

3. 攻击者在攻击之前的首要任务就是要明确攻击目标，这个过程通常称（   ）。

    A. 网络欺骗   B. 目标探测   C. 口令破解   D. 缓冲区溢出

4. （   ）是指借助于客户机 / 服务器技术，将多台计算机联合起来作为攻击平台，对一个或多个目标发动 DoS 攻击，从而成倍地提高拒绝服务攻击的威力。

    A. 分布式拒绝服务   B. 拒绝服务

    C. 缓冲区溢出攻击   D. 口令攻击

5. 包过滤防火墙工作在 OSI 的（   ）。

    A. 物理层   B. 传输层

    C. 网络层和传输层   D. 应用层

6. 防火墙是确保网络安全的重要设备之一，如下各项中可以由防火墙解决的信息系统安全问题是（   ）。

    A. 从外部网伪装为内部网   B. 从内部网络发起的攻击

    C. 向内部网用户发送携带病毒的文件   D. 内部网上某台计算机的非法登录

7. 如果 Alice 想给 Bob 发送一个消息，Alice 采用的是 RSA 算法，她用 Bob 的公开密钥加密这个报文。Bob 收到这个报文后将使用（   ）解密报文。

    A. Bob 的公钥   B. Bob 的私钥

  C．Alice 的公钥   D．Alice 的私钥

8．基于网络的 IDS 中，检测数据通常来源于（　　　）。

  A．操作系统日志   B．网络监听数据

  C．系统调用信息   D．安全审计数据

三、填空题

1．对于网络监听，可以采取_____、划分 VLAN 等措施进行防范。

2．木马通常由两部分组成，分别是_____和客户端。

3．_____攻击是一种既简单又有效的攻击方式，通过某些手段使得目标系统或者网络不能提供正常的服务。

4．常见防火墙按采用的技术分类主要有包过滤型防火墙和_____。

5．按照入侵检测数据的来源，入侵检测系统可以分为分布式的 IDS、基于网络的 IDS 和基于_____的 IDS。

6．网络攻击的一般步骤可以分为隐藏自己、信息踩点、_____、获取访问权和权限提升、采取攻击行为、安装后门和_____。

四、简答题

1．什么是欺骗攻击？

2．网络防火墙的安全体系结构基本上可以分为哪几种？

3．DoS 攻击的表现有哪些？

第 8 章

网络管理技术

知识目标：

- 了解网络管理的基本概念和基本功能。
- 掌握 SNMP 协议、ICMP 协议的基本原理和配置方法。
- 掌握常用网络管理工具及命令的基本原理和使用方法。
- 了解智能网络管理的基本概念和关键技术。

能力目标：

- 具备网络服务器的安装与配置能力。
- 具备网络设备维护的能力。
- 具备网络安全管理维护的能力。
- 具备网络运行情况监视的能力。

8.1 网络管理概述

随着科学技术的发展，计算机网络技术在各行各业得到了广泛的应用。作为现代化高新科技的人工智能，可使计算机网络技术更加人性化和智能化，给人们的生活带来极大便利。特别是第五代计算机网络技术的发展，计算机网络的组成变得越来越复杂，这些网络往往具有复杂的协议栈，并呈现出大规模和异构性的特点，这就增加了网络管理的复杂性。为了提高网络的稳定性和可靠性，并减少网络故障的发生以及对网络故障能够快速响应，网络管理变得日益重要。面对复杂的网络，传统的基于手工或者基于简单的网络管理工具的网络管理手段变得无能为力，网络管理向着综合化、自动化、智能化的方向发展。运用网络管理技术，研究并开发符合网络管理发展方向的网络管理系统是网络管理高效化的关键所在。

随着网络应用的发展，越来越多的企业认识到，除了要依靠网络设备本身和网络架构的可靠性之外，网络管理是一个关键环节，结构越来越复杂和规模越来越大的网络系统需要网络管理软件来保证系统的正常运作。网络管理的质量会直接影响网络的运行质量，管理好一个网络与网络的建设同等重要。网络管理已经是保证计算机网络，特别是大型计算机网络正常运行的关键因素。使用网管系统软件来监控管理网络，可实时查看全网的状态，检测网络性能可能出现的瓶颈，并进行自动处理或告警显示，以保证网络高效、可靠地运转。网络管理软件已成为网络必不可少的一部分。

8.1.1 网络管理的基本概念

计算机网络的开放性特征使得网络设备能够以对用户透明的方式进行工作，对于网络的发展发挥了至关重要的作用；同时要使得计算机网络能够稳定、高效运行，必须要对计算机网络进行管理；由于网络的复杂性，使得网络管理变得日益复杂。

对于不同的网络，网络管理的要求和难度也有所不同。对于局域网来说，因为往往运行一种网络操作系统，同时网络设备也比较单一，所以网络管理操作也相对简单；但是对于大规模的、异构性的网络来说，网络中往往运行多种网络操作系统，同时网络中的设备也是各种各样，网络管理的任务往往变得复杂，需要跨平台的网络管理技术，特别是现代化的网络管理系统协助网络管理员完成网络管理的目标。

网络管理就是为保证计算机网络的稳定、高效运行而对网络设备所采取的方法、技术和措施。更进一步，网络管理特指对网络的运行状态进行检测和控制，使之能够提供有效、可靠、安全、经济的服务。具体地说，网络管理包括两个任务：一是对网络运行状态的检测；二是对网络运行状态进行控制。通过对网络运行状态的检测可以了解网络的当前运行状态是否正常，是否出现存在瓶颈和潜在故障的可能；通过对网络运行状态的控制可以对网络运行状态进行合理的调节，从而提高网络的性能，保证网络提供应有的服务。检测是控制的前提，而控制是检测的目的和结果。因此，网络管理就是对网络的检测和控制。

8.1.2 网络管理的必要性

随着计算机网络的发展，计算机网络作为信息基础设施已经渗透到社会生活的各个方面，如政府机关、军事部门、商业部门、教育科研机构等，对社会经济的发展发挥着日益重要的作用。保证网络可靠、高效运行为目的的网络管理变得十分必要，其必要性表现在以下几个方面。

1. 计算机网络的日益复杂化使得网络管理变得重要而复杂

引起计算机网络复杂性的原因大致有三点：一是网络的规模日益扩大；二是网络的功能日益复杂，主要体现在网络设备功能的复杂化；三是网络的异构性，主要体现在网络设备的生产厂商众多，产品规格繁多且难以统一。网络的复杂性使得网络管理变得重要而复杂，使用传统的手工管理方式越来越难以完成网络管理任务，必须借助于先进的、自动化的网络管理手段。

2. 网络的效益越来越依赖于网络的有效管理

计算机网络已经成为一个庞大而又复杂的系统，其维护和管理已经成为一门专门的学科。如果没有一个有力的网络管理系统作为支撑，很难在网络运营中有效地疏通业务量，从而难以避免发生拥塞和故障，难以发挥网络的综合效益。

3. 先进的网络管理是网络本身发展的必然结果

现在人们对网络的依赖性越来越强，不能容忍网络故障的发生，在这种情况下，要求网络具有更高的安全性，能及时有效地发现故障和解决故障，以保证网络的正常运行。

8.1.3 网络管理的目标

网络管理的目标是使网络的性能达到最优化，使得网络资源得到有效的利用，以满足网络管理者和网络用户对网络的有效性、可靠性、开放性、综合性、安全性和经济性的要求。从而使得整个网络更加稳定地运行，具体如下：

① 网络的有效性：指的是网络要能够准确而又及时地传递信息。

② 网络的可靠性：网络必须保证能够稳定地运行，不能时断时续，要对各种故障有较强的健壮性。

③ 网络的开放性：网络要能够接受多个厂商生产的异种设备，保证其设备的互联。

④ 网络的综合性：网络业务不能单一化，要从电话网、电报网、数字网等分立的状态向综合业务过渡，并加入图像、视频点播、视频会议等宽带业务。

⑤ 网络的安全性：对网络传输信息要进行安全性处理，保证网络传输信息的安全。

⑥ 网络的经济性：对网络管理者来说，网络的建设、运营、维护等费用要求尽可能少。

8.1.4 网络管理的基本功能

ISO 在 ISO/IEC 7498-4 文档中定义了网络管理的 5 个基本功能，即配置管理、故障管理、性能管理、计费管理和安全管理。

1. 配置管理

配置管理是网络中最基本的管理功能，负责网络的建立、业务的开展以及配置数据的维护。配置管理的作用包括以下几个方面：

① 确定设备的名称和位置等信息，维护设备参数表。

② 设置参数值并配置设备功能。

③ 初始化、启动并关闭相应的网络设备。

④ 管理网络设备及其网络设备之间的关联关系。

配置管理所管理的网络信息包括以下几个方案：

① 网络设备的拓扑关系。

② 网络设备的寻址信息，包括设备的域名和 IP 地址信息。

③ 网络设备的运行参数。

④ 网络设备的备份条件及备份参数。

⑤ 网络设备配置的修改条件。

配置管理定义、收集、检测并修改网络设备的上述配置信息，包括所有设备的静态信息和动态信息，通过修改网络设备的配置信息来达到控制被管设备。

配置管理的被管设备是一个逻辑的概念，可以是路由器、交换机等硬件网络设备，也包括运行在硬件设备上的网络服务进程。配置管理的基本功能包括以下几个方面：

① 设置被管设备的参数。

② 初始化、启动和关闭管理对象。

③ 收集被管对象的状态数据。

④ 修改被管对象的配置信息。

⑤ 定义和修改被管对象的关系。

⑥ 生成配置状态报告。

2. 故障管理

故障管理是网络管理的最基本的功能之一。当网络中某个设备或者被管对象发生故障时，网络管理系统必须能够快速地定位并排除故障。故障管理的主要任务是及时定位并排除网络故障，其目的是保证网络能够提供可靠而优质的服务。故障管理主要包括以下方面：

① 障碍管理：其主要内容有警告、测试、诊断、业务恢复和障碍设备更换等。

② 故障恢复：在系统可靠性下降的时候，为网络提供一定的治愈能力。

③ 故障预防：提供一定的故障预防能力。

故障管理的基本功能包括以下几个方面：

① 维护和使用差错日志。

② 跟踪故障。

③ 接收故障事件的通知并做出响应。

④ 执行故障诊断命令。

⑤ 执行故障恢复命令和相关工作。

3. 性能管理

性能管理同样是网络管理的重要功能之一，其目的是维护网络服务质量和网络运营效率。性能管理包括一系列的管理功能，以网络性能为准则来收集、分析和管理对象的状态，保证网络的高性能。通常，性能管理包括性能检测和性能控制两部分，其中性能检测是对网络运行状态信息的收集，而性能控制则是为改善网络系统性能而采取的动作和措施。

从功能方面来讲，网络性能管理的功能主要包括以下几方面：

① 从被管对象中检测相关性能数据。

② 分析相关性能数据，从而产生进一步的处理动作。

③ 维护和检查系统运行历史日志，便于进一步进行分析。

④ 形成并改进性能评价准则和性能门限，改变系统操作模式以进行系统性能管理的操作。

⑤ 对被管对象进行控制，以保证网络的性能。

4. 计费管理

公网网络要求用户必须为使用网络而付费，网络管理系统需要对用户使用网络资源的情况进行记录并核算费用，目的是检测和控制网络操作的费用和代价，进行网络资源利用率的统计和网络成本效益核算。计费管理可以记录用户对网络的使用情况、统计网络的利用率、检查资源的使用情况等。通常计费管理应该包括以下主要功能：

① 计算网络建设和运营成本核算。

② 统计网络及其网络所包含的资源的利用率，确定收费依据和收费标准。

③ 将应缴纳的费用通知用户。

④ 保存收费账单的原始凭证，以备用户查询。

5. 安全管理

由于网络的开放性，安全管理显得非常重要。网络中的主要安全问题有数据的安全性（保证数据不被非法用户获取）、身份鉴别（保证非法用户不能进入网络系统）和授权（保证合法用户只能访问规定的数据）等。一般的安全管理系统包括风险分析功能、安全服务功能、审计功能以及网络管理系统保护功能等。

安全管理系统并不能杜绝对于网络的侵扰和破坏，其作用只能是最大限度地防范。通常安全管理包含以下主要功能：

① 采取多层防护手段，将受到侵扰的概率降到最低。

② 提供检测非法入侵的手段。

③ 提供入侵后恢复系统的能力。

④ 支持身份鉴别。

⑤ 支持访问控制和授权。

⑥ 支持数据传输过程中的安全保护。

⑦ 支持密钥管理功能。

⑧ 提供网络系统的审计功能。

8.1.5 网络管理的发展

网络管理技术总是伴随着计算机网络的发展而发展：一方面，计算机网络的发展离不开对网络的有效管理，有效的网络管理是计算机网络得以快速发展的手段；另一方面，计算机网络的快速发展需要更为先进的网络管理技术，计算机网络的发展又促进了网络管理技术的发展。

在 1969 年世界上第一个计算机网络 ARPANet 上已经开始了计算机网络的管理，随后产生的一些网络，如 IBM 公司的 SNA 和 DEC 公司的 DNA，也有相应的网络管理系统。但是，由于网络结构相对简单、网络规模较小，简单的网络管理系统就能满足网络的日常工作需求。

然而，随着计算机网络技术及计算机网络的发展，不同的厂商生产出不同的网络设备等硬件系统和网络操作系统等软件系统，以网络设备和网络软件的多样化为特征的计算机网络的异构性趋势日益加深。特别是 20 世纪 80 年代 Internet 的发展，使得一个厂商生产的针对自己产品的简单网络管理系统难以满足网络的异构性要求，网络的快速发展与网络管理之间的矛盾日趋明显。为此，对网络管理技术的研究迅速展开，并提出了多种网络管理方案，如 LAN Manager、NetView、SGMP（Simple Gateway Monitoring Protocol，简单网关监视协议）等。

同时，为支持异构网络的连接和管理，网络管理系统需要进行标准化，对网络管理标准的研究和制定也开展起来。在众多的标准化组织中，具有权威性的有国际标准化组织（ISO）、国际电信联盟电信标准分局（ITU-T）和制定 Internet 标准的 Internet 工程任务组（IETF）。IETF 在 1988 年制定了 Internet 管理策略，采用 SGMP 作为短期的 Internet 管理解决方案，并决定在适当的时候转向 CMIS/CMIP (Common Management Information Service/Protocol，公共管理信息服务／协议)。CMIS/CMIP 是 20 世纪 80 年代中期由 ISO 和国际电报电话咨询委员会（CCITT）联合制定的网络管理标准。在 1988 年，IETF 推出了 SNMP（Simple Network Management Protocol, 简单网络管理协议）。由于 SNMP 简单易行，一经推出就受到用户的广泛支持，成为事实上的工业标准，而 CMIS/CMIP 由于实现的复杂性和代价高而被用户所抛弃。1990 年，IETF 在 Internet 标准草案 RFC 1157 中正式公布了 SNMP，随之又在 1993 年 RFC 1441 中发布 SNMPv2，1998 年在 RFC 2271–RFC2275 中发布 SNMPv3。只要厂商生产的网络设备等硬件系统和网络操作系统等软件系统适合 TCP ／ IP 网络，就可以采用 SNMP 完成有效的网络管理功能。

随着网络管理标准化的进行，符合国际标准的网络管理系统也纷纷推出，其中具有代表性的有 IBM 公司的 NetView、HP 公司的 OpenView、Sun 公司（已于 2009 年被 Oracle 收购）的 Sun Net Manager 等。

8.2 简单网络管理协议 SNMP

8.2.1 SNMP 简介

SNMP（Simple Network Management Protocol，简单网络管理协议）是由互联网工程任务组（Internet Engineering Task Force，IETF）定义的一套网络管理协议，它属于 TCP/IP 协议族中的

应用层协议，主要用于网络设备的管理。它在 1988 年被制定，并被 Internet 体系结构委员会（IAB）采纳作为一个短期的网络管理解决方案；由于 SNMP 的简单性，在 Internet 时代得到了蓬勃的发展，1992 年发布了 SNMPv2 版本，以增强 SNMPv1 的安全性和功能。现在，已经有了 SNMPv3 版本。利用 SNMP，一个管理工作站可以远程管理所有支持这种协议的网络设备，包括监视网络状态、修改网络设备配置、接收网络事件警告等。虽然 SNMP 开始是面向基于 IP 的网络管理，但作为一个工业标准也被成功用于电话网络管理。

SNMP 协议主要由两大部分构成：SNMP 管理站和 SNMP 代理。SNMP 管理站是一个中心节点，负责收集维护各个 SNMP 元素的信息，并对这些信息进行处理，最后反馈给网络管理员；而 SNMP 代理是运行在各个被管理的网络节点之上，负责统计该节点的各项信息，并且负责与 SNMP 管理站交互，接收并执行管理站的命令，上传各种本地的网络信息。

SNMP 管理站和 SNMP 代理之间是松散耦合，它们之间的通信是通过 UDP 协议完成的。一般情况下，SNMP 管理站通过 UDP 协议向 SNMP 代理发送各种命令，当 SNMP 代理收到命令后，返回 SNMP 管理站需要的参数。但是，当 SNMP 代理检测到网络元素异常的时候，也可以主动向 SNMP 管理站发送消息，通告当前异常状况。

SNMP 的基本思想：为不同种类的设备、不同厂家生产的设备、不同型号的设备，定义一个统一的接口和协议，使得管理员可以使用统一的外观面对这些需要管理的网络设备进行管理。通过网络，管理员可以管理位于不同物理空间的设备，从而大大提高网络管理的效率，简化网络管理员的工作。

1. SNMP 版本

SNMPv1 是 SNMP 协议的最初版本，提供最小限度的网络管理功能。SNMPv1 的管理信息库（Management Information Base，MIB）和管理信息结构（Structure of Managerment Intormation，SMI）都比较简单，且存在较多安全缺陷。SNMPv1 采用团体名认证。团体名的作用类似于密码，用来限制管理站 NMS 对代理 Agent 的访问。如果 SNMP 报文携带的团体名没有得到 NMS/Agent 的认可，该报文将被丢弃。SNMPv1 是一种简单的请求 / 响应协议。网络管理系统发出一个请求，管理器则返回一个响应。这一行为的实现是通过使用 4 种协议操作中的其中任一种完成的。这 4 种操作分别是 GET、GETNEXT、SET 和 TRAP。NMS 通过 GET 操作，从 SNMP 代理处得到一个或更多的对象（实例）值。如果代理处不能提供请求列表中所有的对象（实例）值，它就不提供任何值。NMS 使用 GETNEXT 操作请求代理从请求列表或对象列表中取出下一个对象实例值。NMS 通过 SET 操作向 SNMP 代理发送命令，要求对对象值重新配置。SNMP 代理通过 TRAP 操作不定时地通知 NMS 所发生的特定事件，SNMP 是一种应用程序协议。

SNMPv2 也采用团体名认证，在兼容 SNMPv1 的同时又扩充了 SNMPv1 的功能：它提供了更多的操作类型（GetBulk，批量获取操作等）；支持更多的数据类型（Counter32 等），提供了更丰富的错误代码，能够更细致地区分错误。

SNMPv1 中的 GET、GETNEXT 及 SET 操作同样适用于 SNMPv2，只是 SNMPv2 添加和增强了有关协议操作。例如，SNMPv2 中的 TRAP 操作，不但具备 SNMPv1 中 TRAP 的相同功能，而且它采用了一种不同的消息格式，用于替换 SNMPv1 中的 TRAP。

SNMPv2 中还定义了两种新操作，即 GET BULK 和 INFORM。NMS 通过 GET BULK 操作能有效地获取大块数据，如对象列表中的多行，而 GET BULK 返回一个包含尽可能多的请求数据的应答消息。INFORM 操作使一个 NMS 能发送 TRAP 给另一个 NMS 并收到回复。SNMPv2 中，如果回复 GET

BULK 操作的 SNMP 代理不能提供请求表中所有变量值，那么 SNMP 代理只提供部分结果。

SNMPv3 主要在安全性方面进行了增强，它采用了 USM（基于用户的安全控制模型）和 VACM（基于视图的访问控制模型）技术。USM 提供了认证和加密功能，VACM 确定用户是否允许访问特定的 MIB 对象以及访问方式。SNMPv3 中增加了安全管理方式及远程控制。SNMPv3 使用 SNMP SET 命令配置 MIB 对象，使之能动态配置 SNMP 代理。这种动态配置方式支持本地或远程地配置实体的添加、删除及修改。

2. SNMPv1 和 SNMPv2 之间的区别

SNMPv1 和 SNMPv2 之间的区别如下：

① 在 SNMPv2 中定义了两个新的分组类型 get-bulk-request 和 inform-request，前者可以高效率地从代理进程读取大块数据，后者使一个管理进程可以向另一个管理进程发送信息。

② SNMPv2 定义了两个新的 MIB：SNMPv2 MIB 和 SNMPv2-M2M MIB（管理进程到管理进程的 MIB）。

③ SNMPv2 的安全性比 SNMPv1 大有提高。在 SNMPv1 中，从管理进程到代理进程的共同体名称是以明文方式传送的，而 SNMPv2 可以提供鉴别和加密。厂家提供的设备支持 SNMPv2 的会越来越多，管理站将对两个版本的 SNMP 代理进程进行管理。[Routhier 1993] 中描述了如何将 SNMPv1 的实现扩展到支持 SNMPv2。

8.2.2 SNMP 的实现结构

在具体实现上，SNMP 为管理员提供了一个网管平台（NMS），又称为管理站，负责网管命令的发出、数据存储及数据分析。被监管的设备上运行一个 SNMP 代理（Agent），代理实现设备与管理站的 SNMP 通信。

如图 8-1 所示，管理站与代理端通过 MIB 进行接口统一，MIB 定义了设备中的被管理对象。管理站和代理都实现了相应的 MIB 对象，使得双方可以识别对方的数据，实现通信。管理站向代理申请 MIB 中定义的数据，代理识别后，将管理设备提供的相关状态或参数等数据转换为 MIB 定义的格式，应答给管理站，完成一次管理操作。一套完整的 SNMP 系统主要包括管理信息库（MIB）、管理信息结构（SMI）及 SNMP 报文协议，在结构上又分为 NMS 和 Agent。任何一个被管理的资源都表示成一个对象，称为被管理的对象。MIB 是被管理对象的集合。它定义了被管理对象的一系列属性：对象的名称、对象的访问权限和对象的数据类型等。每个 SNMP 设备（Agent）都有自己的 MIB。MIB 也可以看作是 NMS 和 Agent 之间的沟通桥梁。

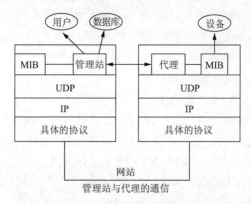

图 8-1 SNMP 的实现结构

NMS（network manager system）网络管理系统包含两个部分：网络管理站（也称管理进程）和被管的网络单元（也称被管设备）。被管的设备种类繁多，如路由器、X 终端、终端服务器和打印机等。这些被管设备的共同点就是都运行 TCP/IP 协议。被管设备端和关联相关的软件称为代理程序或代理进程。管理站一般都是带有色彩监视器的工作站，可以显示所有被管理设备的状态，如连接是否掉线、各种连接上的流量状况等。

MIB（manager infomation base）管理信息库包含所有代理进程的所有可被查询和修改的参数；SMI Structure of Management Information 关于 MIB 的一套共用的结构和表示符号，称为管理信息结构；SNMP 管理进程和代理进程之间的通信，可以有两种方式：一种是管理进程向代理进程发出请求，询问（GET）一个具体的参数值，修改（SET）按要求改变代理进程的参数值；另一种是由代理端向管理端主动汇报某些内容（TRAP）。

8.2.3　SNMP 工作机制

管理员通过 SNMP 的读操作（GET）向设备获取数据，通过 SNMP 的写操作（SET）向设备执行设置；设备通过 SNMP 的 TRAP 操作向管理员通报设备的状况改变事件。SNMP 基于 TCP/IP 协议工作，对网络中支持 SNMP 协议的设备进行管理，如图 8-2 所示。

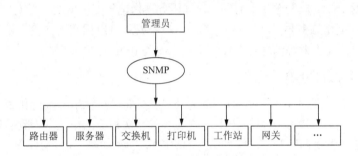

图 8-2　SNMP 的工作机制

根据管理者和被管理对象在网络管理操作中的不同职责，SNMP 定义了 3 种角色，分别是网管（NMS）、代理（Agent）、代理服务器（Proxy）。其中网管是系统的控制中心，向管理员提供界面以获取与改变设备的配置、状态、操作等信息，与 Agent 实现通信，执行响应的 SET和 GET 操作，并接受代理发过来的 TRAP 警报。Agent 是网络管理的代理人，负责网管和设备SNMP 操作的传递。它介于网管和设备之间，与网管通信接受网管的请求，获取设备的数据或对设备进行相应的设置，代理也需要使用 MIB 中定义的 TRAP 向网管上报设备的相应状态。Proxy是一种特殊的代理，在不能直接使用 SNMP 协议的地方，如异种网络、不同版本的 SNMP 代理等情况，实现 SNMP 协议。

8.2.4　SNMP 数据收集方式

从被管设备中收集数据主要有轮询（Polling-only）和基于中断（Interrupt-based）的方法。SNMP 使用代理程序收集网络通信信息和设备统计信息，并存储于 MIB 中。网络管理人员通过向代理的 MIB 发出查询信号得到这些信息，这个过程就是轮询；轮询的缺点是信息的实时性较差，尤其是错误的实时性。基于中断的方法是当有异常事件发生时，可以立即通知网络管理工作站，实时性强；缺点是产生错误或异常需要系统资源，将会影响网络管理的主要功能。因此，SNMP采用两者结合：一方面使用面向异常事件的轮询方法；另一方面使用网络管理工作站通过轮询被管设备中的代理来收集数据，并在控制台用数字或图形的方法显示。被管设备中代理可以在任何时候向网络管理工作站报告错误情况，并不需要等到网络管理工作站轮询时才报告。

8.2.5　SNMP 基本管理操作

SNMP 包含两类管理操作命令：读取 MIB 对象实例的值和重设 MIB 对象实例的值。工作过程为网络管理系统周期性轮询被管设备，读取网络管理返回的 MIB 信息，并根据信息做出相应响应，实时监视和控制网络管理系统；被管设备发生故障时主动以基于中断方式通知网络管理系统，由系统做出响应。SNMP 协议之所以易于使用，是因为它对外提供了 3 种用于控制 MIB 对象的基本操作命令：GET、SET 和 TRAP。

GET：管理站读取代理者处对象的值。它是 SNMP 协议中使用率最高的一个命令，因为该命令是从网络设备中获得管理信息的基本方式。

SET：管理站设置代理者处对象的值。它是一个特权命令，因为可以通过它来改动设备的配置或控制设备的运转状态。它可以设置设备的名称，关掉一个端口或清除一个地址解析表中的项等。

TRAP：代理者主动向管理站通报重要事件。它的功能就是在网络管理系统没有明确要求的前提下，由管理代理通知网络管理系统，有一些特别的情况或问题发生了。如果发生意外情况，客户会向服务器的 162 端口发送一个消息，告知服务器指定的变量值发生了变化。通常由服务器请求，而获得的数据由服务器的 161 端口接收。Trap 消息可以用来通知管理站线路的故障、连接的终端和恢复、认证失败等消息，管理站可相应地做出处理。

8.2.6　SNMP 的运行过程

驻留在被管设备上的 AGENT 从 UDP 端口 161 接收来自网管站的串行化报文，经解码、团体名验证、分析得到管理变量在 MIB 树中对应的节点，从相应的模块中得到管理变量的值，再形成响应报文，编码发送回网管站。网管站得到响应报文后，再经同样的处理，最终显示结果。下面根据 RFC1157 文档详细介绍 Agent 接收到报文后采取的动作。

第一步：解码生成用内部数据结构表示的报文，解码依据 ASN.1 的基本编码规则，如果在此过程中出现错误导致解码失败则丢弃该报文，不做进一步处理。

第二步：将报文中的版本号取出，如果与本 Agent 支持的 SNMP 版本不一致，则丢弃该报文，不做进一步处理。

第三步：将报文中的团体名取出，此团体名由发出请求的网管站填写。如果与本设备认可的团体名不符，则丢弃该报文，不做进一步处理，同时产生一个陷阱报文。SNMPv1 只提供了较弱的安全措施，在版本 3 中这一功能将大大加强。

第四步：从通过验证的 ASN.1 对象中提出协议数据单元 PDU，如果失败，丢弃报文，不做进一步处理。否则处理 PDU，结果将产生一个报文，该报文的发送目的地址应同收到报文的源地址一致。根据不同的 PDU，SNMP 协议将做不同的处理。

8.3　Internet 控制报文协议 ICMP

8.3.1　概述

ICMP（Internet Control Message Protocol，Internet 控制报文协议）是 TCP/IP 协议族的一个子

协议，属于网络层协议，用于在 IP 主机与路由器之间传递控制消息。

一个新搭建好的网络，往往需要先进行一个简单的测试，来验证网络是否畅通。包括网络通不通、主机是否可达、路由是否可用等网络消息。这些控制消息虽然并不传输用户数据，但是对于用户数据的传递起着重要的作用。当遇到 IP 数据无法访问目标、IP 路由器无法按当前的传输速率转发数据包等情况时，会自动发送 ICMP 消息。

在 IP 通信中，经常有数据包到达不了对方的情况。原因是，在通信途中某处的一个路由器由于不能处理所有的数据包，就将数据包一个一个丢弃了。或者，虽然到达了对方，但是由于搞错了端口号，服务器软件可能不能接受它。ICMP 协议由此应运而生，它常被广泛应用于网络测试中。ICMP 协议的功能主要有：①确认 IP 包是否成功到达目标地址；②通知在发送过程中 IP 包被丢弃的原因。需要注意的是：ICMP 是基于 IP 协议工作的，但是它并不是传输层的功能，因此仍然把它归结为网络层协议；另外 ICMP 只能搭配 IPv4 使用，如果是 IPv6，需要用ICMPv6。

8.3.2　ICMP 的报文格式

ICMP 报文包含在 IP 数据报中，IP 报头在 ICMP 报文的最前面。一个 ICMP 报文包括 IP 报头（至少 20 字节）、ICMP 报头和 ICMP 报文（属于 ICMP 报文的数据部分）。当 IP 报头中的协议字段值为 1 时，就说明这是一个 ICMP 报文。

ICMP 是为了分担 IP 一部分功能而被制定出来的。ICMP 经常被认为是 IP 层的一个组成部分。它传递差错报文以及其他需要注意的信息。ICMP 报文通常被 IP 层或更高层协议（TCP 或 UDP）使用。一些 ICMP 报文把差错报文返回给用户进程。ICMP 报文是在 IP 数据报内部被传输的。ICMP 的正式规范参见 RFC 792。ICMP 报文的格式如图 8-3 所示。所有报文的前 4 个字节都是一样的，但是剩下的其他字节则互不相同。下面将逐个介绍各种报文格式。类型字段可以有 15 个不同的值，以描述特定类型的 ICMP 报文。某些 ICMP 报文还使用代码字段的值来进一步描述不同的条件。校验和字段覆盖整个 ICMP 报文。使用的算法与 IP 首部校验和算法相同，ICMP 的校验和是必需的。

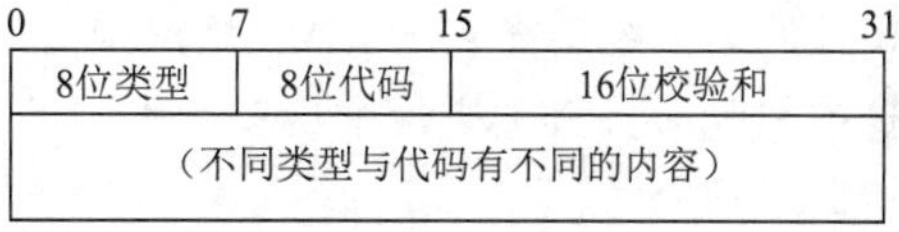

0	7	15	31
8位类型	8位代码	16位校验和	
（不同类型与代码有不同的内容）			

图 8-3　ICMP 报文

8.3.3　ICMP 报文的类型

不同类型由报文中的类型字段和代码字段来共同决定。因为对 ICMP 差错报文有时需要做特殊处理，因此需要对它们进行区分。例如，在对 ICMP 差错报文进行响应时，永远不会生成另一份 ICMP 差错报文。当发送一份 ICMP 差错报文时，报文始终包含 IP 的首部和产生 ICMP 差错报文的 IP 数据报的前 8 个字节。这样，接收 ICMP 差错报文的模块就会把它与某个特定的协议和用户进程联系起来。

下面给出一些 ICMP 典型报文的解释：

① 目标不可达：目标不可达分为网络不可达、主机不可达、协议不可达、端口不可达、需要分片但分片位已置为 1 以及源路由失败等 6 种情况，其代码字段分别置为 0~5。当出现以上 6 种情况时，路由器检测出错误，并向原发送者发送一个 ICMP 分组。它包含了不能到达目的地的分组的完整 IP 头，以及分组数据的前 64 位，这样发送者就能知道哪个分组无法投递。

② ICMP 会发送请求（Echo Request）：是由主机或路由器向一个特定的目的主机发出的询问。收到此报文的机器必须给主机发送 ICMP Echo 应答报文。这种询问报文用来测试目的站是否可

达。在应用层有一个 PING 服务，用来测试两台主机之间的连通性。PING 使用了 ICMP Echo 请求与 Echo 应答报文。

③ 参数问题：当路由器或目的主机收到数据报首部中的字段值不正确时，就丢弃该数据报，并向源站发送参数问题报文。这个报文包含了有问题的 IP 头和一个指向出错的头字段的指针。

④ 改变路由（重定向）：假设主机站点向路由器发送了一个分组，而此路由器知道其他一些路由器能将分组更快投递，为了方便，此路由器向主机发送一个重定向分组。它通知其他路由器的位置，以及今后应当将具有相同目的地址的分组发向那里。即路由器将改变路由报文发送给主机，让主机知道下次应将数据报发送给另外的路由器。

⑤ 源抑制：当路由器或主机由于拥塞而丢弃数据报时，就向源站发送源站抑制报文，使源站知道应当将数据报的发送速率放慢。源抑制报文则充当一个控制流量的角色，通知主机减少数据报流量。由于 ICMP 没有回复传输的报文，所以只要停止该报文，主机就会逐渐恢复传输速率。

⑥ 时间超过：当路由器收到生存时间为零的数据报时，除丢弃该数据报外，还要向源站发送时间超过报文。当目的站在预先规定的时间内不能收到一个数据报的全部数据报片时，就将已收到的数据报片都丢弃，并向源站发送时间超过报文。

⑦ 时间戳请求与应答：时间戳分组使主机能估计它到另一台主机一次来回所需的时间。一台主机创建并发送一个含有发送时刻的时间戳请求分组。当接收主机收到分组后，它创建一个含有原时间戳和接收主机收到分组的时刻，以及接收主机发出应答时刻的应答分组。ICMP 时间戳请求允许系统向另一个系统查询当前的时间。通过计算接收时间戳和传输时间戳之间的差，主机还可以测定其他主机在收到申请后要花多少时间来响应。时间戳分组使主机能够估计网络的分组投送效率。

⑧ 地址掩码请求与应答：主机可以向路由器发送一个地址掩码请求分组来获取它所在网络的网络掩码，路由器会做出应答。ICMP 地址掩码请求用于无盘系统在引导过程中获取自己的子网掩码。系统广播它的 ICMP 请求报文，ICMP 地址掩码应答必须是收到请求接口的子网掩码，这是因为多接口主机每个接口有不同的子网掩码，因此两种情况下地址掩码请求都来自于环回接口。

8.4 常用网络命令

网络管理时可以使用 ping、ipconfig、net、netstat 等命令查看或修改网络配置、查看网络状态。

8.4.1 ping 命令

ping 是测试网络连接及信息包发送和接收状况非常有用的工具，是网络测试最常用的命令。作为一个网络管理员来说，ping 命令是第 1 个必须掌握的 DOS 命令。ping 向目标主机（地址）发送一个回送请求数据包，要求目标主机收到请求后给予答复，从而判断网络的响应时间和本机是否与目标主机（地址）连通。

如果执行 ping 命令不成功，则可以分析故障为网线故障、网络适配器配置不正确，以及 IP 地址不正确等；如果执行 ping 成功而网络仍无法使用，那么问题很可能出在网络系统的软件配置方面，这是因为 ping 成功只能保证本机与目标主机间存在一条连通的物理路径。

ping 命令格式如下：

```
ping［IP地址或主机］［-t］［-a］［-n count］［-l size］
```

如果不记得其使用方法，则在 DOS 窗口命令行中输入“ping /?”命令后按【Enter】键。显示 ping 命令的语法格式及其参数说明，如图 8–4 所示。

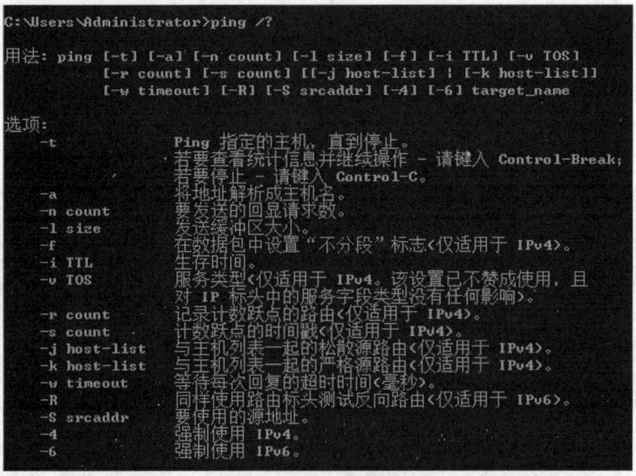

```
C:\Users\Administrator>ping /?

用法: ping [-t] [-a] [-n count] [-l size] [-f] [-i TTL] [-v TOS]
            [-r count] [-s count] [[-j host-list] | [-k host-list]]
            [-w timeout] [-R] [-S srcaddr] [-4] [-6] target_name

选项:
    -t             Ping 指定的主机，直到停止。
                   若要查看统计信息并继续操作 - 请键入 Control-Break;
                   若要停止 - 请键入 Control-C。
    -a             将地址解析成主机名。
    -n count       要发送的回显请求数。
    -l size        发送缓冲区大小。
    -f             在数据包中设置“不分段”标志(仅适用于 IPv4)。
    -i TTL         生存时间。
    -v TOS         服务类型(仅适用于 IPv4。该设置已不赞成使用，且
                   对 IP 标头中的服务字段类型没有任何影响)。
    -r count       记录计数跃点的路由(仅适用于 IPv4)。
    -s count       计数跃点的时间戳(仅适用于 IPv4)。
    -j host-list   与主机列表一起的松散源路由(仅适用于 IPv4)。
    -k host-list   与主机列表一起的严格源路由(仅适用于 IPv4)。
    -w timeout     等待每次回复的超时时间(毫秒)。
    -R             同样使用路由标头测试反向路由(仅适用于 IPv6)。
    -S srcaddr     要使用的源地址。
    -4             强制使用 IPv4。
    -6             强制使用 IPv6。
```

图 8–4　ping 命令的语法格式及其参数说明

常用的 ping 命令参数如下：

① –t：不间断地向目标 IP 发送数据包，直到用户强制其停止为止。

② –l：定义发送数据包的大小，默认为 32 字节，最大为 65 500 字节。

③ –a：以 IP 地址格式来显示目标主机的网络地址。

④ –n：定义向目标 IP 发送数据包的次数，具体次数由 Count 来指定，默认为 3 次。

> **注意：**
> 如果-t和-n参数一起使用，ping命令以放在后面的参数为准。例如，“ping IP -t -n 3”，虽然使用了-t参数，但是仅执行3次。

ping 命令用法示例：

- ping 127.0.0.1：这个命令测试本机 TCP/IP 协议安装配置是否成功，如果此测试不能通过，就表示 TCP/IP 的安装或配置存在问题。
- ping 本机 IP：这个命令被送到本地计算机所配置的 IP 地址，本地计算机始终都应该对该 ping 命令做出应答，如果没有，则表示本地配置或安装存在问题。出现此问题时，局域网用户需要断开网络电缆，然后重新发送该命令。如果网线断开后本命令正确，则表示另一台计算机可能配置了相同的 IP 地址。
- ping 局域网内其他 IP：这个命令发出的信息应该离开本地的计算机，经过网卡及网络电缆到达其他计算机，再返回。收到回送应答表明本地网络中的网卡和载体运行正确。但如果收到 0 个回送应答，则表示子网掩码不正确或网卡配置错误或电缆系统有问题。
- ping 网关 IP：这个命令如果应答正确，表示局域网中的网关路由器正在运行并能够做出应答。
- ping 远程 IP：如果收到 4 个应答，表示成功地使用了默认网关。

8.4.2 ipconfig 命令

ipconfig 命令以窗口形式显示本机中 IP 协议的配置信息，包括网络适配器的物理地址、主机的 IP 地址、子网掩码，以及默认网关等。此外，还可以通过该命令查看主机名、DNS 服务器及节点类型等相关信息。

如果使用不带任何参数的 ipconfig 命令，则返回本地计算机的简略网络配置信息。在 DOS 窗口命令行中输入“ipconfig /?”，显示如图 8-5 所示的该命令的语法格式及其参数说明。

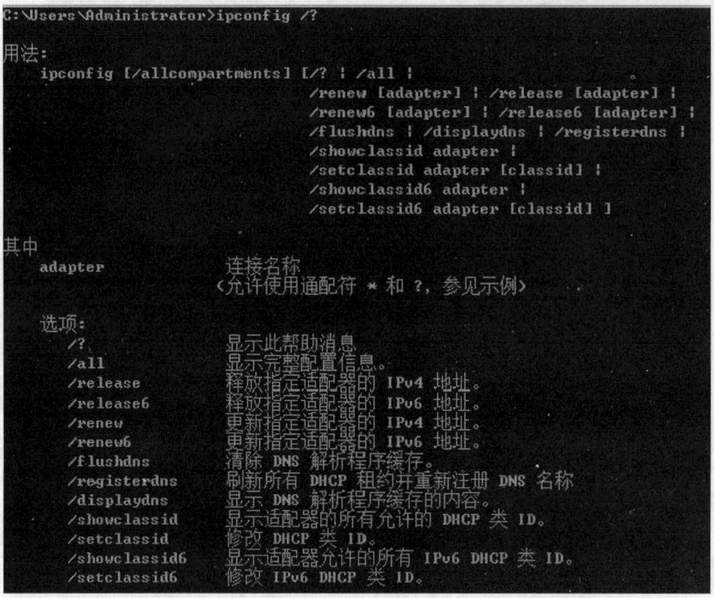

```
C:\Users\Administrator>ipconfig /?

用法:
    ipconfig [/allcompartments] [/? | /all |
                                 /renew [adapter] | /release [adapter] |
                                 /renew6 [adapter] | /release6 [adapter] |
                                 /flushdns | /displaydns | /registerdns |
                                 /showclassid adapter |
                                 /setclassid adapter [classid] |
                                 /showclassid6 adapter |
                                 /setclassid6 adapter [classid] ]

其中
    adapter             连接名称
                       (允许使用通配符 * 和 ?，参见示例)

    选项:
       /?               显示此帮助消息
       /all             显示完整配置信息。
       /release         释放指定适配器的 IPv4 地址。
       /release6        释放指定适配器的 IPv6 地址。
       /renew           更新指定适配器的 IPv4 地址。
       /renew6          更新指定适配器的 IPv6 地址。
       /flushdns        清除 DNS 解析程序缓存。
       /registerdns     刷新所有 DHCP 租约并重新注册 DNS 名称
       /displaydns      显示 DNS 解析程序缓存的内容。
       /showclassid     显示适配器的所有允许的 DHCP 类 ID。
       /setclassid      修改 DHCP 类 ID。
       /showclassid6    显示适配器允许的所有 IPv6 DHCP 类 ID。
       /setclassid6     修改 IPv6 DHCP 类 ID。
```

图 8-5　ipconfig 命令的语法格式及其参数说明

ipconfig 命令的常用参数的含义如下：

① /?：该参数显示 ipconfig 命令的帮助信息。

② /all：该参数显示本计算机全部的网络配置信息，包括网络适配器的物理地址、主机的 IP 地址、子网掩码，以及默认网关等。

③ /release：该参数释放指定网卡的 IP 地址。

④ /renew：该参数为指定的网卡重新分配 IP 地址。

> **注意：**
> 在使用“/release”和“/renew”参数时，网卡必须允许使用DHCP功能，并且本地网络中必须存在一个DHCP服务器提供此功能；否则命令可能会返回错误信息。此外，本命令在执行时，必须保证计算机网络已经正确连接；否则将出现错误的返回信息。

ipconfig 命令使用示例：

① 查看所有配置信息：ipconfig/all。看到的信息有：Host Name（计算机名）、Description（描述）、Physical Address（MAC 地址）、IP Address（IP 地址）、Subnet Mask（子网掩码）、Default Gateway（默认网关）、DNS Server（域名服务器）。

② 刷新配置：对于启用 DHCP 的客户机，用 ipconfig/release 和 ipconfig/renew 命令，手动释放或更新客户的 IP 配置租约。

8.4.3　net 命令

net 命令是多个子命令的集合。通过各子命令可以完成各种相关网络的不同功能，网络管理员必须熟练掌握每个子命令的用法。在 DOS 窗口命令行中输入"net /?"后按【Enter】键，显示 net 命令的语法格式及其参数说明，如图 8-6 所示。

```
C:\Users\Administrator>net
此命令的语法是:

NET
    [ ACCOUNTS | COMPUTER | CONFIG | CONTINUE | FILE | GROUP | HELP |
      HELPMSG | LOCALGROUP | PAUSE | SESSION | SHARE | START |
      STATISTICS | STOP | TIME | USE | USER | VIEW ]

C:\Users\Administrator>
```

图 8-6　net 命令的语法格式及其参数说明

如果需要知道某个 net 子命令的使用方法，则使用"/?"命令参数进一步查询。例如，要知道 net computer 子命令的使用方法，则执行如下命令：

```
net computer /?
```

鉴于 net 命令的功能较多，本节仅介绍几种最常用的 net 命令，其他更多内容请查阅相关书籍或使用 Windows 帮助。

1. net view 命令

net view 命令用于查看远程主机的所有共享资源，其语法格式为：

```
net view \\IP 地址
```

如果该计算机没有共享任何资源，则返回的清单是空的。

2. net user 命令

net user 命令可以查看并管理与账户有关的事务，包括新建账户、删除账户、查看特定账户、激活账户及禁用账户等。

输入不带参数的 net user 命令，可以查看所有账户（包括已经禁用的账户），如图 8-7 所示。如果需要查看某个账户的详细信息，可以在 net user 命令后面接账户名。

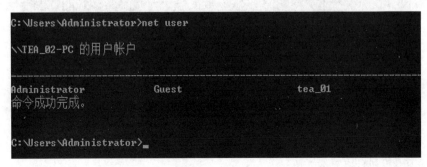

```
C:\Users\Administrator>net user

\\TEA_02-PC 的用户帐户

-------------------------------------------------------------------------------
Administrator            Guest                       tea_01
命令成功完成。

C:\Users\Administrator>_
```

图 8-7　net user

3. net share 命令

net share 命令用于创建、删除或显示共享资源。

4. net start 命令

net start 命令用于启动服务或显示已启动服务的列表。

8.4.4 tracert 命令

tracert 命令可以跟踪路由信息，查看数据从本地机器传输到目标主机所经过的所有途径。该命令对于了解网络布局和结构很有帮助，在检查网络故障时也有很大作用。

tracert 命令比较适用于大型网络，用来显示数据包到达目标主机所经过的路径，以及到达每个节点的时间。该命令的功能与 ping 命令类似，但获得的信息要详细得多，它显示数据包所经过的全部路径、节点的 IP，以及花费的时间。

1. 工作原理

tracert 是路由跟踪实用程序，用于确定 IP 数据报访问目标所经过的路径。该命令用 IP 生存时间（TTL）字段和 ICMP 错误消息来确定从一个主机到网络上其他主机的路由，其工作原理是通过向目标发送不同 IP 生存时间（TTL）值的"Internet 控制消息协议（ICMP）"回应数据包。

tracert 程序确定到目标所采取的路由，要求路径上的每个路由器在转发数据包之前至少将数据包上的 TTL 递减 1。数据包上的 TTL 减为 0 时，路由器应该将"ICMP 已超时"的消息发回源系统。

tracert 首先发送 TTL 为 1 的回应数据包并在随后的每次发送过程将 TTL 递增 1，直到目标响应或 TTL 达到最大值，通过检查中间路由器发回的"ICMP 已超时"的消息确定路由。某些路由器不经询问直接丢弃 TTL 过期的数据包，这在 tracert 实用程序中看不到。

2. 参数说明

tracert 命令的语法格式及其参数说明如图 8-8 所示。

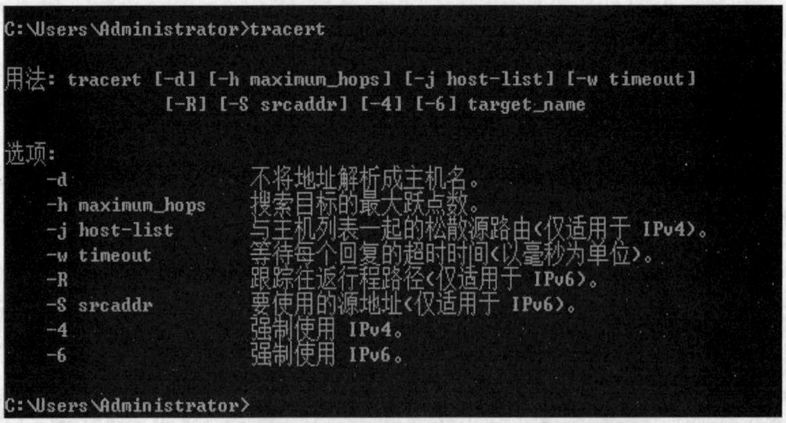

图 8-8　tracert 命令的语法格式及其参数说明

命令中各参数含义如下：

① –d：不解析目标主机名字。

② –h maximum_hops：指定搜索到目标地址的最大跳跃数。

③ –j host_list：按照主机列表中的地址释放源路由。

④ –w timeout：指定超时时间间隔，默认的时间单位是毫秒。

3. 使用方法

例如要了解自己的计算机与目标主机 http://sina.com.cn 之间详细的传输情况，执行如下命令：

```
tracert sina.com.cn
```

图 8–9 所示为 tracert 命令执行结果。

通过此命令可以看到，从本地主机到新浪网的服务器（123.126.55.41）经过了 15 跳。

```
C:\Users\Administrator>tracert sina.com.cn

通过最多 30 个跃点跟踪
到 sina.com.cn [123.126.55.41] 的路由：

  1      3 ms      3 ms      2 ms   192.168.43.254
  2      *         *         *      请求超时。
  3     69 ms     31 ms    141 ms   172.19.2.25
  4     50 ms     24 ms     19 ms   172.19.2.10
  5      *         *         *      请求超时。
  6     46 ms     26 ms     21 ms   221.228.58.41
  7     35 ms     27 ms     32 ms   202.97.100.189
  8     43 ms     31 ms     31 ms   202.97.63.66
  9      *         *         *      请求超时。
 10     42 ms     34 ms     27 ms   219.158.8.249
 11     51 ms     47 ms     46 ms   219.158.6.189
 12     50 ms     50 ms     60 ms   124.65.194.190
 13      *         *         *      请求超时。
 14      *         *         *      请求超时。
 15     57 ms     48 ms     62 ms   123.126.55.41

跟踪完成。
```

图 8–9　tracert 命令执行结果

8.4.5　netstat 命令

netstat 命令可以帮助网络管理员了解网络的整体使用情况，包括当前正在工作的网络连接的详细信息。例如，网络连接、路由表和网络接口信息，从而可以统计目前共有哪些网络连接正在运行。

1. 参数说明

netstat 命令的语法格式及其参数说明如图 8–10 所示。

```
C:\Users\Administrator>netstat /?

显示协议统计和当前 TCP/IP 网络连接。

NETSTAT [-a] [-b] [-e] [-f] [-n] [-o] [-p proto] [-r] [-s] [-t] [interval]
```

图 8–10　netstat 命令的语法格式及其参数说明

> ⚠ **注意：**
>
> netstat命令行参数区分大小写。

netstat 命令的常用参数说明如下。

① –a：显示所有活动的 TCP 连接及计算机侦听的 TCP 和 UDP 端口。

② –e：显示以太网统计信息，如发送和接收的字节数及数据包数。该参数可以与 –s 结合使用。

③ –b：显示在创建每个连接或侦听端口时涉及的可执行程序在某些情况下，已知可执行程序承载多个独立的组件，这些情况下，显示创建连接或侦听端口时涉及的组件序列。此情况下，可执行程序的名称位于底部 [] 中，它调用的组件位于顶部，直至达到 TCP/IP。注意：此选项可能很耗时，并且在您没有足够权限时可能失败。

④ –e：显示以太网统计。此选项可以与 –s 选项结合使用。

⑤ –n：显示活动的 TCP 连接，只以数字形式表现地址和端口号，不尝试确定名称。

⑥ –o：显示活动的 TCP 连接并包括每个连接的进程 ID（PID），可以在 Windows 任务管理器中的"进程"选项卡中找到基于 PID 的应用程序。该参数可以与 –a、–n 和 –p 结合使用。

⑦ –p <protocol>：显示 protocol 指定协议的连接。在这种情况下，protocol 可以是 TCP、UDP、TCPv6 或 UDPv6；如果该参数与 –s 一起使用按协议显示统计信息，则 protocol 可以是 TCP、UDP、ICMP、IP、TCPv6、UDPv6、ICMPv6 或 IPv6。

⑧ –r：显示 IP 路由表的内容，该参数与 Route Print 命令等价。

⑨ –s：按协议显示统计信息。默认情况下，显示 TCP、UDP、ICMP 和 IP 协议的统计信息。

如果安装了 IPv6 协议，则显示有关 IPv6 上的 TCP 和 UDP，以及 ICMPv6 和 IPv6 协议的统计信息。可以使用 –p 参数指定协议集。

⑩ interval：每隔 interval 秒重新显示一次选定的信息，按【Ctrl+C】组合键停止。

如果省略该参数，netstat 将只打印一次选定的信息。

2. 使用方法

如果使用 netstat 命令时不带参数，则显示活动的 TCP 连接。

> ⚠ **注意：**
>
> 只有当TCP/IP协议在网络连接中安装为网络适配器属性的组件时，该命令才可用。例如，要显示本地计算机所有活动的TCP连接，以及计算机侦听的TCP和UDP端口，执行如下命令：
>
> ```
> netstat -a
> ```

执行结果如图 8–11 所示。

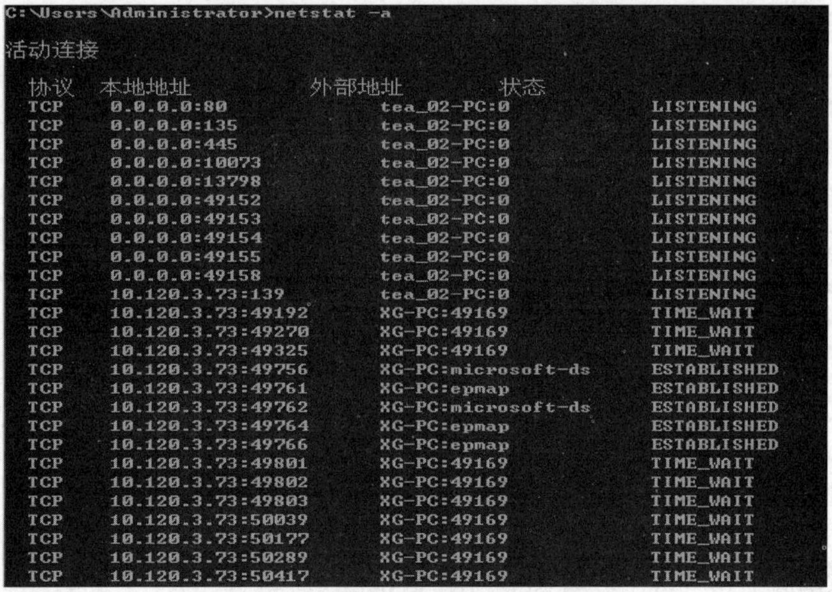

```
C:\Users\Administrator>netstat -a

活动连接

  协议  本地地址                外部地址              状态
  TCP   0.0.0.0:80              tea_02-PC:0           LISTENING
  TCP   0.0.0.0:135             tea_02-PC:0           LISTENING
  TCP   0.0.0.0:445             tea_02-PC:0           LISTENING
  TCP   0.0.0.0:10073           tea_02-PC:0           LISTENING
  TCP   0.0.0.0:13798           tea_02-PC:0           LISTENING
  TCP   0.0.0.0:49152           tea_02-PC:0           LISTENING
  TCP   0.0.0.0:49153           tea_02-PC:0           LISTENING
  TCP   0.0.0.0:49154           tea_02-PC:0           LISTENING
  TCP   0.0.0.0:49155           tea_02-PC:0           LISTENING
  TCP   0.0.0.0:49158           tea_02-PC:0           LISTENING
  TCP   10.120.3.73:139         tea_02-PC:0           LISTENING
  TCP   10.120.3.73:49192       XG-PC:49169           TIME_WAIT
  TCP   10.120.3.73:49270       XG-PC:49169           TIME_WAIT
  TCP   10.120.3.73:49325       XG-PC:49169           TIME_WAIT
  TCP   10.120.3.73:49756       XG-PC:microsoft-ds    ESTABLISHED
  TCP   10.120.3.73:49761       XG-PC:epmap           ESTABLISHED
  TCP   10.120.3.73:49762       XG-PC:microsoft-ds    ESTABLISHED
  TCP   10.120.3.73:49764       XG-PC:epmap           ESTABLISHED
  TCP   10.120.3.73:49766       XG-PC:epmap           ESTABLISHED
  TCP   10.120.3.73:49801       XG-PC:49169           TIME_WAIT
  TCP   10.120.3.73:49802       XG-PC:49169           TIME_WAIT
  TCP   10.120.3.73:49803       XG-PC:49169           TIME_WAIT
  TCP   10.120.3.73:50039       XG-PC:49169           TIME_WAIT
  TCP   10.120.3.73:50177       XG-PC:49169           TIME_WAIT
  TCP   10.120.3.73:50289       XG-PC:49169           TIME_WAIT
  TCP   10.120.3.73:50417       XG-PC:49169           TIME_WAIT
```

图 8-11　netstat –a 命令的执行结果

8.5　智能网络管理

8.5.1　网络管理

网络管理（Network Management）是伴随着计算机、网络和通信技术的发展而发展的，二者相辅相成。一般来说，网络管理就是通过某种方式对网络进行管理，使网络能正常高效地运行。其目的就是使网络中的资源得到更加有效的利用。它维护网络的正常运行，当网络出现故障时能及时报告和处理，并协调、保持网络系统的高效运行等。

从网络管理范畴来分类，可分为对网"路"的管理，即针对交换机、路由器等主干网络进行管理；对接入设备的管理，即对内部 PC、服务器、交换机等进行管理；对行为的管理，即针对用户的使用进行管理；对资产的管理，即统计 IT 软硬件的信息等。根据网管软件的发展历史，可以将网管软件划分为三代：

第一代网管软件就是最常用的命令行方式，并结合一些简单的网络监测工具，它不仅要求使用者精通网络的原理及概念，还要求使用者了解不同厂商的不同网络设备的配置方法。

第二代网管软件有着良好的图形化界面。用户无须过多了解设备的配置方法，就能图形化地对多台设备同时进行配置和监控。大大提高了工作效率，但仍然存在由于人为因素造成的设备功能使用不全面或不正确的问题数增大，容易引发误操作。

第三代网管软件向智能化发展，是真正将网络和管理进行有机结合的软件系统，具有"自动配置"和"自动调整"功能。对网管人员来说，只要把用户情况、设备情况以及用户与网络资源之间的分配关系输入网管系统，系统就能自动地建立图形化的人员与网络的配置关系，并自动鉴别用户身份，分配用户所需的资源（如电子邮件、Web、文档服务等）。

8.5.2　智能网络管理

智能网络管理是伴随着计算机和网络技术的发展、信息化与工业化深度融合，以及物联网的快速发展等背景应运而生的。工业控制系统产品越来越多地采用通用协议、通用硬件和通用软件，以各种方式与互联网等公共网络连接，病毒、木马等威胁正在向工业控制系统扩散，工业控制系统信息安全问题日益突出。近年来，网络信息安全事件不断发生，人们迫切地希望通过网管系统为网络把脉，查看全网的网络连接关系，实时监控各种网络设备可能出现的问题，检测网络性能瓶颈出在何处，并进行自动处理或远程修复。而实现这一切的一条很重要的途径，是网络管理系统的智能化发展，通过智能化的网管平台实现高效的网络管理，促进网络的高效运转。

实现智能网络管理的两种新技术引入：

一是改变传统的集中式网络管理体系结构，采用分布式网络管理系统。分布式网络管理系统能够把网络管理工作分散到整个系统中进行处理，在处理完成之后在将其结构汇总，更加稳定高效地进行网络系统的管理工作。分布式的网络管理一般采用层次式管理，利用加入的各个子工作站来降低顶层中心站的负荷，子工作站一般会负责一个子网域的管理工作，同时子工作站会建立管理信息库，记录管理区域内的管理信息。系统运行过程中，各个子工作站会将记录的管理信息汇总到中心服务器中，而中心服务器只需要对各个子工作站进行管理和控制就能够实现整个网络系统的管理，这样能够有效地消除通信瓶颈，使网络管理系统的可靠性得到提升。

二是改变传统的本地部署，采用基于云端的企业智能网络管理系统解决方案。云服务是科技发展进步的产物，在可预期的很长一段时间内，会发挥越来越重要的作用；智能网络管理在传统网络向软件定义网络（Software Defined Network，SDN）、虚拟化网络（Virtualization）演进的过程中，也在逐步进化并发挥越来越重要的作用。云服务和智能网络管理技术的融合也必将推动网络技术不断向前发展。

智能网络管理概念的一个最重要的环节是，原始的网络管理人员往往只能通过"徒手"进行设备管理，管理人员往往只能通过远程登录查看设备工作状态，了解设备运行情况。而智能网络管理平台可以对全系列 IP 产品进行设备管理，提供丰富的管理功能。通过面板管理，网络管理人员可以直观地看到设备、板卡、端口的工作状态，通过设备信息浏览监视，管理人员可以了解设备的运行情况，实时监视 CPU 利用率、端口利用率等重要信息。同时，提供图形化的配置方式，使设备功能配置不再复杂。实现了全网 IP 设备在线监控，可视化呈现故障点位，智能运维管理系统做到运维流程在线处理。

为了能够更有效地对各种大型复杂的网络实行管理，很多研究人员将人工智能技术应用到网络管理领域。虽然全面的智能化的网络管理距离实际应用还有相当长的一段路要走，但是在网络管理的特定领域实施智能化，尤其是基于专家系统技术的网络管理是可行的。

用于故障管理的专家系统由知识库、推理机、知识获取模块和解释接口四大主要部分组成。专家系统以其实时性、协作管理、层次性等特点，特别适合用在网络的故障管理领域。

在专家系统中，知识的表示有逻辑表示法、语义网络表示法、规则表示法、特性表示法、框架表示法和过程表示法。规则表示法，即产生式表示法，是最常见的一种表示法，其特点是模块性、一致性和自然性。知识库是知识的集合，严格意义上的知识库包括概念、事实和规则几部分，缺一不可。

为了提升故障管理的智能水平，能够建立事件知识库（Event Knowledge Base，EKB），用于存储所有已知事件的类型、产生事件的原因和所造成的影响，以及应该采取什么样的措施等一些细节的静态描述。这个 EKB 并不是真正意义上的知识库，它的数据仅仅包含了属性值与元组，而属性值表示概念，元组表示事实。但研究 EKB 能够为今后建立完善的知识库奠定基础。

在 EKB 中存储了已经确定事件。最初，被确定的事件仅限于一些标准事件和措施。随着网络的运行和系统的反馈，EKB 的内容将持续增加。

理想状态是能够确定所有的事件。下面是 EKB 涉及的几种基本的数据库表：

1. 事件类型表

EKB 中保存了已确定的事件可能涉及的相关知识，如事件类别（如性能、系统、网络、应用事件或其他）、严重水准（如严重、主要、次要、警告等）、产生事件的设备标识、指明设备的类型、事件造成什么影响（如影响网速、单个用户不能访问等）、故障排除参考策略、上次更新的时期 / 时间、关于这个事件的备注信息、事件的详细描述等。

2. 实时事件表

实时事件表中提供可能用的一些字段，用于记录网络运行中发生的事件，如设备的 ID（从 IP 地址或查询设备表能够获得）、实时事件的状态（如新增、确认、清除等）、根据故障票 ID 获得的相对应的故障票信息等。

3. 设备信息表

设备信息表主要记录了每个设备的相关参数。例如，设备 ID 号、IP 地址、设备名称、厂商、类型、重要性级别等。

EKB 中存储的相关事件的知识主要来源于专家。开发人员将获得的知识应用到与故障管理相关的系统中，根据不同系统的需要分配相对应的知识，以提升系统性能。虽然 EKB 并不是严格意义上的知识库，但在开发过程中，能够通过持续地增加和修正 EKB 的内容，在一定水准上提升系统的智能水平。

但同时专家系统也面临一些难题：

① 动态的网络变化可能需要经常更新知识库。

② 因为网络故障可能会与其他很多事件相关，很难确定与某一症状相关的开始和结束时间。

③ 可能需要大量的指令用以标识实际的网络状态，并且专家系统需要和它们接口。

④ 专家系统的知识获取一直以来是瓶颈所在，要想成功地获取网络故障知识，需要经验丰富的网络专家。

在实现智能化网络管理系统时，还必须把握系统复杂性与系统性能的关系。不但要利用较为成熟的人工智能技术，而且要考虑实现上的复杂度和引入人工智能技术对系统性能和稳定性的影响。

8.6　实　　训

使用 Sniffer 软件管理网络

1. 实训目的

① 掌握网络诊断的基本方法。

② 熟练掌握 Sniffer 网络诊断分析工具的使用方法。

2. 实训条件

装有 Sniffer 软件的计算机，且该计算机处于局域网环境中，该局域网内某台计算机存在 IP 地址盗用的情况。

3. 实训内容

① 通过 Sniffer 监控当前网络中的数据传输情况。

② 捕获局域网内传输的数据并保存。

③ 解决 IP 地址盗用问题。

4. 实训步骤

（1）通过 Sniffer 监控当前网络中的数据传输情况

① 启动 Sniffer，选择要监控网络所连接的网卡。

② 通过 Sniffer 的监控功能查看当前网络中的数据传输情况。

（2）捕获局域网内传输的数据并保存

① 捕获数据。通过 Sniffer 进行网络和协议分析，首先捕获网络中的数据。选择 capture → start 命令，打开 Expert 窗口，开始捕获。如果要查看当前捕获的各种数据，可单击对话框左侧的 Service、Connection 等选项，在右侧即可以显示相应数据的概要信息。单击 Objects，可以显示当前监视对象的详细信息。当捕获到一定的数据，可以停止捕获进行分析，选择 capture → stop 命令。

② 查看分析捕获的数据。选择 capture → display 命令，查看所有捕获的内容。选择下方的 Decode（解码），窗口分成三部分：总结、详细资料和 Hex 窗格的内容，可以查看所捕获的每个帧的详细信息。

③ 保存数据。捕获后，为便于日后再次进行分析和比较，选择 File → save 命令将捕获的数据保存下来。

（3）解决 IP 地址盗用问题

首先使用 ARP 命令查看相关主机 IP 对应的 MAC 地址并记录，如图 8-12 所示。

IP 地址 192.168.41.4 对应的 MAC 地址是 00-0c-76-4b-08-03。

图 8-12　查看 MAC 地址

① 创建过滤器来监听被盗用的 IP 地址上传的数据。

② 开始捕获数据，捕获一定数据后停止并显示，开始解码所捕获到的数据。如图 8-13 所示，在 DLC 区域的 Station 字段中，即可看到盗用 IP 地址的计算机网卡的 MAC 地址。

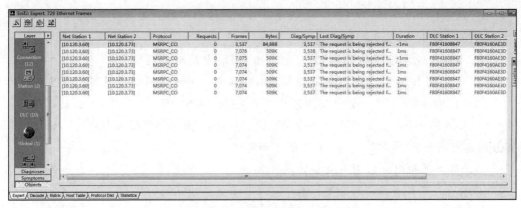

图 8-13　查看盗用 IP 地址的计算机网卡的 MAC 地址

③查看 MAC 地址登记表，找到盗用 IP 的计算机。

习　题

一、判断题

1. DNS 服务器的 IP 地址应是固定的，不能是动态分配的。　　　　　　　（　　）

2. Windows Server 2008 的 DNS 控制台仅能管理本机的 DNS 服务器。　　（　　）

3. DNS 转发器的作用是帮助解析当前 DNS 服务器不能解析的域名，将不能解析的域名请求转发给其他 DNS 服务器。　　　　　　　　　　　　　　　　　　　（　　）

4. DNS 服务器的正向搜索区域的作用是为 DNS 客户提供 IP 地址到名称的查询。（　　）

二、单项选择题

1. 对于中小企业来说，网络规模较小，用于为中小企业提供 Web、Mail 等服务的服务器一般应使用（　　　）。

  A. 入门级服务器   B. 工作组级服务器

  C. 部门级服务器   D. 企业级服务器

2. C/S 模式下是指（　　　）。

  A. 浏览器 / 服务器模式   B. 客户机 / 服务器模式

  C. 终端 / 服务器模式   D. 控制器 / 服务器模式

3. B/S 模式下是指（　　　）。

  A. 浏览器 / 服务器模式   B. 客户机 / 服务器模式

  C. 终端 / 服务器模式   D. 控制器 / 服务器模式

4. 以下（　　　）组协议是全部属于应用层的协议。

  A. SMTP、TCP、UDP、ICMP   B. IP、FTP、IGMP、Telnet

  C. SNMP、DNS、DHCP、FTP   D. ARP、IGMP、SNMP、SMTP

5. 在 Windows 系统中，使用（　　　）命令可以查看到系统的 TCP/IP 配置。

  A. ping   B. ipconfig   C. netstat   D. tracert

6. 在 TCP/IP 网络中使用（　　）组合来唯一地标识网络中正在通信的应用进程。

    A. MAC 地址与进程 ID   B. IP 地址与端口号

    C. MAC 地址与端口号   D. P 地址与进程 ID

7. （　　）将 IP 地址动态地映射到 NetBIOS 名称，并可跨网段解析 NetBIOS 名称。

    A. 广播解析   B. LMHOST   C. WINS   D. 以上都可以

8. 一家拥有一个小型局域网的小公司，通过 ADSL 拨号方式接入因特网，如果只是通过 Web 网站发布产品，以下（　　）是最佳方案。

    A. 服务器租用   B. 服务器托管   C. 虚拟主机   D. 自行部署

9. 目前存在多种名称解析方案，其中（　　）是最通用的。

    A. HOSTS   B. DNS   C. WINS   D. LMHOSTS

10. 要在整个 Internet 范围内通过名称访问特定的主机，必须用（　　）。

    A. 相对域名   B. 绝对域名   C. NetBIOS 主机名 D. 全都可以

11. DNS 的资源记录中用于指定区域中名称服务器的记录是（　　）。

    A. A 记录   B. NS 记录   C. MX 记录   D. CHAME 记录

12. （　　）将 IP 地址动态地映射到 NetBIOS 名称，并可跨网段解析 NetBIOS 名称。

    A. 广播解析   B. LMHOST   C. WINS   D. 以上都可以

13. DNS 服务器的层次结构为（　　）。

    A. 服务器—域—子域—主机   B. 服务器—主机—子域—域

    C. 域—服务器—子域—主机   D. 域—服务器—主机—子域

14. 清华大学的某台主机 DNS 名称为 ftp.tsinghua.edu.cn，其中主机名为（　　）。

    A. tsinghua.edu.cn B. edu.cn   C. ftp.tsinghua   D. ftp

15. 若想通过域名 sample.abc.com 也能访问到 IP 地址为 192.168.1.11 的主机，应在"正向搜索区域"中添加的记录类型（　　）。

    A. A 记录   B. CHAME 记录   C. PTR 记录   D. MX 记录

三、多项选择题

1. 提高服务器性能的主要措施有（　　）。

    A. 部件冗余技术 B. RAID 技术   C. 内存纠错技术   D. 管理软件

2. 以下（　　）是服务器操作系统。

    A. Windows Server 2003   B. Windows Pro 2000

    C. Windows XP   D. Windows 98

    E. Windows Server 2008   F. Windows Server NT

四、简答题

1. 简述网络管理的概念。

2. 网络管理的必要性是什么？

3. 网络管理的目标是什么？

4. 网络管理的五大功能是什么？每一个管理功能各包含哪些方面？

参 考 文 献

［1］李旭晴，阎丽欣，王叶.计算机网络与云计算技术及应用 [M].北京：中国原子能出版社，2020.

［2］张六成，冯东栋.电子商务计算机网络基础：任务与实训教程 [M].北京：中国水利水电出版社，2012.

［3］董建刚.计算机网络及信息安全管理研究 [M].长春：吉林科学技术出版社，2020.

［4］姚烨，朱怡安.计算机网络原理实验分析与实践 [M].北京：电子工业出版社，2020.

［5］张焕国，韩文报，来学嘉，等.网络空间安全综述 [J].中国科学，2016，46（2）:125-164.

［6］蒋天发，苏永红.网络空间信息安全 [M].2 版.北京：电子工业出版社，2017.

［7］陈卓.网络安全技术 [M].2 版.北京：机械工业出版社，2016.

［8］朱海波.信息安全与技术 [M].2 版.北京：清华大学出版社，2019.

［9］付东钢.计算机信息安全技术 [M].2 版.北京：清华大学出版社，2017.

［10］瓦尚，格拉齐亚尼.思科网络技术学院教程 CCNA Exploration: 接入 WAN[M].思科系统公司，译.北京：人民邮电出版社，2009.

［11］张建忠，徐敬东.计算机网络技术与应用 [M].北京：清华大学出版社，2019.

［12］库罗斯，罗斯.计算机网络自顶向下方法 [M].陈鸣，译.北京：机械工业出版社，2014.

［13］石铁峰.计算机网络技术 [M].北京：清华大学出版社，2010.

［14］钱燕，张继峰，尹文庆.实用计算机网络技术基础、组网和维护 [M].北京：清华大学出版社，2011.

［15］张伟，唐明，杨华勇.计算机网络技术 [M].北京：清华大学出版社，2017.

［16］傅洛伊，王新兵.移动互联网导论 [M].3 版.北京：清华大学出版社，2018.

［17］溪利亚，苏莹，蔡芳.计算机网络教程 [M].2 版.北京：清华大学出版社，2017.

［18］阚宝朋.计算机网络技术基础 [M].北京：高等教育出版社，2015.

［19］杨继萍，张振.计算机网络组建与管理标准教程 [M].北京：清华大学出版社，2018.

［20］李银玲.网络工程规划与设计 [M].北京：人民邮电出版社，2012.

［21］曹炯清.交换与路由实用配置技术 [M].北京：清华大学出版社，北京交通大学出版社，2014.

［22］王公儒，蔡永亮.综合布线实训指导书 [M].北京：机械工业出版社，2020.

［23］孙晓峰，刘晓棠.动态智能 IP 地址管理模式分析 [J].电子技术与软件工程，2015（7）: 9-10.

［24］刘宏伟，王以忠.基于云端的企业智能网络管理系统解决方案 [J].科技创新与应用，2017（33）: 84-87.

［25］韦忠庆.计算机网络技术中人工智能的应用 [J].科学中国人，2017（2）: 51.

［26］陈艳.大数据时代人工智能在计算机网络技术中的应用 [J].现代工业经济和信息化，2019（11）: 60-61.

［27］吴功宜，吴英.计算机网络技术 [M].4 版.北京：清华大学出版社，2017.

［28］谢希仁.计算机网络 [M].7 版.北京：电子工业出版社，2017.

［29］张沪寅.计算机网络管理教程 [M].2 版.武汉：武汉大学出版社，2018.

［30］姜建芳.西门子工业通信工程应用技术 [M].北京：机械工业出版社，2018.

［31］余晓晖，刘默，蒋昕昊，等．工业互联网体系架构 2.0[J]. 计算机集成制造系统，2019（25）:2983-2996.

［32］洪臣，史殿习．云机器人架构和特征概述 [J]. 机器人技术与应用，2018（6）:15-19.

［33］陈彬，黎晓东，尹作重，等．机器人云服务平台架构研究综述 [J]. 制造业自动化，2019，4（41）:169-172.

［34］李明江．SNMP 简单网络管理协议 [M]. 北京：电子工业出版社，2007.

［35］郭其一，黄世泽，薛吉，等．现场总线与工业以太网应用 [M]. 北京：科学出版社，2016.

习题参考答案